図　学　上　巻

玉腰芳夫・伊從　勉

ナカニシヤ出版　増補改訂版

まえがき

　世に多くの図学の教科書があるにもかかわらず，屋上屋を架すかの如き作業を始めた意図は次の点にある。図学は確かに応用幾何学であり，初等幾何学の知識を既知なものとしてそれを応用することに関心をはらっている。しかし，応用に過重なあまり，その幾何学的基礎を看過してきたのではないか。この反省に応じようとしてこの作業は始められた。したがって，試みという要素を多分に含んだ作業である。その主なる要素は射影幾何学的な取扱いである。非学，浅学の故に多々誤りを犯していることを恐れるものである。識者の叱正を心底より乞うものである。

1984年4月

改訂に際しての「まえがき」

　図学教程の上下二巻のこの教科書づくりの作業が一応完了した直後に，著者の一人玉腰芳夫博士は他界された。以来，十年余りの図学授業の実践を通じて，改訂すべき箇所を多々ご指摘いただいた。心からお礼を申し上げたい。その間，1991年より全国的に総合大学教養課程の統廃合が始まり，今日，一般教育科目としての図学は，専門諸領域のそれぞれ特殊な製図法教育とコンピューター・グラフィックスの普及との間で岐路に立たされている。

　しかし，10年ほど前と比較して，大学に入学してくる人達の作図能力の減退傾向が目立つ。思えば10年前に，すでに同じことが指摘されていた。この現象は，我が国の数学教育の編成のなかに図学教程がほとんど組み込まれていない事情に関わると推測される。大学入学以前に，空間表現の方法を幾何学的に学ぶ機会のないことは残念なことである。図学の基本的な部分は微積分以前に学ぶことが十分可能なのである。

　1984年のまえがきにあるとおり，本書は下巻とともに図学の幾何学的な基本に立ち返り，上記の現象に対して微力ながら対抗しようとの狙いから構想された。「投象」という図学の基本的な操作概念を，「アフィン対応」や「共線対応」という図形変換の射影幾何学的な概念で整理し直そうと試みた。「正投象」という投象方法だけに偏らず，日常的に用いる機会の多い「軸測投象」や難解と思われている「透視図法」をも図形変換のより一般的な枠組みの中に位置づけた。これら図形変換の系統的理解によって，基本的な空間構想力と作図能力の知的養成に貢献しよう，との意図からである。従って，読者は工学系のみならず文科系の人をも想定している。この度の改訂の機会に，若干の手直しと内容の付加（上巻第4章）を行なった。しかし，筆者の非力ゆえに，1984年のまえがき末尾の言葉は，1995年にもそのまま当てはまる。

　執筆分担は以下の通り。上巻：第1章，第2章の2-3，第3章の3-2，3-4，第5章，下巻：第6章，第7章は玉腰執筆分。上巻：第2章の2-1，2-2，2-4，第3章の3-1，3-3，第4章，下巻：第8章，第9章は伊従執筆分である。

　旧制三高以来の京都大学旧教養部図学教室（1992年改組消滅）が培ってきた画法幾何学教育の伝統の上に，射影幾何学の扱いを移植しようとするのが本書の試みである。従って，旧図学教室前任者の福田正雄，池田総一郎，前川道郎諸先生方のお仕事に負うところ大である。また，ドイツ圏における構成幾何学理論の展開について，増田祥三先生にご教示をうけた。それぞれの学恩に対し末尾ながら謝意を表したい。

1995年6月　著者識

凡　例

簡潔で正確な表示と図のわかりやすさを考慮して，原則として以下のごとき，線の種類と使いわけを用いる．

実線（太）：求めた図形
実線（細）：与えられた図形
破線（太）：求めた線で見え隠れ線
破線（細）：与えられた線で見え隠れ線，光線および視線
鎖線（細）：各種の軸および対角線
点線（細）：投射線，対応線および作図線
ただし，微小円は点を示す．

また本文中で様々な記号の使用法を定めてそれを使うが，以下の記号は説明なしに使う場合がある．

ラテン大文字　：点，例えばP
ラテン小文字　：線，例えばg
ギリシャ大文字：立体，例えばΣ，但し投象面にΠを用いる．
ギリシャ小文字：面および角度，例えばε, α

$p \cdot q$, $p \wedge q$, $\varepsilon \cdot \mu$, $\varepsilon \wedge \mu$　：交わる．直線$p \cdot q$の場合は交点，平面$\varepsilon \cdot \mu$の場合は交線

PQ, P∨Q, pq, $p \vee q$　：結ぶ．二点P, Qを結ぶ直線，直線p, qを含む平面（但しp, qは交わるか，平行）

P∈ε, l∈ε　：元．点Pは平面εの元，直線lは平面εの元

$\overline{PQ}$　：線分の長さ．二点P, Qを結ぶ線分の長さ

$p \perp q$, $\varepsilon \perp \mu$　：垂直．直線p, qは互いに垂直．平面ε, μは互いに垂直

$p // q$　：平行．直線p, qは互いに平行

p [O, //q]　：点Oを通って直線qに平行な直線p

ε [P, //μ]　：点Pを通って平面μに平行な平面ε

Γ [O, r]　：中心O, 半径rの球Γ

k [O, r]　：中心O, 半径rの円k

p_{12} [A′]　：点A′を通って基線x_{12}に対して引かれる対応線

p_0 [A′]　：点A′を通って回転軸に対して引かれる対応線

Ko [s, S]　：配景的共線軸をsとし，配景中心をSとする配景的共線対応（空間的な場合と平面上の場合に両用）

Ko(A)=A^c, ***Ko***(l)=l^c　：配景的共線対応により，点AがA^{c}に，直線lがl^cに対応する

Af [s, //PP^s]　：アフィン軸をsとし，アフィン（射線）方向をPP^{s}とする配景的アフィン対応（空間的な場合と平面上の場合に両用）

Af(A)=A^s, ***Af***(l)=l^s　：配景的アフィン対応により，点Aが点A^{s}に，直線lがl^sに対応する

Ko$_1$, ***Ko***$_2$, ***Af***$_1$, ***Af***$_2$
Ko$_1^s$, ***Af***$_1^s$　：図中に複数の配景的対応が共存する場合，サフィックスを付す．ただし，***Ko***^{s}, ***Af***^{s}は，配景的対応をさらに平行斜投象したものを示す

図学上巻―目次

まえがき

1章　投象の原理……………………………………………7

　1-1　図学の目的……………………………………7
　1-2　中心投象と平行投象…………………………10
　1-3　デザルグの一般定理と配景的共線対応……14
　1-4　デザルグの定理と配景的アフィン対応……15
　1-5　円と楕円………………………………………16

2章　軸測投象と正投象……………………………………20

　2-1　斜軸測投象……………………………………20
　　2-1-1　斜軸測投象の原理………………………20
　　2-1-2　斜軸測投象の解析………………………22
　　2-1-3　跡線三角形を用いた斜軸測投象………23
　　2-1-4　ポールケの定理…………………………24
　　2-1-5　特殊な斜軸測投象 (1)…………………29
　　2-1-6　特殊な斜軸測投象 (2)…………………30
　　2-1-7　特殊な斜軸測投象による球の投象図…31
　2-2　直軸測投象……………………………………32
　　2-2-1　直軸測投象の原理………………………32
　　2-2-2　直軸測投象の解析………………………34
　　2-2-3　直軸測投象による球と円の投象図……36
　2-3　正投象…………………………………………37
　　2-3-1　正投象の原理……………………………37
　　2-3-2　点の表示…………………………………39
　　2-3-3　直線と平面の表示………………………41
　　2-3-4　特殊な位置にある直線と平面…………45
　2-4　軸測投象と正投象……………………………49
　　2-4-1　斜軸測投象の補助平面図………………49
　　2-4-2　斜軸測投象の射線交会法………………50
　　2-4-3　特殊な斜軸測投象と正投象……………51
　　2-4-4　直軸測投象の射線交会法………………51

3章　基本的作図法…………………………………………52

　3-1　軸測投象の位置に係わる作図法……………52
　　3-1-1　点と直線…………………………………52
　　3-1-2　直線と直線………………………………53
　　3-1-3　平面………………………………………54
　　3-1-4　点と平面…………………………………55
　　3-1-5　平面と平面………………………………56
　　3-1-6　直線と平面………………………………57
　3-2　正投象の位置に係わる作図法………………58
　　3-2-1　直線と直線………………………………58
　　3-2-2　平面と平面………………………………60
　　3-2-3　直線と平面………………………………62
　3-3　軸測投象の量に係わる作図法………………65
　　3-3-1　線分の長さ………………………………65
　　3-3-2　目盛楕円…………………………………68
　　3-3-3　直角………………………………………71
　　3-3-4　垂線………………………………………72
　　3-3-5　応用作図…………………………………73

- 3-4　正投象の量に係わる作図法……………………………………78
  - 3-4-1　副投象………………………………………………………78
  - 3-4-2　平面の副跡線…………………………………………………81
  - 3-4-3　モンジュの回転法……………………………………………83
  - 3-4-4　一般的回転法(1)― 副投象を併用する法……………………85
  - 3-4-5　一般的回転法(2)― ラバットメント…………………………87
  - 3-4-6　平面への距離…………………………………………………91
  - 3-4-7　一般の方向から見る作図………………………………………92
  - 3-4-8　直線への距離…………………………………………………93

4章　立体の基本的な作図……………………………………………95

- 4-1　立体と点・直線……………………………………………………95
  - 4-1-1　立体上の点……………………………………………………95
  - 4-1-2　直線と平面の交点………………………………………………96
  - 4-1-3　直線と立体の交点………………………………………………98
- 4-2　立体の切断：切断面と底の配景的共線対応と配景的アフィン対応……101
  - 4-2-1　角錐・円錐の切断………………………………………………103
  - 4-2-2　角柱・円柱の切断………………………………………………107
- 4-3　まちがった作図……………………………………………………110

5章　多面体…………………………………………………………113

- 5-1　正多面体……………………………………………………………113
  - 5-1-1　正多面体の基本…………………………………………………113
  - 5-1-2　正4面体…………………………………………………………116
  - 5-1-3　正6面体と正8面体………………………………………………118
  - 5-1-4　正12面体と正20面体……………………………………………120
- 5-2　準正多面体…………………………………………………………123

1章　投象の原理

1-1　図学の目的

　図学(Descriptive Geometry，図法幾何学または画法幾何学)をはじめて理論的に確立したのは，モンジュ Gaspard Monge(1746-1818)である。彼はメチエール Mézières の兵学校で18年間，秘学の形で教えた後，高等師範学校(エコール・ノルマール)と理工科大学(エコール・ポリテクニック)で講義をする。その講義録が有名な *Géométrie descriptive*[*1](1795年に作成され，1799年公刊される)である。その冒頭で図学の課題について言及している。

1) 空間図形とその関係を図に正確に表現すること，
2) この空間図形と関係についての問題を図において構成的幾何学的に解くこと，

そのための手段を提供することが目的であるとする。

　正確に図に表現するとは，三次元もしくはそれ以上の次元の図形を平面上に規則的に写像することであり，そのことを**投象**[*2] projection という。投象によって作られた図，すなわち**投象図**は，課題2)に応ずるために，いくつかの条件を備えていなくてはならない。その条件の基本的なものをあげれば，

1) 平面図形である投象図から元の図形を正確に構成できること。換言すれば，投象図と元の図形が一対一に対応していること，
2) 投象図において元の図形の長さ・角度等の量が取扱いうること，または取扱いやすいこと(投象図の計量性という)，
3) 投象図において元の図形が何であるか解ること，また解りやすいこと(投象図の直観性という)，

である。この条件は図形図が作られ，使われる目的に応じて様々に程度を異にするが，そのことによって，表1-1に示したような様々な投象の仕方が工夫されてきた。その内容については後の章節で具体的に触れることにする。

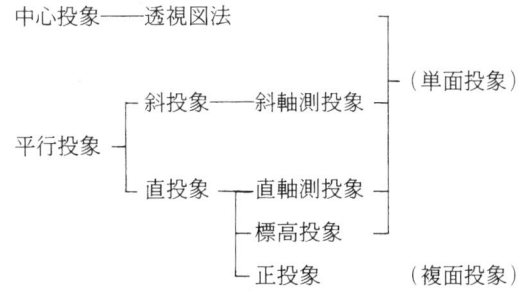

表1-1　投象の種類

　投象図は，基本的には空間図形を構成する諸点 P_n を考え，その各点を通る直線と与平面との交点の集まりとして定義される。この交点を求める操作を投象といい，この直線は**投射線**といわれ，細い点線で表示される。また，この与平面は**投象面**といわれ，本書では，それをギリシャ大文字Ⅱで表示する。

---

* 1　Gaspard Monge, *Géométrie descriptive*, Editions Jacques Gabay. 1989.
* 2　数学では投影ともいうが，後に取扱う陰影の問題とまぎらわしくなるので，本書では投影という用語を使用しない。ちなみに射影幾何学 projective geometry の「射影」という翻訳語にも注意。

8　1章　投象の原理

この投象による図の形成という概念は，モンジュの時代にはすでに既知のものであった。フランスの建築家で工兵隊の将校であったフレジェ Amédée François Frézier(1682-1773)は，互いに垂直な二投象面への投象という操作によって**石切術**についての理論化と実践を試みていた。石切術についていえば，後に述べるデザルグ Girard Desargues(1593-1662)が石切術の幾何学についてさかんに研究した(図**1-1**)[*1]。それ以前1525年，デュラー Albrecht Dürer (1471-1528) は *Underweysung der Messung mit dem Zirckel und Richtscheydt in Linien, Ebenen und gantzen Corporen* を著わして，その中で投象という操作にもとづく様々な仕方で図の作成を行っている(図**1-2**)[*2]。要するにデュラーは図学について或る統一した知識を有していたことを示している。彼はこの知識をイタリアの画家達からと，石切術を伝えるニュルンベルクの建築工房 Bauhütte から得たといわれている。

---

* 1　Abraham Bosse, *La pratique du Trait à preuves de M. Desargues Lyonnois pour la coupe de pierres en l'architecture.*, 1663, P. J. ブッカー(原正敏訳)『整図の歴史』みすず書房，1967，より転載。
* 2　図1-2 a 出典：Dürer, Albrecht, *Unterweisung der Messung*, 1525. Reproduction: Verlag Walter Uhl, Unterschneidheim, 1972
　　図1-2 b 出典：Dürer, Albrecht, *Schriftlicher Nachlass*, Hans Rupplich (ed.), Deutscher Verlag für Kunstwissenschaft, Berlin, 1969.

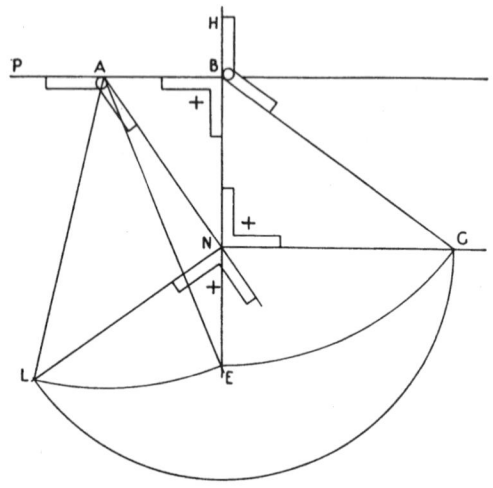

図1-1　デザルグの石切術[*1]

図1-2 a　デュラーの作図　壁から楽器にまで張られた糸が視線の代理である。視線を直線ととらえ，その直線と画面の交点として図を求めている。

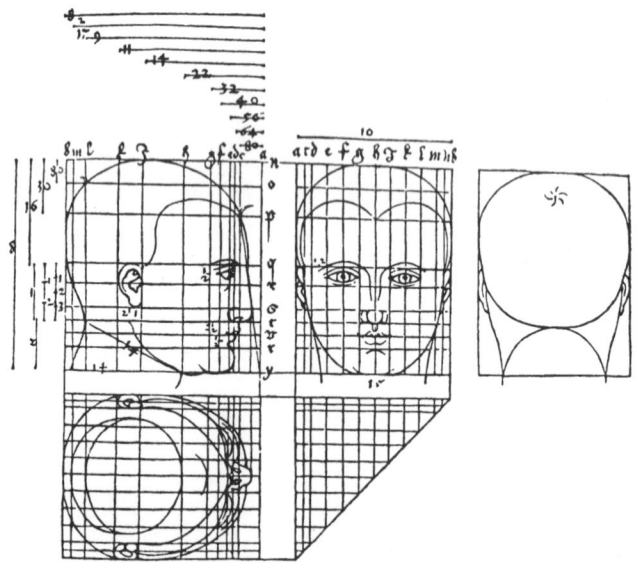

図1-2 b　デュラーの作図　これらの図はそれぞれ立面図，側面図，平面図に該当する。

デュラーの**透視図法**の知識がどこまで彼独自のものであるのかは意見の分れるところであるが，当時イタリアの画家達は透視図法の知識を充分持っていた。彼に近い年代にはフランチェスカ Piero della Francesca(ca. 1416-1492)がおり(図1-3)[*1]，さらに遡ってはアルベルティ Leon Battista Alberti(1404-1472)がいた。その透視図法は，眼から発して対象に到る**視線**(直線と見做された)の束，つまり**視錐**を画面で切断することで透視図をうるという，近代的手法である。その構成法としてアルベルティは**平面図**と**側面図**とに相当する図を使っているかに見えるが，それは投象という概念にもとづく図ではないと思われる[*2]。

デュラーは先掲書の中で透視図も正投象図も姿図として統一的にあつかっている。つまり，彼は石切術の作図法を透視図法と統合して，視線を，図を生む構成的な線と見做して写像していたと推測しうる。抽象的な投射線という概念の一足手前であるといえよう。

後になれば，例えばマロロワ Samuel Marolois は，『透視図』(1629)の中では，「発散光線による投象(透視図)とセクションに垂直な平行光線による投象(平面図，立面図など)の間になんらかの直截な区別を設けていない」[*3]。デュラーの図の取扱いもここまでくればすでに一般的になっていた。

このように図学の歴史を遡ったのは，投射線の一例として視線があったのではなく，視線の一般化として投射線があったことを確認したかったからである。そして，そのことで，投象図がいつも感性的な面を保持していることを示し，同時にモンジュによって投射線の概念が登場したことを確認することで，その投象図の中には一般化と厳密化への動向のあることを示したかったからである。この後者の動向は図学を越えて，モンジュの弟子のポンスレ Jean Victor Poncelet(1788-1867)などによる射影幾何学の創設を経て，近代幾何学へと連なっていった。

一方，図学の領域でもとりわけドイツ語圏で新しい幾何学の知見にもとづく，学問的基礎づけの努力が続けられ，前世紀末から今世紀初頭にかけてオーストリアを中心としてウィーン学派と呼ばれる学派が形成された。巻末のドイツ語の文献はほとんどそれに属するものである。

図学の発展の動因に技術者の要求があったことを見逃すわけにはいかない。技術者は実際に生産する前に，その物の様々な性状についてあらかじめ検討を加えなければならぬが，ものの空間形体としての側面についても同様である。紙上に表現し，検討を加え，問題を解決せねばならぬ。先述した図学への課題は基本的にはこの行為が要請したものであり，今後も要請しつづけるであろう。図学は技術者の言葉であるといわれるのもここにその理由がある。また，このような言葉の習熟は，空間図形やその関係を正確に表象する能力の習得を伴うものである。それ故，図学は，技術の領域を越えて，広く，空間的事象に係わる諸領域で求められている表象能力を養成する格好の場であるといってよいであろう。

図1-3 ピエロ・デルラ・フランチェスカ「笞打ち」

[*1] Monteverdi, Mario『イタリアの美術』ブック・オブ・アート 2，佐々木英也訳，講談社，1977。
[*2] アルベルティ『絵画論』三輪福松訳，中央公論美術出版，1992，第一巻，舗石の枡目分割の透視図について述べる条参照。
[*3] P. J. ブッカー，前掲書。

1-2　中心投象と平行投象

投象の基本的な原理について，まず概説する。一般に，集合 M の任意の元 X に対して，ある関係によって集合 N の元 Y が一意的に定まるとき，この関係によって X を Y に**写像**(または**変換**)したといい，Y を X の**像**という。

空間の点を元 X とし，その X を通る直線を**投射線**とし，集合 N を**投象面**とし，投射線と投象面の交点を元 Y とすれば，投象は写像の一種と考えられる（図**1-4**）。そして先述の図学の課題 2) によって元 X とその像である元 Y との関係は一対一対応（正則写像とも全単射ともいわれる）であることが要請される。

この一対一対応を規則的で且つ簡単に行なうために，関係づけとしての投射線に一定の規則を与えられる。すなわち，すべての投射線が一定点を通るようにする仕方と，すべての投射線を互いに平行にする仕方とが考えられた。この投射線のあり方によって投象を区別して，前者を**中心投象**，後者を**平行投象**という（表**1-1**参照）。

中心投象の一定点を眼だとすると，この投象は後にのべる**透視図法**になる。したがって，この場合に生れる中心投象図（透視図）は，先述の条件 3) の直観性に富みうるものである。勿論，中心投象は透視図法に対してより一般的である。

さて，空間図形 P は定点 O (**投射中心**，または**視点**)を通る直線 p (**投射線**，または**視線**)で平面 Π (**投象面**，または**画面**)に投象されて，図 P^c (**中心投象図**，または**透視図**)をうる。ただし，点 $O \in Π_v$ (図**1-5**)。つまり，点 P の図 P^c は直線 PO と投象面 Π との交点で求められる。しかし，直線 PO が投象面 Π に平行な場合は図は視界の内にないので，直線 g の中心投象図を考えた場合，直線 $OG_v // Π$ である点 $G_v (\in g)$ は**消滅点**といわれる。一般に平面 $Π_v [O, // Π]$ 上の図形の投射線は，投象面 Π に平行であるので，その図は視界の内にはなく，視界の外へ消滅してしまったと見做されて，平面 $Π_v$ は**消滅平面**といわれる。

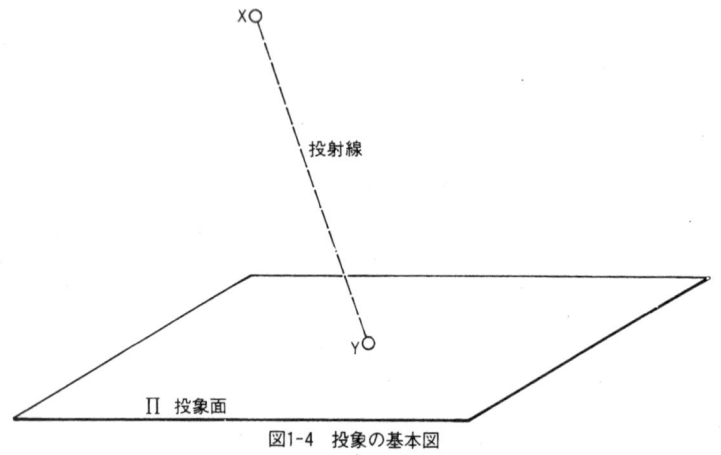

図1-4　投象の基本図

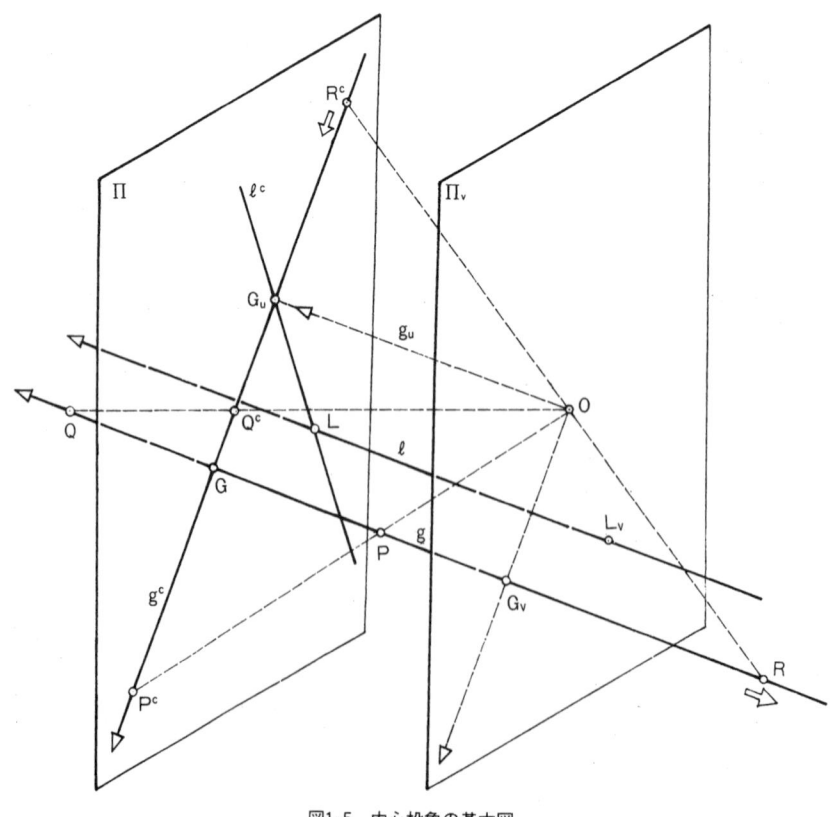

図1-5　中心投象の基本図

また，直線 g 上の点 P を通る投射線は，二点 G，G_v 間の外では点 P が投象面 Π より遠ざかるにしたがって，直線 g_u [O, $//g$] に接近する。この直線 g_u と投象面 Π との交点 G_u を**消点**，または**消失点**という。平行線は交点を有しないから，投象図 g^c 上の消点 G_u はまさしく消えているわけである。直線 g に平行なすべての直線は，図**1-5**の例えば直線 l のように，直線 g と同一の消点 G_u をとる。つまり，直線 l^c は消点 G_u を通る。この性質は透視図の作成に際して多用される(詳しくは下巻 9 章「透視図法」を参照のこと)。

消点とか消滅点という例外的な点の異質性をさけるために，**無限遠点**という概念を導入する。つまり平行直線は無限遠点で交わるとする。平行直線，つまり同一の方向の直線は同一の無限遠点を通る。消点 G_u は直線 g の無限遠点の図となり，消滅点 G_v の図は中心投象図 g^c の無限遠点となる。図**1-5**の g^c のうち G_u より下の半直線は，G_v を境とした g の向う側の半直線の図である。g^c の G_u より上の半直線については，g 上の R が G_v より離れるにしたがって R^c が g^c 上を移動して G_u に近づく。つまり，g は無限遠点を介して円環的につながっている。g^c についても同様である。

直線 g を含む一般の位置の平面 ε があって，投射中心 O を含んでこの平面 ε に平行な平面は投象面 Π との交線 e^c_u をもつとする。この直線を**消線**という(図**1-6**)。平面 ε に平行な平面は平面 ε の場合と同一の消線 e^c_u をとるが，平行二平面が**無限遠直線**をもって交わるとすれば，同一の無限遠直線を有する平面は同一の消線を有するということになる。この無限遠直線は平行な平面上のすべての無限遠点の集合とみなしうる。また，消滅平面 $Π_v$ と平面 ε との交線 e_v を**消滅線**という。消滅点・消滅線と無限遠点・無限遠直線との間には，上に触れた消点・消線の場合と同じような関係がある。その説明は，煩雑なくりかえしになるので，ここでは省略する。

無限遠点の場合と同じように，すべての平面上のすべての無限遠点の集合を**無限遠平面**というが，これら無限遠点・無限遠直線・無限遠平面を**無限遠要素**という。この要素をユークリッドの直線・平面・空間に加えることで，すべての直線と平面は例外なく一義的にその図を得，その逆も成り立つことになる。つまり平面 ε 上の点と投象面 Π 上の点が中心投象に関して一対一となる。ただし，空間図形は一般的にこの投象に関して必ずしも正則写像ではない。したがって，そうするための手立てが必要となる。これについては 2 章以下で取り扱う。

これら無限遠要素を付け加えた直線・平面・空間を**射影直線・射影平面・射影空間**という。これらが本書で取り扱われる対象である。ただし，煩難さを避けるために，ここではそれらを単に直線・平面・空間と呼ぶ。

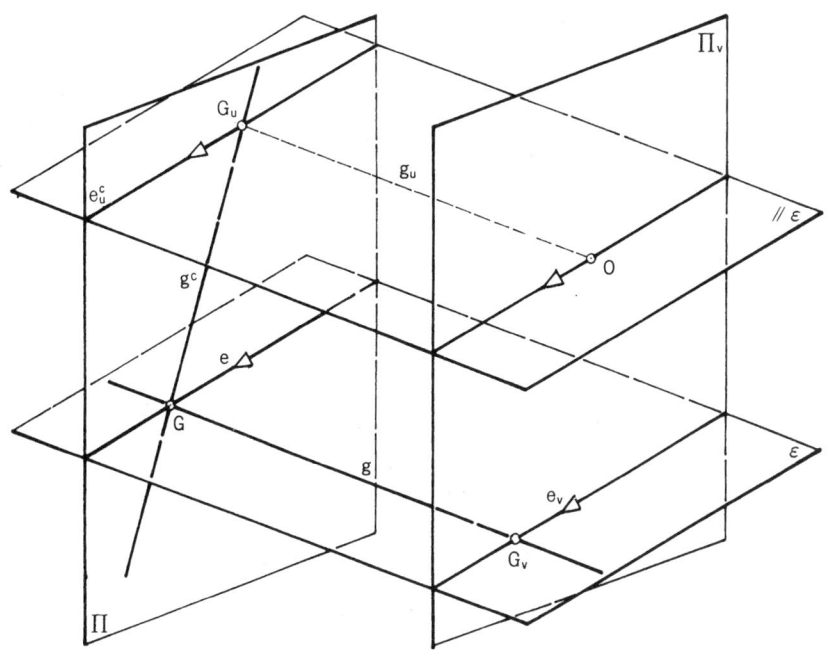

図1-6　消線と消滅線

定点 O を投象面Πに対して無限遠点に選んだ場合，投射線はすべて，その無限遠点に対する方向である一定直線 p に平行となる（図1-7）。このような投射線による投象を**平行投象**という。ただし，この直線 p が投象面Πに平行な場合はすべての点の投象図が投象面の無限遠点となるので，その場合を除いておくのが有意義である。

この平行投象は投射線と投象面との関係で**直投象**と**斜投象**に分けられる。投射線が投象面に垂直な場合を直投象といい，それによる図を**直投象図**という（図1-8）。その点・直線などの図には記号の右肩に n をつけて表示する。また，投射線が垂直でない場合を斜投象といい，これによる図を**斜投象図**という。その点・直線などの図には記号に右肩に s をつけて表示する。また，直投象を数学では**正射投影**ともいう。直投象に対して斜投象はより一般的であるので，以下この章では平行投象を斜投象で例示する。

平行投象において，図1-7に示すように，平行な直線の投象図は平行となる。つまり，消点はこの投象図の無限遠点となる。また，定点 O は無限遠点であるので，中心投象とは違って，消滅点・消滅線・消滅平面は無意義となる。何故ならば，消滅平面は投象面に対して無限遠にあるからである。

平行投象という直線 g の直線 g^s への変換の際には，直線の**部分比**が保持される。直線の部分比とは，例えば図1-9の直線 l において，$\overline{AP}/\overline{BP}$ をいい，部分比 $[AB\cdot P]$ と表現する。ただし，$\overline{AP}/\overline{BP}$ には方向があり，点 P が $\overline{AB}$ の間にあれば，BP＜0 となる。点 P が $\overline{AB}$ の中点にくれば，$[AB\cdot P]=-1$ であり，点 P が直線 l の無限遠点にくれば，$[AB\cdot P]=1$ となる。

図1-10においては，$\overline{AP}/\overline{BP}=\overline{A^sP^s}/\overline{B^sP^s}$ であるので，部分比 $[AB\cdot P]=$ 部分比 $[A^sB^s\cdot P^s]$

また，中心投象という変換では，図1-11において，部分比 $[AB\cdot P]$／部分比 $[AB\cdot Q]$ を**複比**といい複比 $[ABPQ]$ と表記するが，この複比が保存される。

証明： 図1-12において

$$\overline{OB}:\overline{OB^c}=\overline{G_vB}:\overline{G_vG}=\overline{G_uG}:\overline{G_uB^c}$$
$$\therefore\ \overline{G_vG}\cdot\overline{G_uG}=\overline{G_vB}\cdot\overline{G_uB^c}=e$$

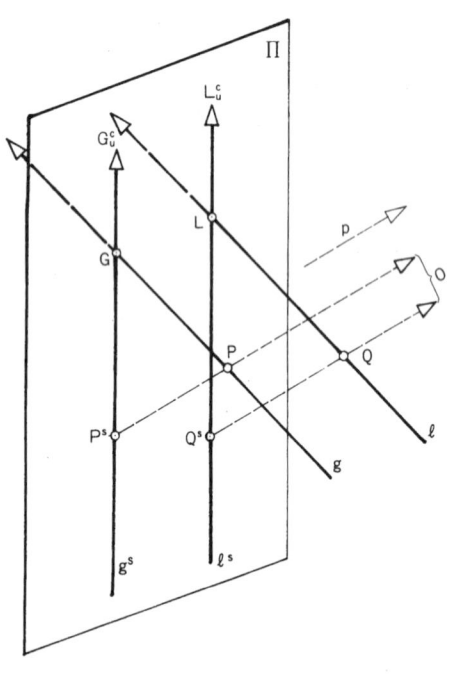

図1-7 平行投象

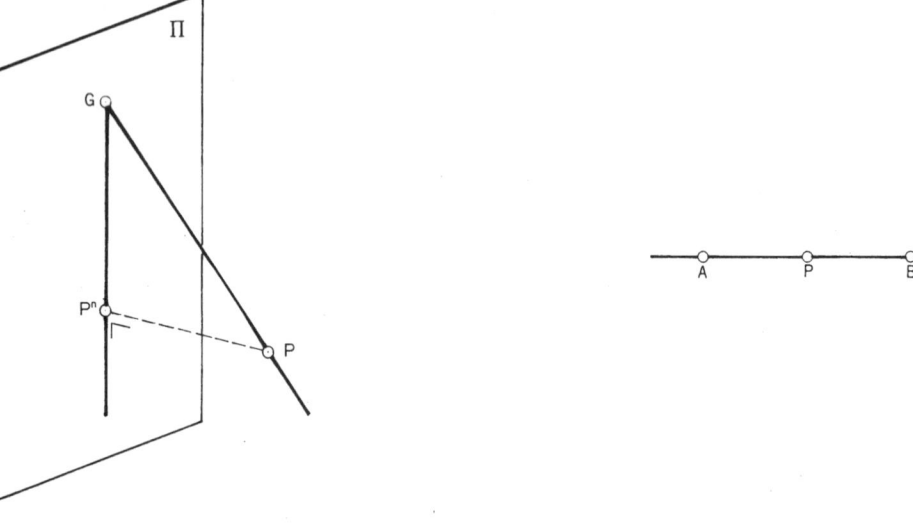

図1-8 直投象

図1-9 部分比

である。ここで複比[ABCD]と複比$[A^cB^cC^cD^c]$を求める。上式より

$$\overline{G_uA^c}=\frac{e}{\overline{G_vA}},\ \overline{G_uB^c}=\frac{e}{\overline{G_vB}},\ \overline{G_uC^c}=\frac{e}{\overline{G_vC}},\ \overline{G_uD^c}=\frac{e}{\overline{G_vD}}$$

$$\overline{A^cC^c}=\frac{e}{\overline{G_vA}}-\frac{e}{\overline{G_vC}}=-e\left(\frac{\overline{AC}}{\overline{G_vA}\cdot\overline{G_vC}}\right)$$

以下同様にして

$$\overline{B^cC^c}=\frac{-e\cdot\overline{BC}}{\overline{G_vB}\cdot\overline{G_vC}},\ \overline{A^cD^c}=\frac{-e\cdot\overline{AD}}{\overline{G_vA}\cdot\overline{G_vD}},\ \overline{B^cD^c}=\frac{-e\cdot\overline{BD}}{\overline{G_vB}\cdot\overline{G_vD}}$$

したがって, 部分比$[A^cB^c\cdot C^c]=\frac{\overline{G_vB}}{\overline{G_vA}}\cdot\frac{\overline{AC}}{\overline{BC}}$

部分比$[A^cB^c\cdot D^c]=\frac{\overline{G_vB}}{\overline{G_vA}}\cdot\frac{\overline{AD}}{\overline{BD}}$

複比$[A^cB^cC^cD^c]=\frac{\text{部分比}[A^cB^c\cdot C^c]}{\text{部分比}[A^cB^c\cdot D^c]}$

$$=\frac{\overline{AC}\cdot\overline{BD}}{\overline{BC}\cdot\overline{AD}}=\text{複比}[ABCD]$$

すなわち, 複比が保存される。　　　　（証明終了）

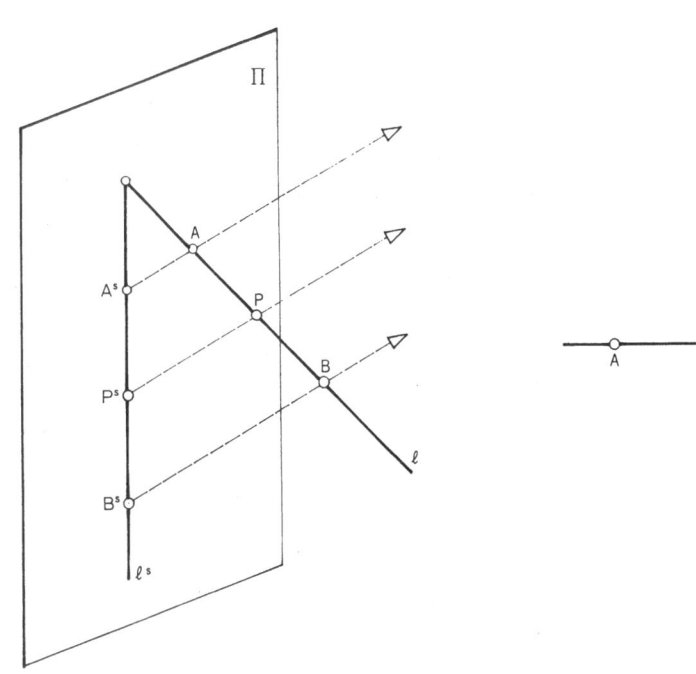

図1-10　直線の平行投象図の部分比

図1-11　複比

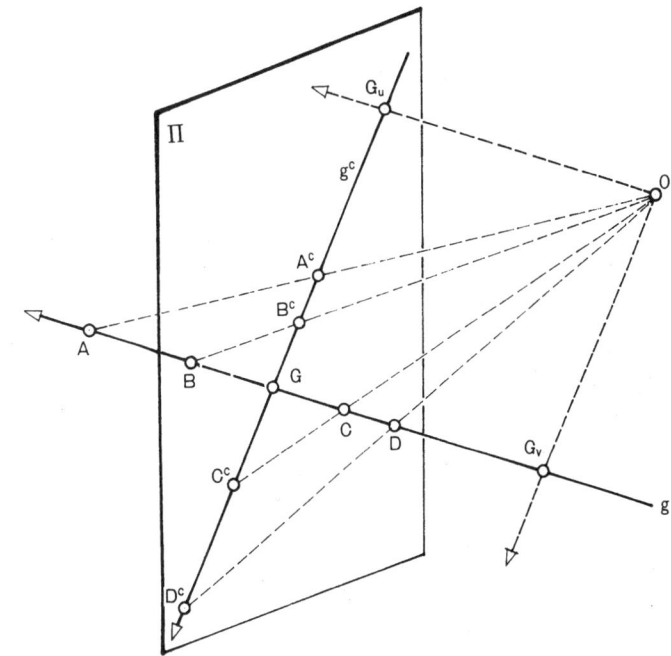

図1-12　中心投象と複比

1-3　デザルグの一般定理と配景的共線対応

投象中心Sより平面σ上の図形の投象面Π(≠σ)への投象をとりあげる。平面σ上に三角形ABCがあるとすると，投象図 $A^cB^cC^c$ は三角錐(S・ABC)の平面Πによる切断図に該当する(図1-13)。このとき，三角錐の同一側面上にある，二つの三角形のそれぞれの辺の交点は直線s上にくる。ただし，s [σ・Π]；直線sは二平面σ，Πの交線である。例えば直線g [A∨B]と直線 g^c [A^c∨B^c]は直線s上の点Gで交わる。何故ならば，平面ε[S∨A∨B]に着目すれば，直線gは二平面ε，σの交線であり，直線 g^c は二平面ε，Πの交線であり，直線sは二平面σ，Πの交線であるので，二直線g, g^c の交点Gは直線s上にくる。

この関係を一般化したものが，**デザルグの一般定理**(1648年)である。このように二平面上の点を一対一対応で結ぶ直線が点Sに集中する場合，両平面上の点は**中心配景的位置**，もしくは単に**配景的位置**にあるという。その定理は次の通りである。

「二つの三角形が互いに中心配景的位置にあるとすると，対応する三角形のおのおのの辺の交点は一直線s上にくる」。

このような点Sに集中する平面σ，Πの対応をマグヌス Ludwig Immanuel Magnus(1790-1861)は**配景的共線対応**と名づけ，点Sを**共線中心**，直線sを**共線軸**，対応する平面図形の頂点を結ぶ直線を**対応射線**(射線ともいう)とした。したがって，この配景的共線対応は中心投象の場合の平面図形とその投象図との関係である。デザルグの一般定理は中心投象の基本原理ということができる[*1]。その基本的性質は，

1) 対応する点は中心Sを通る対応射線上にある。
2) 配景的共線軸上の点は自己対応である。
3) 直線はすべて直線に対応する。
4) 対応する直線は配景的共線軸上で交わる。
5) 一直線上の4点の複比は不変である。

性質5)の複比についてはすでに触れた。

図1-14は，先の図のgと g^c の関係について，その図形関係全体を一投象面上に平行投象した場合に該当する。この場合でも点Aと A^c，点Bと B^c の対応は，先の基本的性質を満しているので，配景的共線対応ということができる。一平面上の関係であるので，とくに**平面配景的共線対応**という[*2]。

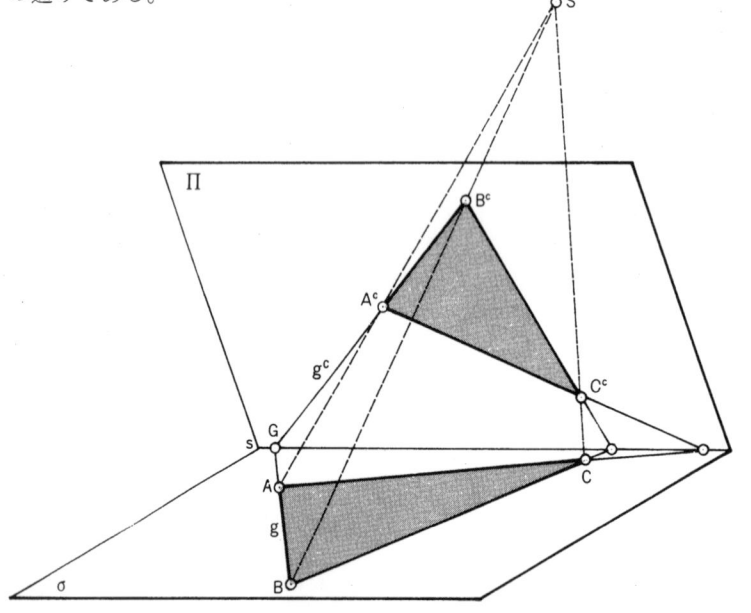

図1-13　配景的共線対応(デザルグの一般定理)

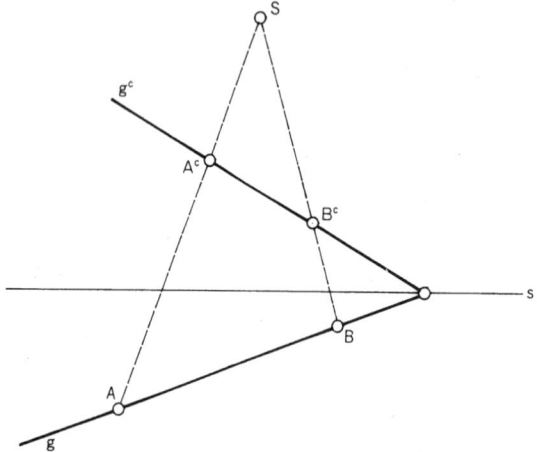

図1-14　平面配景的共線対応

---

*1　本書4-2でみるように，錐体を切断する投象図の原理でもある。

*2　空間的に配景的共線対応している図形全体を平行投象すると，投象図は投象面上で平面配景的共線対応する。それを別名「**ホモロジー対応**」とも呼ぶ。幾何学的には，共線対応の中心が共線軸上にない図形の対応を「ホモロジー対応」と呼ぶ。また，空間的に配景的アフィン対応している図形の平行投象図は，投象面上で平面配景的アフィン対応する。配景的アフィン対応は配景的共線対応の特殊な場合であるから，平面配景的アフィン対応も特殊なホモロジー対応と呼ぶことができる。

1-4　デザルグの定理と配景的アフィン対応

　共線中心を無限遠点にとったとき，対応射線は互いに平行になる。平面 σ 上に三角形 ABC があり，共線軸 s とする平面 Π があり，対応射線の方向 p として，平面 Π 上の三角形 $A^sB^sC^s$ に対応させるとする(図1-15)。この両三角形は**平行配景的位置**にあるという。

　この時，対応する二辺は共線軸 s 上で交わる。例えば，直線 $g[A\vee B]$ は g^s $[A^s\vee B^s]$ に対しているとすると，g と g^s は s 上で交わる。平行配景的位置にある三角形について，デザルグの一般的定理は次のように改められる。

　「二つの三角形が互いに平行配景的位置にあれば，二つの三角形のそれぞれ
　　対応する辺の交点は一直線上にくる」。

　一般に交線 s において交わる二平面 σ，Π は方向 p によって互いに平行配景的に対応する。この幾何学的対応を，一般的な配景的共線対応と区別して**配景的アフィン対応**といい，交線 s，すなわち共線軸を**アフィン軸**，先の対応射線を**アフィン射線**，その方向を**アフィン方向**という(図1-15)。平面 Π を投象面，アフィン射線を投射線とすれば，この対応関係は平行投象における関係である。

　ラムベルト Johann Heinrich Lambert はこの二平面 σ，Π の配景的アフィン対応の特性について，次のようにいう(1774年)。これは平行投象の基本的性質である。

1) 対応する点は一アフィン射線上にある。
2) アフィン軸上の点は自己対応である。
3) 直線はすべて直線に対応する。対応する二直線はアフィン軸上で出合うか，またはその軸に対してともに平行である。
4) 平行な直線は平行な直線に対応する。
5) 一直線上の三点の部分比は不変である(1-2参照)。

　一平面上に直線 g，g^s があり，その交点が直線 s にあり，直線 g 上の点 A と直線 g^s 上の点 A^s を直線 p で結ぶ(図1-16)。直線 s，p はそれぞれアフィン軸，アフィン線(射線ともいう)とすると，直線 g 上の点 X の写像は X を通る直線 p に平行な直線と直線 g^s との交点 X^s となる。この対応を**平面配景的アフィン対応**という。

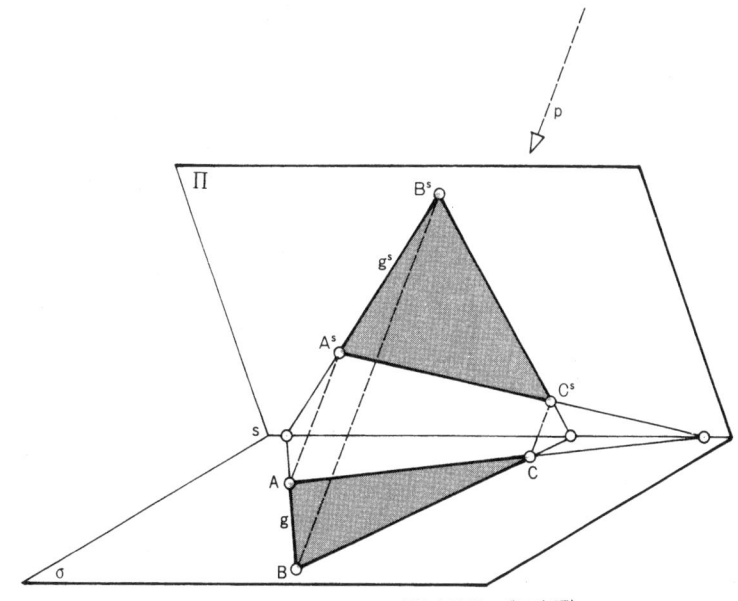

図1-15　配景的アフィン対応(デザルグの定理)

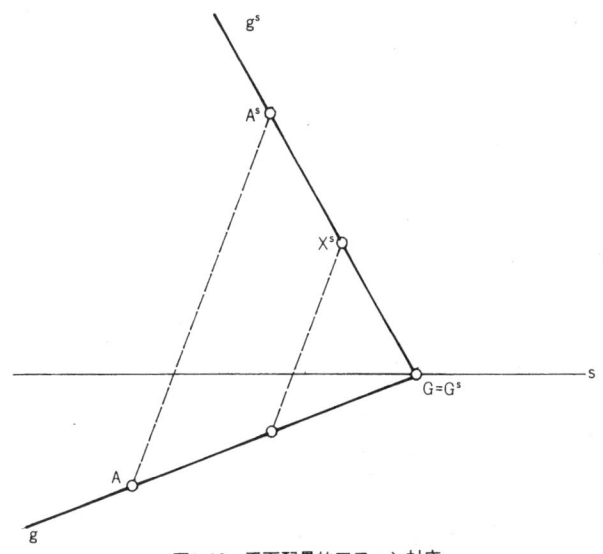

図1-16　平面配景的アフィン対応

1-5　円と楕円

配景的アフィン対応の事例として，円と楕円の対応をとりあげる。図1-17はアフィン方向 p [$//MM^s$]，アフィン軸 s [$\sigma \wedge \Pi$] による平面 σ と Π の対応を示している。点 M, M^s はそれぞれ [$x \wedge y$], [$x^s \wedge y^s$] で，かつ $x \perp y$, $x^s \perp y^s$ であり，x と x^s, y と y^s は平行配景的位置にある。平面 σ 上で点 M を中心とする円 k (半径1) があるとして，円 k をアフィン変換する。

x と y, x^s と y^s を直交座標軸 (これらを**直角対**＊とも呼ぶ) として，x軸 y軸と円 k との交点を A, B, C, D とすると，その点に対応する点は x^s 軸 y^s 軸

＊　任意の直交する (x, y) 軸に平行配景的に対応する (x^s, y^s) は，一般に直交するとは限らないが，一組だけ直交する。これが楕円の長短軸である。これらの対応する二直交軸を**直角対**とも呼ぶ。

上の A^s, B^s, C^s, D^s である。$\overline{A^s M^s} = \overline{B^s M^s} = a$, $\overline{C^s M^s} = \overline{D^s M^s} = b$ とすると，

　　部分比 [AB, M] ＝ 部分比 [$A^s B^s$, M^s] ＝ －1
　　部分比 [CD, M] ＝ 部分比 [$C^s D^s$, M^s] ＝ －1

であり，

$$x = x^s / a, \quad y = y^s / b$$

という変換式が成り立っている。円 k は，$x^2 + y^2 = 1$ であるから，変換すると

$$\left(\frac{x^s}{a}\right)^2 + \left(\frac{y^s}{b}\right)^2 = 1$$

となって，円の配景的アフィン変換は楕円を生む。

この円と楕円の関係を平面配景的アフィン対応として示すこともできる (図1-18)。

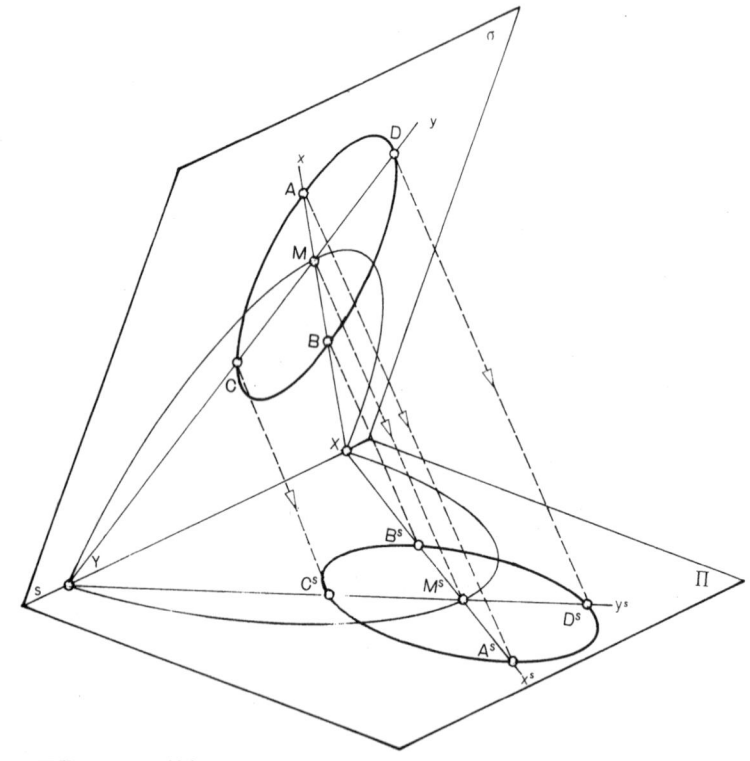

図1-17　円と楕円の配景的アフィン対応

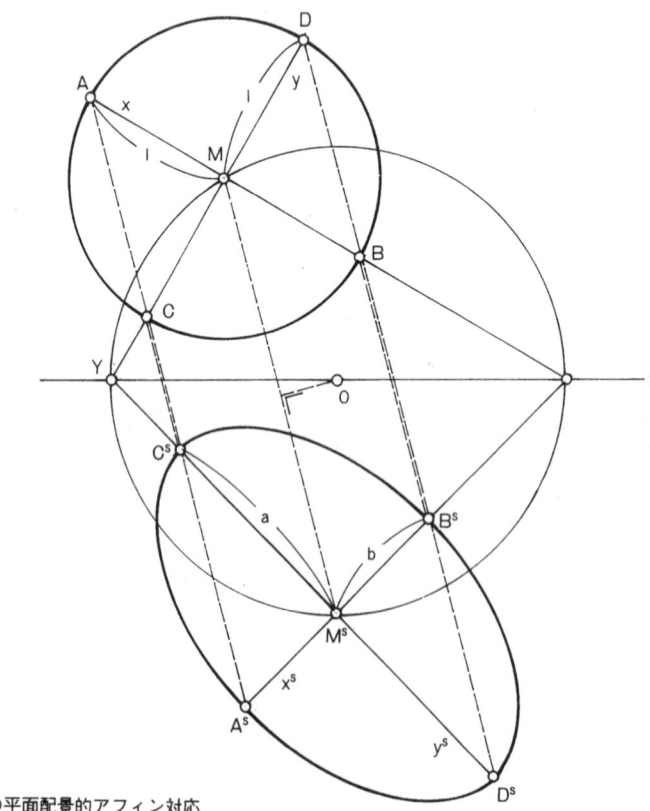

図1-18　円と楕円の平面配景的アフィン対応

ターレス円の関係を使って，点 M，M^s 及び軸 $x-y$，x^s-y^s を求める。ただし，軸 s はこのターレス円の直径で，その両端に X$[x \wedge x^s]$，Y$[y \wedge y^s]$ があるとする。この変換によって，円 k は楕円 k^s になる。

この楕円をさらに配景的アフィン変換することを考える。その際の変換式が次式だとする。つまり，$x^{ss} = cx^s$，$y^{ss} = dy^s$。これを上の楕円の式に代入すると，

$$\left(\frac{x^{ss}}{ac}\right)^2 + \left(\frac{y^{ss}}{bd}\right)^2 = 1$$

となって，再び楕円 k^{ss} となる。初めの円 k とこの楕円 k^{ss} の間には，配景的関係はないが，先掲のランベールの上げた基本的条件のうちの 3) の一部，4) および 5) を満している。この関係を**一般アフィン対応**という。

これらの関係を使って，楕円の作図をする。

作図 1 円 k の直径を**共役軸**とする楕円。

図**1-19**において直径 AB をアフィン軸とすれば，PM($\perp$AB)をアフィン変換した P^sM が AM の共役軸となり，PP^s はアフィン方向となる。楕円 k^s 上の一般点 Q^s は，円 k 上の点 Q より AB 上に下した垂線の足 $\overline{Q}$ より $\overline{Q}Q^s$ (//MP^s)を定め，そして点 Q よりのアフィン射線(//PP^s)との交点として得られる。点 Q^s における楕円 k^s の接線 t^s は，点 Q における円 k の接線 t と AB との交点 T より求めることができる。すなわち，$t^s = TQ^s$ である。

作図 2 共役軸が与えられた楕円の作図

まず円 k の次の性質に注目する(図**1-20**)。直交する直径の端での円の接線を求め，この接線による正方形を求める。そして $\overline{AM}$ と $\overline{AB}$ とを等分し，点 P の関係を見てみる。

点 M を通って QP に平行な直線を引くと，

$\triangle QM1 \equiv \triangle MC1' \equiv \triangle PM1'$，且つ $\overline{C1'} = \overline{M1}$，

また，$\angle ICB = \angle 1'MC$，$\angle MCI = \angle CIB$

∴ $\triangle QM1 \equiv \triangle CBI$

また，$1'P \perp PM$ だから，直線 $1'P$ は円の接線である。 (証明終了)

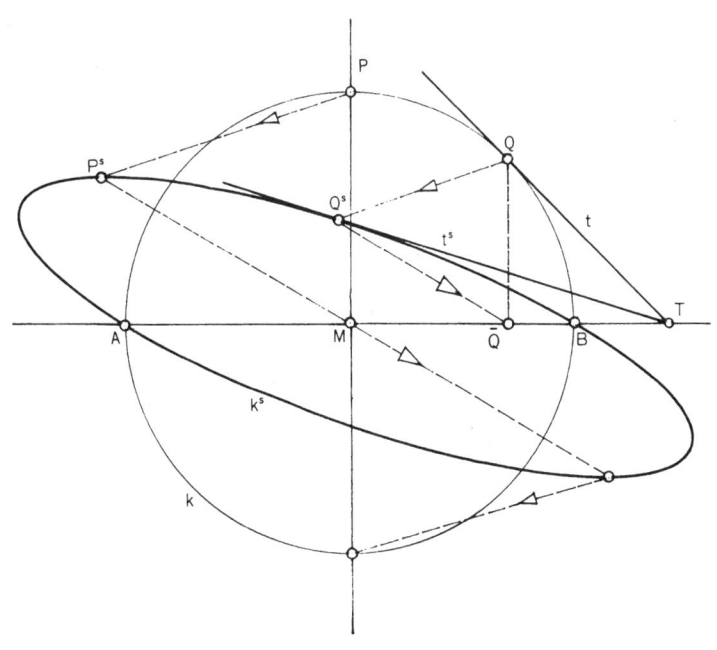

図1-19 平面配景的アフィン変換を使った楕円の作図

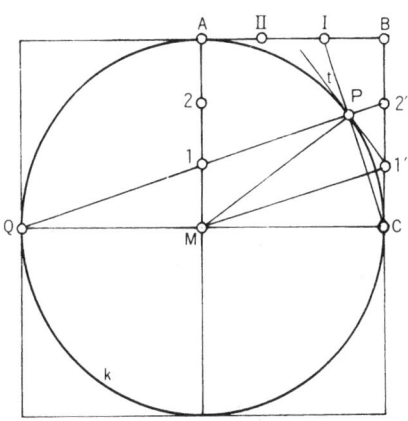

図1-20 円における部分比

この図形をアフィン変換しても，円は楕円に，直線は直線に平行線は平行線に変り，部分比は保存される。そこで，図1-21 bでは共役軸の両端で軸に平行線をかき，平行四辺形をつくり，$\overline{A^sM^s}$と$\overline{A^sB^s}$を同じ数に等分し，直線Q^s1^sと直線C^sI^sの交点を求めれば，楕円上の点P^sが求まる。また，$\overline{M^s1^{s\prime}}=\overline{C^s1^{s\prime}}$とすれば，直線$1^{s\prime}P^s$は$P^s$における楕円の接線である。なお，図1-21 aには長軸・短軸が与えられた場合の作図が示されている。これは上例の特殊な場合で，作図方法は全く同じである。

作図3　二つの補助円を使う楕円の作図(図1-22)

半径aとbの同心円をかき，その円と中心Mをとおる直線との交点を$P_1(x_1, y_1)$，$P_2(x_2, y_2)$とする。楕円上の点$P^s(x^s, y^s)$はP_1を通るy軸平行線と点P_2を通るx軸平行線の交点である。何故ならば，
$$x_1 = x^s, \quad a:b = y_1:y^s \quad \left(y_1 = \frac{a}{b}y^s\right)$$
半径aの円の式に代入すると
$$(x^s)^2 + \left(\frac{a}{b}y^s\right)^2 = a^2 \quad \therefore \quad \left(\frac{x^s}{a}\right)^2 + \left(\frac{y^s}{b}\right)^2 = 1$$
となるからである。なお，点P^sにおける楕円k^sの接線t^sは，点P_2における円の接線とy軸との交点T_2，もしくは，点P_1における円の接線とx軸との交点T_1と点P^sを結べばよい。

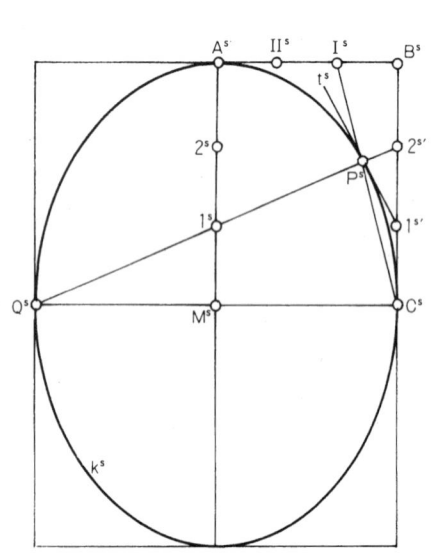

図1-21 a　部分比を利用した楕円の作図
　　　　　長軸，短軸が与えられた場合

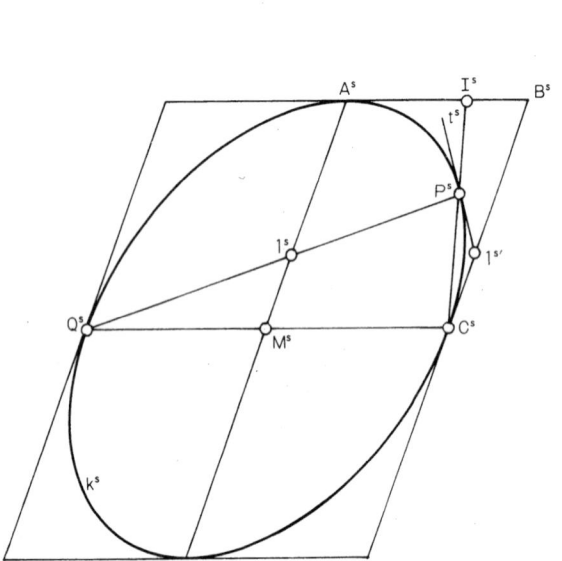

図1-21 b　部分比を利用した楕円の作図
　　　　　共役軸が与えられた場合

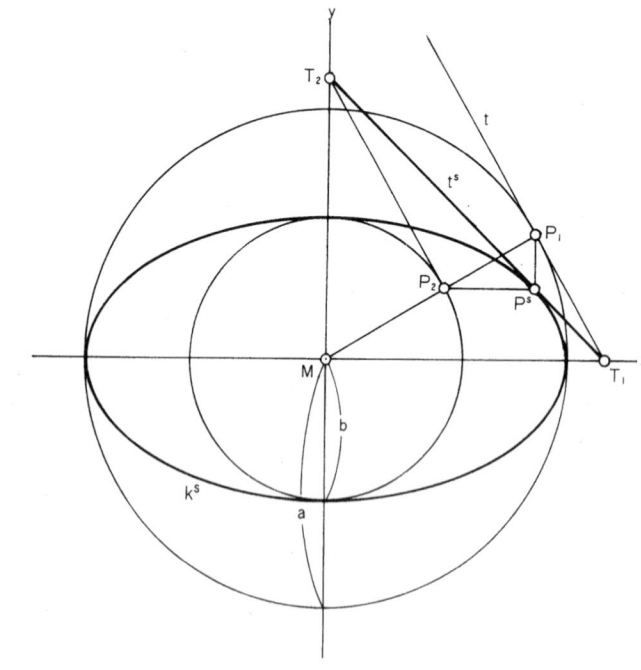

図1-22　補助円を使った楕円の作図

作図4　リッツの軸作図（図1-23）

共役軸を与えて楕円を作図する。ただし、この方法は、共役軸から長軸・短軸を求める作図である*。リッツ David Rytz(1801-1868) が工夫した作図であるので、これをリッツの軸作図という。

まず、図1-23において半径 a と b の同心円より楕円上の点 P を求め、軸 PM を定めると、その共役な軸は長方形 $P_1PP_2\bar{Q}$ の $M\bar{Q}$ を $90°$ 回転して求めた直線 MQ である。何故ならば、直角三角形 $P_1P_2\bar{Q}$ ≡ 直角三角形 Q_1Q_2Q であるからである。この時、

$$\overline{QS} = a \quad \overline{QR} = b$$

そして、共役軸 MQ, MP が与えられたとする（図1-24）。直線 QM を M を中心として $90°$ 回転して、点 $\bar{Q}$ を作図する。次に直線 $P\bar{Q}$ をかき、線分 $\overline{P\bar{Q}}$ の中点 O を求めて、円 $k(O, \overline{OM} = r)$ と直線 $P\bar{Q}$ との交点 R, S を求める。直線 MR 方向に短軸、直線 MS 方向に長軸をとり、$a = \overline{QS}$, $b = \overline{QR}$ として求められる。

---

* 円と楕円の配景的アフィン対応を用いて、楕円の共役軸から長短軸を求める他の作図は、図2-13, 14を参照。

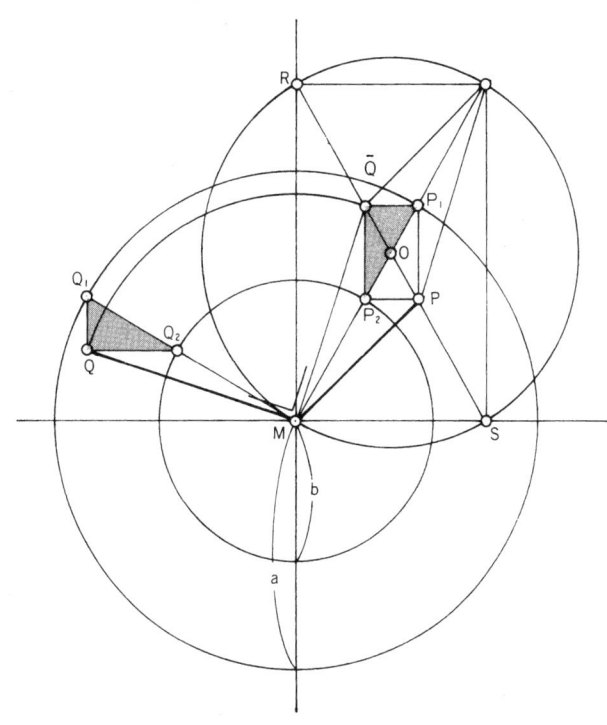

図1-24　リッツの軸作図

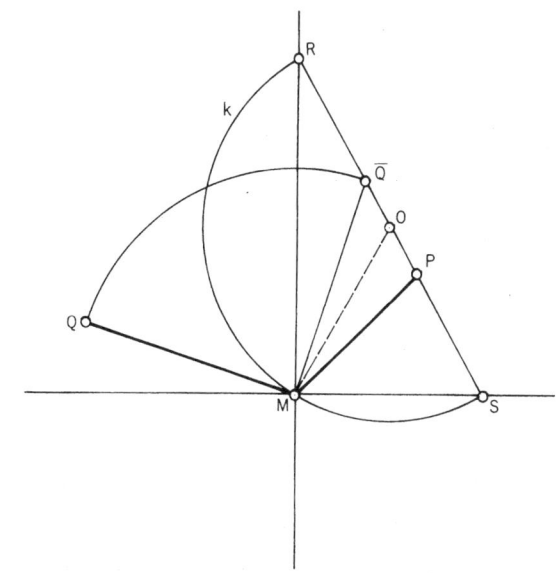

図1-23　リッツの軸作図の解説図

2章　軸測投象と正投象

2-1　斜軸測投象

1-1で触れた図学の課題2）に応ずるために投象図が備えていなければならない条件の一つに，投象図と元の図形の一対一対応があった。一般に平行投象においては，投象図が一つだけ与えられても，空間における元の図形が一意的には決定されない。投射線上の無数の点が投象面上の一つの投象図に対応してしまうからである（図2-1）。空間図形と投象図が一対一対応するためには，同じ図形の少なくとも二つの投象図が与えられれば，図形は空間において一意的に決定される。

単一平面に平行投象される軸測投象（単面投象に属す）では，図形 P の投象図 P^s ともう一つの二次投象図 P'^s とから，空間図形 P が一意的に決定される（図2-2）。それを $P(P^s, P'^s)$ と表記する。

他の平行投象で，単面投象に属するものに，図形と投象面との距離を標高で示す**標高投象**（直投象）の方法もある。それは下巻で取り扱う。

2-1-1　斜軸測投象の原理

ある直交座標系 $O(xyz)$（点 O を原点とする直交三軸 x, y, z 軸）にある図形が，その原点と座標軸とともに一つの投象面Ⅱ上に投象されることを，**軸測投象**という。平行投射線が投象面に対して垂直である場合を，**直軸測投象**，それ以外の場合を**斜軸測投象**と呼ぶが，前者は後者の特殊例とみることもできる。また投射線に関しては，中心投象の場合も考えられるが，ここでは平行投象を取扱う。

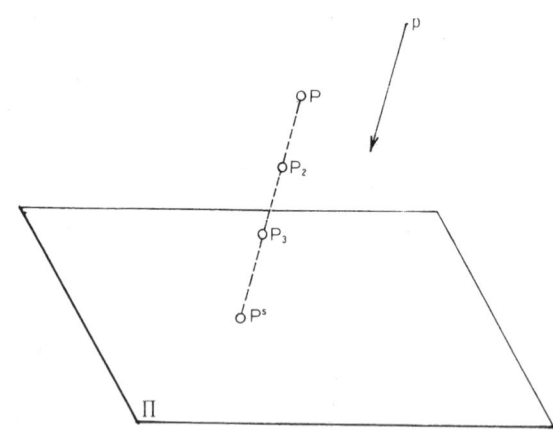

図2-1　投射線方向の点の投象

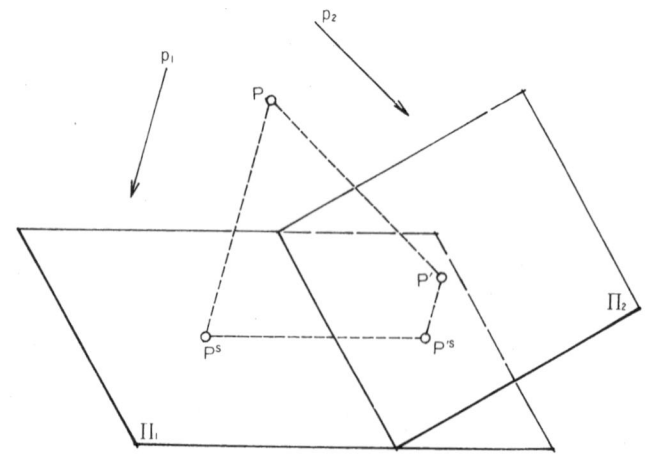

図2-2　投象図と図形の一対一対応

図2-3に示されるように,座標系 $O(xyz)$ 内の点 P は投射線 p(投象面 Π と δ の角度をなす)の方向に投象されて Π 上に投象図 P^s をもつ。しかし,投象図 P^s のみからは空間における点 P の位置を決定できないから逆は成り立たない。そこで例えば,点 P の座標軸面(**主軸面**)xy への直投象 P' を,Π 上に平行投象し,その投象図を P'^s とすると,二投象図 P^s, P'^s から,空間における点 P の位置は一意的に決定される。それを点 $P(P^s, P'^s)$ と表示する。二番目の投象図としては,点 P の主軸面 xz, あるいは yz 上への直投象図 P'', P''' の斜投象図 P''^s, P'''^s を用いてもよい。P'^s, P''^s, P'''^s を順に**軸測平面図**,**軸測立面図**,**軸測側面図**といい,総称して**軸測二次投象図**という。また座標軸(主軸)の斜投象図を**軸測軸**と呼ぶ。

点 P の座標 (x, y, z) が与えられ,e を座標軸上の共通尺とすると,$x = \dfrac{OP_x}{e}$, $y = \dfrac{OP_y}{e}$, $z = \dfrac{OP_z}{e}$ (P_x, P_y, P_z を図2-3に示すようにとる)である。各座標軸上の共通尺は斜投象によって軸測軸上の e_x, e_y, e_z に移される。平行投象においては,一直線上の部分比は保存されるから

$$O^s P^s_x = x e_x, \quad O^s P^s_y = y e_y, \quad O^s P^s_z = z e_z$$

となる。$O^s P^s_y = P^s_x P'^s$, $O^s P^s_z = P'^s P^s$ であるから,軸測軸上の目盛りに沿って点 P の投象図は $O^s \to P^s_x \to P'^s \to P^s$ として作図される(図2-4)。軸に沿って測るという軸測投象の意味もここにある。

このとき,$\dfrac{e_x}{e}$, $\dfrac{e_y}{e}$, $\dfrac{e_z}{e}$ を軸測投象図の**縮率**(縮比)といい,$e_x : e_y : e_z$ を**軸測比**という。三軸測軸上の縮率の異同によって軸測投象は次の三種類に分けられる。

 i) **等軸測投象**　　三軸測軸の縮率が等しい場合。
 ii) **二軸測投象**　　三軸測軸のうち二軸が等縮率である場合。
 iii) **三軸測投象**　　三軸測軸とも縮率を異にする場合。

上記した三種類の軸測投象には,それぞれ斜軸測投象と直軸測投象がある。それでは,投射線と投象面とのなす角度(**投射角**)δ と,各軸測軸の縮率との関係をみてみよう。

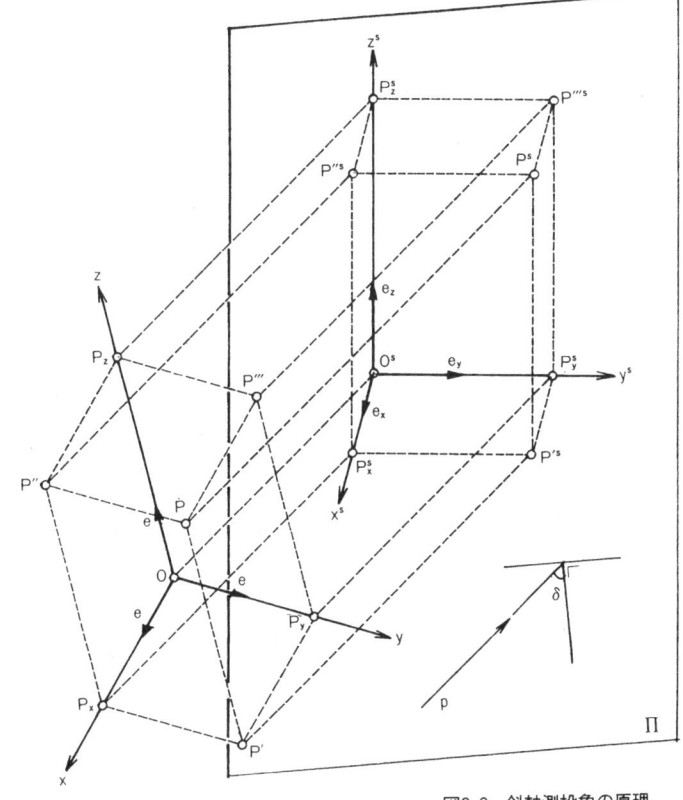

図2-3　斜軸測投象の原理

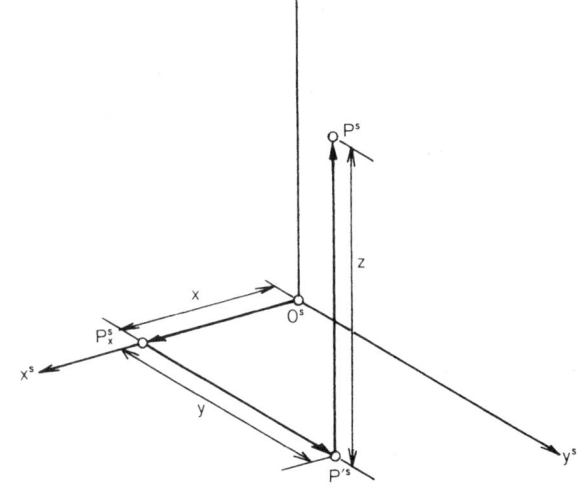

図2-4　軸に沿って測る

2-1-2 斜軸測投象の解析

図2-5において，座標原点 O は投象面 Π 上の点 O^s に投象され，三軸測軸 O^s ($x^s y^s z^s$) が得られている。点 O^n は原点 O の投象面 Π 上への直投象図である。一般に平面と投象面との交線を**跡線**というが，三主軸面と投象面との交線である三跡線によってできる三角形を**跡線三角形**という。投射角 $\angle(O^n O^s O)$ を δ，投射線方向 OO^s が主軸 x, y, z となす角度を順に α, β, γ とし，直線 OO^n が主軸となす角度を順に $\alpha_n, \beta_n, \gamma_n$ とする。なお軸測軸 x^s, y^s, z^s の縮率を u, v, w とすると，u, v, w と δ との間につぎのような関係がある。

$$u^2+v^2+w^2=2+\cot^2\delta \tag{2.1}$$

証明 三角形 ($OO^s X$) について余弦定理より

$$(\overline{O^s X})^2 = (\overline{OO^s})^2 + (\overline{OX})^2 - 2\overline{OO^s} \cdot \overline{OX} \cos\alpha$$

$\dfrac{\overline{O^s X}}{\overline{OX}} = u$ だから両辺を $(\overline{OX})^2$ で割ると

$$u^2 = \left(\frac{\overline{OO^s}}{\overline{OX}}\right)^2 + 1 - 2\left(\frac{\overline{OO^s}}{\overline{OX}}\right)\cos\alpha \tag{2.2}$$

ところで $\overline{OX} = \dfrac{\overline{OO^n}}{\cos\alpha_n}$, $\overline{OO^s} = \dfrac{\overline{OO^n}}{\sin\delta}$

よって $\dfrac{\overline{OO^s}}{\overline{OX}} = \dfrac{\overline{OO^n}}{\sin\delta} \cdot \dfrac{\cos\alpha_n}{\overline{OO^n}} = \dfrac{\cos\alpha_n}{\sin\delta}$

(2.2)式は

$$u^2 = \left(\frac{\cos\alpha_n}{\sin\delta}\right)^2 + 1 - 2\frac{\cos\alpha_n}{\sin\delta}\cos\alpha$$

同様に v^2, w^2 について

$$v^2 = \left(\frac{\cos\beta_n}{\sin\delta}\right)^2 + 1 - 2\frac{\cos\beta_n}{\sin\delta}\cos\beta$$

$$w^2 = \left(\frac{\cos\gamma_n}{\sin\delta}\right)^2 + 1 - 2\frac{\cos\gamma_n}{\sin\delta}\cos\gamma$$

よって $u^2+v^2+w^2 = \dfrac{\cos^2\alpha_n + \cos^2\beta_n + \cos^2\gamma_n}{\sin^2\delta} + 3$

$$- 2\frac{\cos\alpha_n\cos\alpha + \cos\beta_n\cos\beta + \cos\gamma_n\cos\gamma}{\sin\delta} \tag{2.3}$$

$\cos\alpha, \cos\beta, \cos\gamma$ および $\cos\alpha_n, \cos\beta_n, \cos\gamma_n$ はそれぞれ OO^s, OO^n の方向余弦であるから，空間座標幾何学の基本定理より

$\cos^2\alpha_n + \cos^2\beta_n + \cos^2\gamma_n = 1$ （方向余弦の平方和は1である。）

$\cos\alpha_n\cos\alpha + \cos\beta_n\cos\beta + \cos\gamma_n\cos\gamma = \cos(90°-\delta) = \sin\delta$

（ただし，$\angle(O^n OO^s) = 90°-\delta$，二直線のなす角の余弦は方向余弦の積の和に等しい。）

すなわち(2.3)式は

$$u^2+v^2+w^2 = \frac{1}{\sin^2\delta} + 1 = 2 + \cot^2\delta \qquad \text{（証明終了）}$$

後にみるように[*1]，$\delta = 90°$ のとき，すなわち直軸測投象においては，縮率の平方和は2となる。こうして，斜軸測投象においては，跡線三角形を定め，原点 O の斜投象図 O^s を任意に定めれば，それによって投射角 $\angle(O^n O^s O)$，各軸測軸の縮率が決定される[*2]。

[*1] 2-2-1参照

[*2] 正投象の方法による跡線三角形の投象，およびその主軸面上への回転，投射角の実際の角度などの求め方は 3-4-5 を参照

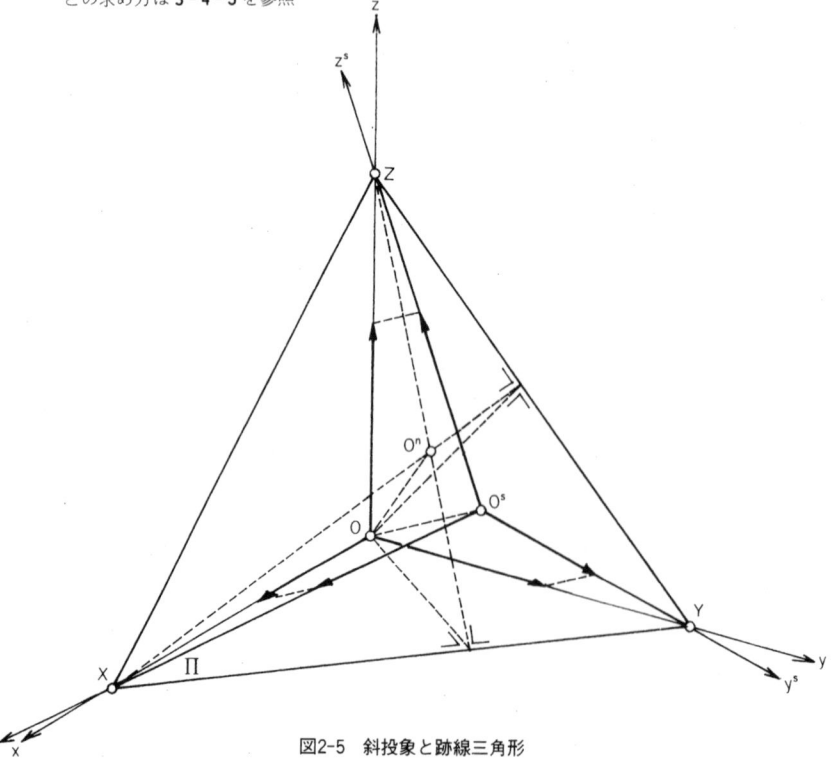

図2-5　斜投象と跡線三角形

2-1-3　跡線三角形を用いた斜軸測投象

跡線三角形を定めて軸測軸を任意に決定する方法を検討してみよう。その際投象面上での主軸面三角形とその斜投象図との配景的アフィン対応に注目する（図**2-6**）。

跡線三角形(XYZ)内の三軸測軸 O^s(XYZ)は，**直交三脚** O(XYZ)[*1]の投象面Ⅱ上への斜投象図である。いま三角形(OXY)を跡線 XY を回転軸として回転し，投象面Ⅱ上に重ねて三角形(O_{01}XY)を得るとする。すると，三角形(OXY)の投象図である三角形(O^sXY)と三角形(O_{01}XY)とは，アフィン軸を跡線 XY，アフィン射線の方向を O^sO_{01} とする，投象面Ⅱ上での平面配景的アフィン対応をなす[*2]。点 O^s の位置を跡線三角形(XYZ)内に任意に決め，三角形(O^sXY)に対応する三角形(O_{01}XY)を求めてみよう（図**2-7**）。

後に図**2-24**に示すように，原点 O の投象面Ⅱへの直投象図を O'' とすると，点 O'' は跡線三角形(XYZ)の垂心である（**2-2-1**参照）。すると三角形(OXY)を跡線 XY を回転軸として回転させ投象面Ⅱ上に重ね，三角形(O_{01}XY)を得るとき，点 O_{01} は直線 ZO'' 上にあり，かつ跡線 XY を直径とする円周上にもある。こうして，三角形(OXY)の実形が三角形(O_{01}XY)として得られた。同様にして，三角形(O_{02}XZ)が跡線 XZ について得られる。三角形(O_{02}XZ)は三角形(OXZ)の実形である。

さて，三角形(O^sXY)と三角形(O_{01}XY)の平面配景的アフィン対応により辺 O_{01}X，O_{01}Y 上の単位長さ $\overline{O_{01}A_{01}}=\overline{O_{01}B_{01}}$ を軸測軸 x^s，y^s 上に対応させると点 A^s，B^s を得る。同様にして三角形(O^sXZ)と三角形(O_{02}XZ)の平面配景的アフィン対応から辺 O_{02}Z 上の $\overline{O_{02}C_{02}}=\overline{O_{01}A_{01}}$ なる点 C_{02} に対応する軸測軸 z^s 上の点 C^s を得る。

[*1] 直交三主軸 $O(x, y, z)$ と投象面Ⅱとの交点を X，Y，Z とするとき，原点 O と X，Y，Z を結んだ図形をいう。
[*2] O(XY)とⅡ上のその斜投象図 O^s(XY)，O(XY)とその回転図形 O_{01}(XY)とは，各々空間的に配景的アフィン対応している。O^s(XY)と O_{01}(XY)はⅡ上で平面配景的アフィン対応する。何れの場合もアフィン軸は XY である。O_{01}(XY)と元の斜投象図 O^s(XY)との対応は，一種のホモロジー対応ともいえる（**1-3**，**1-4**参照）。

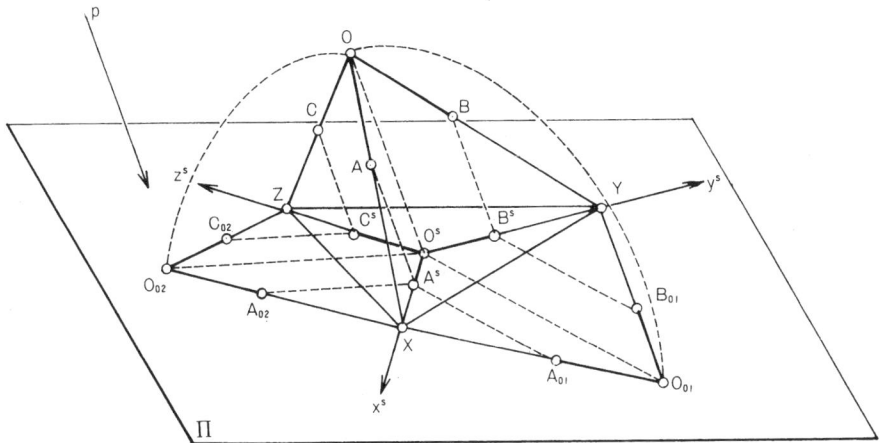

図**2-6**　主軸面三角形と斜投象図の配景的アフィン対応と主軸面三角形の回転

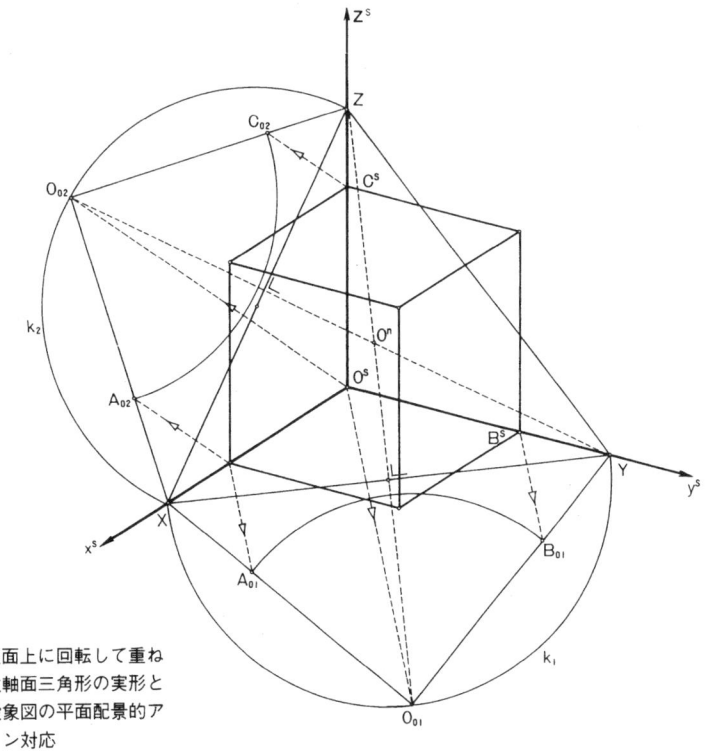

図**2-7**　投象面上に回転して重ねた主軸面三角形の実形と斜投象図の平面配景的アフィン対応

以上のことからわかるように，跡線三角形が与えられ，任意に軸測軸を決定する斜軸測投象においては，点 O^s を任意の位置に取ることができても，軸測軸上の単位尺を任意に決定することはできない。

2-1-4　ポールケの定理

立方体の一頂点を O とし，隣りあう三頂点を A, B, C とするとき，点 O と点 A, B, C をそれぞれ結んだ図形を**直交等長三脚** O(ABC) と呼ぶことにする。また，どの三点も一直線上にない平面上の四点のうち，一点 O^s と他の点 A^s, B^s, C^s をそれぞれ結んだ平面図形を**平面三脚** $O^s(A^s B^s C^s)$ と呼ぶことにする。すると任意な平面三脚 $O^s(A^s B^s C^s)$ について次のことが成り立つ。

任意な平面三脚 $O^s(A^s B^s C^s)$ は，適当なある直交等長三脚 O(ABC) の平行投象図でありうる。

この定理は斜投象の基本定理である。跡線三角形を用いなければ，自由に軸測軸 $O^s(x^s y^s z^s)$ の方向と軸上の単位尺 $O^s(A^s B^s C^s)$ を決めることができる（図 **2-8**）。任意な平面三脚 $O^s(A^s B^s C^s)$ を決め，それが直交等長三脚の O(ABC) の斜投象図であれば，O を中心とし，点 A, B, C を通る球 Γ の斜投象図が作図できることとして証明してみよう[*1]。

証明　直交等長三脚 O(ABC) により決定される球 Γ の斜投象図は，球に接する投射線の作る円柱の，投象面 II による切断線（一般に楕円）として求められる（図 **2-9**）。斜投象図として楕円を与える球 Γ 上の大円を k_0，直交等長二脚[*2] O(AB) が定める球 Γ の大円を k とすると，主軸面 xy と投射線が垂直でなければ，円 k と円 k_0 は二点 M, N で交差し，MN は円 k，円 k_0 の共通な直径である（図中，主軸面 $xy /\!/$ II）。

[*1]　これを**ポールケ Pohlke の定理**という。以下の証明方法は Müller E., Kruppa E., *Lehrbuch der darstellenden Geometrie*, 1961 pp. 244〜による。同様に球の作図による証明例は Hohenberg F., *Konstruktive Geomtrie in der Technik*, Wien 1966 pp. 85〜（増田祥三訳，技術における構成幾可学，日本評論社，1969, pp. 99〜）を参照。

[*2]　直交等長二脚
O(AB) の斜投象図を平面二脚 $O^s(A^s B^s)$ と呼び，直交等長三脚 O(ABC) の斜投象図を平面三脚 $O^s(A^s B^s C^s)$ と呼ぶ。直交等長三脚という用語の定義については **2-1-4** 参照。

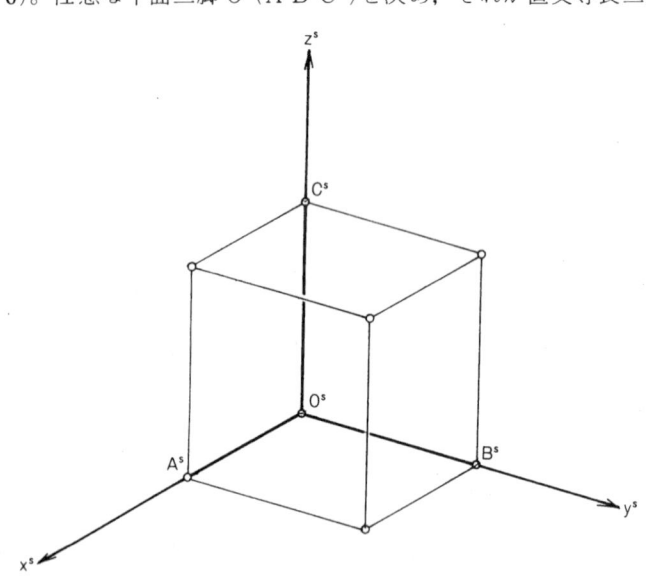

図2-8　軸測軸上の単位尺の任意な決定

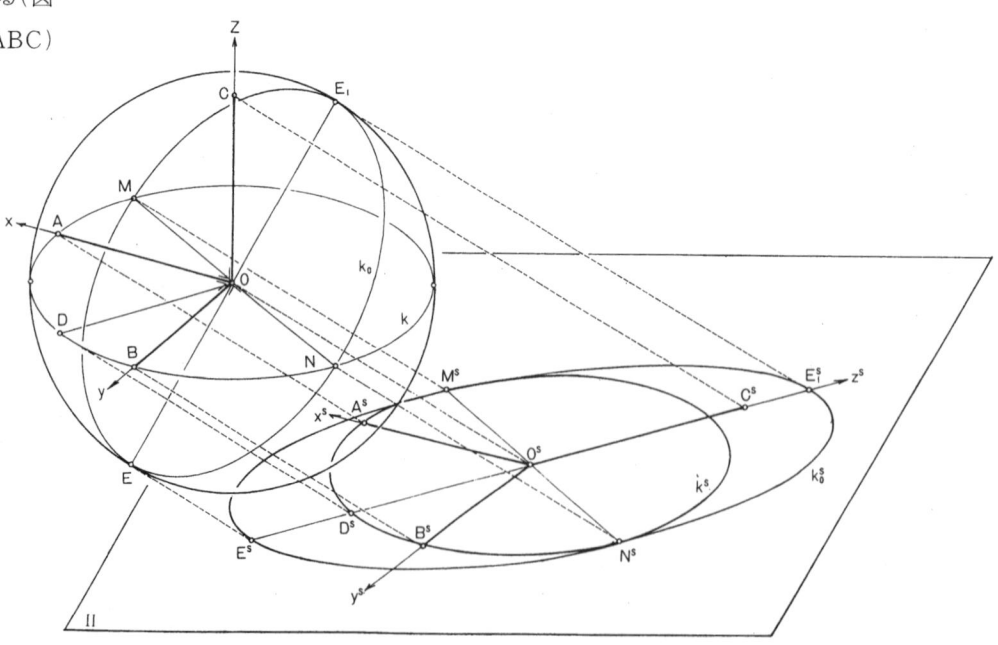

図2-9　球の斜軸測投象

いま任意に平面三脚 $O^s(A^sB^sC^s)$ を投象面 Π 上に決める（図**2-10**）。直交等長二脚 $O(AB)$ を直交二半径とする円 k の斜投象図 k^s は楕円であり，平面二脚 $O^s(A^sB^s)$ は楕円 k^s の共役二半径である（**1-5** 節参照）。点 $D^s[O^sC^s \wedge k^s]$（点 D^s の正確な求め方を図**2-10**に示す）とすると，点 D^s は直線 OC を通り投射線に平行な**投射平面** σ が円 k を切断する二点のうちの一点 D の斜投象図である。楕円 k^s の半径 O^sD^s に共役な半径 O^sM^s は図**2-10**の方法で作図でき*，点 M^s での楕円 k^s の接線 $s_1 // z^s // O^sD^s$ である。投射平面 σ に平行で直線 s_1 を通るもう一つの投射平面 σ_1 は点 M^s を含む。つまり，投射平面 σ_1 は球 Γ に点 M で接する平面であり。点 M は大円 k 上の点でもあるから，点 M^s（点 M の斜投象図）は楕円 k^s 上にも，球の輪郭大円 k_0 の斜投象図 k_0^s（楕円）上にもある（点 M^s において k_0^s と k^s は内接する）。球 Γ の斜投象図 k_0^s は，半径 O^sM^s に共役なもう一つの半径を得れば作図できる。その共役半径は点 M^s を求めた逆の過程により O^sD^s 上にあることがわかる。

図**2-11**に中心 O を投象面 Π 上にもつ球 Γ の投射平面 σ による切断円 $k_1(O, \overline{OC}=i)$ を示す。球 Γ の輪郭大円 k_0，および xy 平面による球 Γ の切断大円 k は，円 k_1 の二直径として示される。投射線 $p \perp k_0$ である。二点 E，E_1 を図のように $[k_0 \wedge k_1]$ にとり，[投射平面 $\sigma \wedge$ 投象面 Π] $=$ 直線 s とする。投射線 p と直線 s のなす角 $= \delta$ とし，直線 OC と直線 s のなす角を γ とする。$[p(E) \wedge s] = E^s$ のように各点の直線 s 上への投象図を右肩の s 記号により示す。なお $OC \perp$ 主軸面 xy，OD は主軸面 xy 上にあるから $OC \perp OD$ である。

$$\overline{OC} = \overline{OD} = \overline{OE} \tag{2.4}$$

$\triangle OCC^s$ と $\triangle ODD^s$ に正弦定理を適用して

$$\frac{\overline{OC^s}}{\sin(\delta - r)} = \frac{\overline{OC}}{\sin(\pi - \delta)} \quad \therefore \overline{OC^s} = \frac{\overline{OC}}{\sin \delta} \sin(\delta - r) \tag{2.5}$$

$$\frac{\overline{OD^s}}{\sin(\frac{\pi}{2} + r - \delta)} = \frac{\overline{OD}}{\sin \delta} \quad \therefore \overline{OD^s} = \frac{\overline{OD}}{\sin \delta} \cos(\delta - r) \tag{2.6}$$

(2.5)，(2.6)より

$$(\overline{OC^s})^2 + (\overline{OD^s})^2 = \frac{i^2}{\sin^2 \delta} \quad (\text{ただし} \quad i = \overline{OC}, \overline{OD}) \tag{2.7}$$

また $\triangle OEE^s$ において同じく正弦定理より

$$\frac{\overline{OE^s}}{\sin \pi/2} = \frac{\overline{OE}}{\sin \delta} \quad \therefore \overline{OE^s} = \frac{\overline{OE}}{\sin \delta} \tag{2.8}$$

---

* 楕円の共役直(半)径の作図については，図**1-23**, **2-13**, **2-14**, **3-32**を参照。

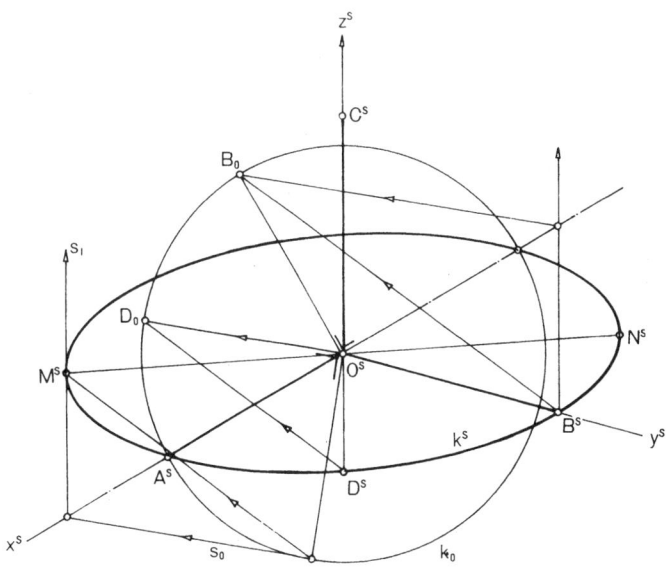

図2-10　楕円 k^s の共役半径 OM，OD の求め方

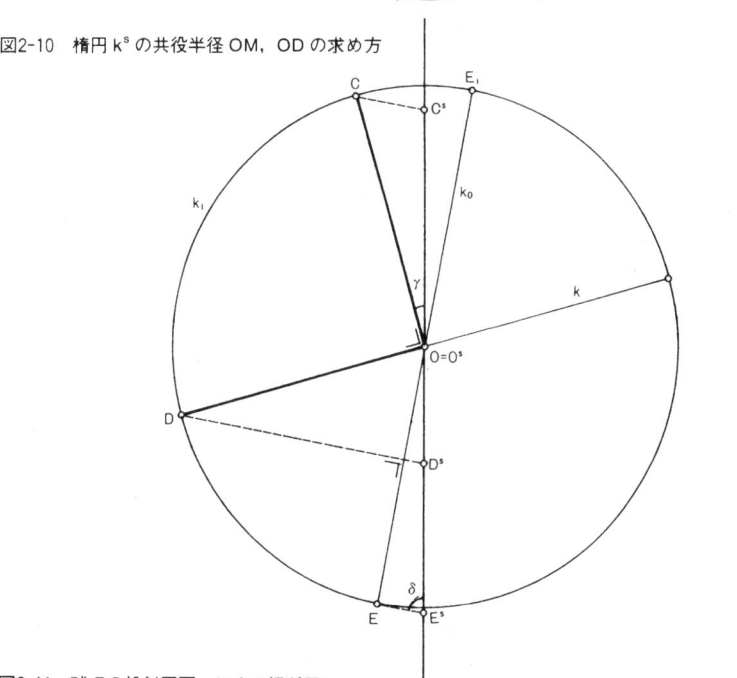

図2-11　球 Γ の投射平面 σ による切断円 k_1

(2.7),(2.8)から
$$(\overline{OC^s})^2+(\overline{OD^s})^2=(\overline{OE^s})^2 \tag{2.9}$$

こうして，球Γの輪郭大円k_0を投射平面σが切断する点E，E_1の斜投象図E^s，E_1^sは，$\overline{OC^s}$と$\overline{OD^s}$を二辺とする直角三角形の斜辺の長さ$\overline{OE^s}$をOC^{s}上(下方)にとれば作図される(図**2-12**)。こうして球の輪郭大円k_0の斜投象図k_0^sは共役二半径O^sM^s，O^sE^sから作図される(**1-5**節参照)。

また逆に，球Γを大円k_1に沿って切断する投射平面σと投象面Πとの交線s上に(2.9)式を満たす点O，C^s，D^s，E^sがあれば，点O＝点O^sとし，OE^s，OM^sを共役二半径とする楕円の短軸は補遺に後述する方法で求められるとすると，投射平面σ上に$\overline{OC}$＝$\overline{OD}$＝$\overline{OE}$，OC⊥ODなる三点C，D，Eが決まる(図**2-11**)＊。投射平面σに垂直な球Γの半径をOMとすると，点Mは球の輪郭大円k_0上にあり，その斜投象図M^sは大円k_0

の斜投象図k_0^s上のOE^{s}に共役な半径である。図形O(CDM)は球Γの直交等長三脚である。いま OD，OM を OC のまわりに回転させると，点D^s，点M^sはOM^s，OD^sを共役二半径とする楕円k^s上を移動し，点D^sは点B^sに，点M^sは点A^sに重なる。O^sA^s，O^sB^sは楕円k^sの共役二半径であるからである。

こうして斜投象図で任意に与えられた平面三脚$O^s(A^sB^sC^s)$に対する空間における直交等長三脚O(ABC)が適当な投射角をなした投射線上に存在することが証明された。

補遺 球Γの斜投象図k_0^sを知って，この斜投象の投射線の投射角と球の半径とを作図的に得ることができる。まず楕円k_0^sの長軸，短軸を求めてみよう。

共役二半径のわかっている楕円の長短軸は図**2-13**のようにして求める。AB，CDを楕円k^sの共役二直径とし，直線s[C, //AB](楕円kの点Cにおける接線)とする。CO_0⊥s，$\overline{CO_0}=\overline{OA}$なる点$O_0$をとる。円$k_0[O_0, \overline{CO_0}(=\overline{OA})]$とし，直線$s$をアフィン軸とし，射線方向を$O_0O$とする円$k_0$と楕円$k$との平面配景的アフィン対応を考える。いま$O_0O$の垂直二等分線とアフィン軸$s$との交点を$O_1$とし，円$k_1[O_1, \overline{O_1O_0}(=\overline{O_1O})]$(ターレ

＊ (2.5)式をOCについて解き，(2.6)式をODについて解き，(2.8)式をOEについて解き，$\overline{OE}$を補遺の作図から既知とし，$\overline{OC}=\overline{OD}=\overline{OE}$とおけばγ，δが求められる。

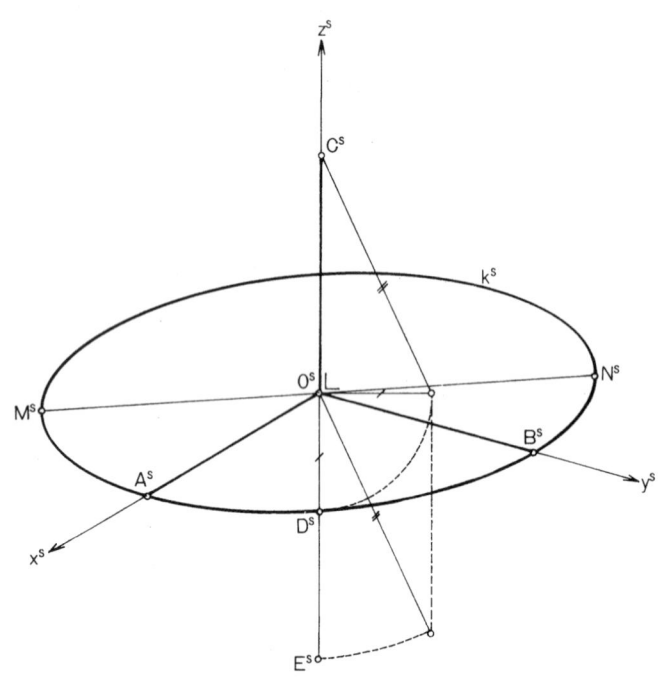

図**2-12** 球Γの斜投象図k_0^sの二共役半径 O^sE^s，O^sM^s

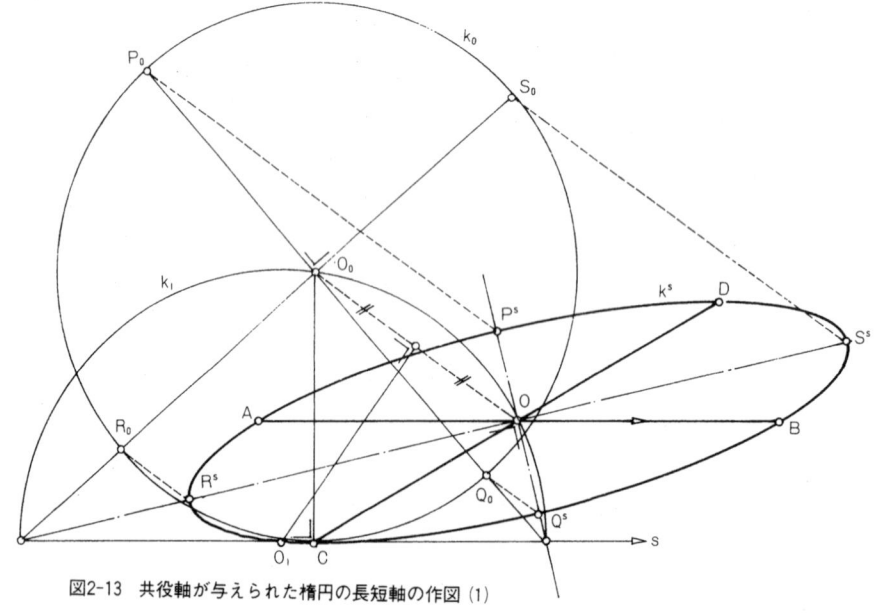

図**2-13** 共役軸が与えられた楕円の長短軸の作図 (1)

ス円)を利用して，点 O，O_0 上にそれぞれ直角を作図し，点 O_0 でその直角を挟む円 k_0 上の直交二直径 P_0Q_0，R_0S_0 をつくる。上記の平面配景的アフィン対応によって，点 P_0，Q_0，R_0，S_0 がそれぞれ点 P^s，Q^s，R^s，S^s に対応するとすれば，直線 P^sQ^s，R^sS^s はそれぞれの中点 O で交わり，円 k_1 上の点 O に作った直角を挟む。こうして楕円 k の長短軸を得る。

また図2-14は，ともに点 O を中心とする点 A，B を通る楕円 k^s と円 $k[O, \overline{OA}]$ との平面配景的アフィン対応からその対応の**主方向***を求める方法で，対応の軸は直線 AB であり，点 E∈円 k_0，OE⊥OA とすると，対応の射線方向は ED の方向である。図2-13同様に，ED の垂直二等分線と AB との交点を O_1 とし，円 $k_1[O_1, \overline{OE}]$ とすると，円 k_1 上の二点 E，D 上に直角を作り，それぞれを円 k_0 と楕円 k^s の中心点 O 上に移す。同様にして楕円 k^s の直交二直径(長短軸)P^sQ^s，R^sS^s を得る。

図2-13または図2-14の方法で図2-15の球の輪郭楕円 k_0^s の長短軸 P^sQ^s，R^sS^s がわかる。球 Γ の直径の実長は $\overline{P^sQ^s}$ である。球 Γ の中心 $O = O^s$ と考え長軸 R^sS^s を含み投象面 Π に垂直，かつ投射線に平行な投射平面 τ で球 Γ を切断し，切断円 k_1 を長軸 R^sS^s を回転軸にして，投象面 Π 上に回転して重ね，円 k_{01} を得る。いま直線 p_0 を点 S^s を通る円 k_{01} の接線とすると，p_0 と長軸 R^sS^s のなす角が投射角 δ を与える。なお直線 p_0 に平行に点 P^s を通る直線 $p_0(P^s)$ を引き長軸 R^sS^s との交点を F とすると，点 F は楕円 k_0^s の焦点の一つである。

(証明終了)

---

* 配景アフィン対応によって，直角をなす二直線がやはり直角な二直線に対応する場合を，本書では 1-5 節で**直角対**と呼んだが，対応における**主方向**と呼ぶ場合もある。

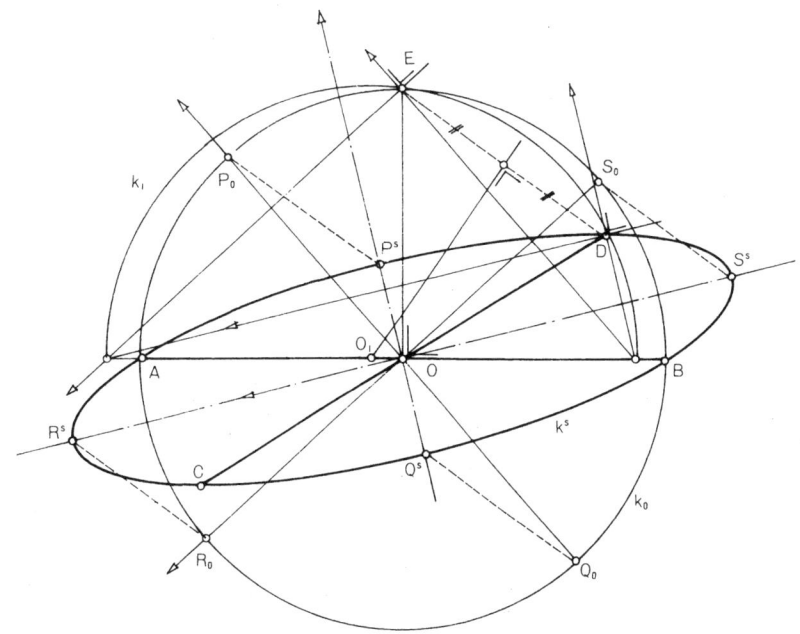

図2-14　共役軸の与えられた楕円の長短軸の作図 (2)

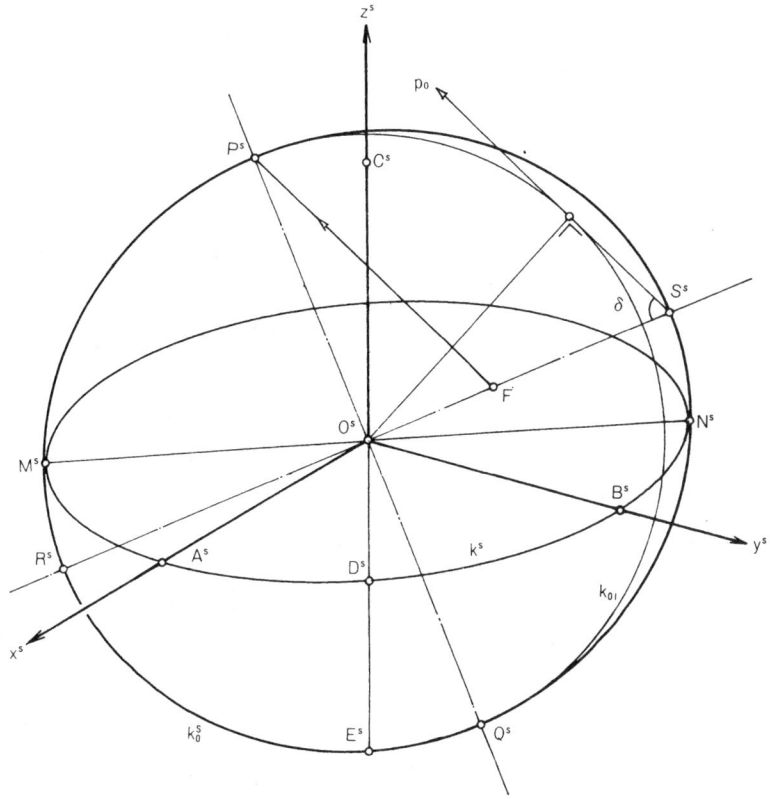

図2-15　球の斜軸測投象図と投射線の投射角

28　2章　軸測投象と正投象

上の証明では，平面三脚 $O^s(A^sB^sC^s)$ は現実の直交等長三脚 $O(ABC)$ に相似な $O'(A'B'C')$ の投象面Ⅱ上への斜投象図である。(建築や土木の軸測図を想起せよ)したがってポールケの定理は

平面三脚 $O^s(A^sB^sC^s)$ は直交等長三脚 $O(ABC)$ に相似な $O'(A'B'C')$ の平行投象でありうる。

と読み替えることができる*1。

ポールケの定理により，斜軸測投象の作図は，軸測軸の方向，軸上の単位長さの選択が全く自由であることが確認された。しかし幾何学的には全く自由であるといっても，視覚的に不自然なものは避けなければならない。図2-16は立方体の描図としては歪みすぎである。

こうして斜軸測投象は，その表現対象の直観的理解可能性と作図の容易さに優れてはいる。しかし対象の実長や実形，実際の角度の作図といった計量的測面は，後述する正投象による作図に比較すると，やや煩雑さを免れない*2。そこで，計量的側面をある程度持ち，作図の容易さをも確保した特殊な斜軸測投象法が考案されている。

---

*1　ポールケの定理は1853年 K. W. Pohlke により発見され，1860年，証明なしに公表された。最初の完全な証明は，1864年 H. A. Schwarz によりなされた。Schwarz は，より一般的に，「どの三点も一直線上にない平面上の四点は，与えられた四面体と相似な四面体の平行投象として与えられうる。」として証明した。

*2　軸測投象の量に係わる作図は 3 - 3 を参照。

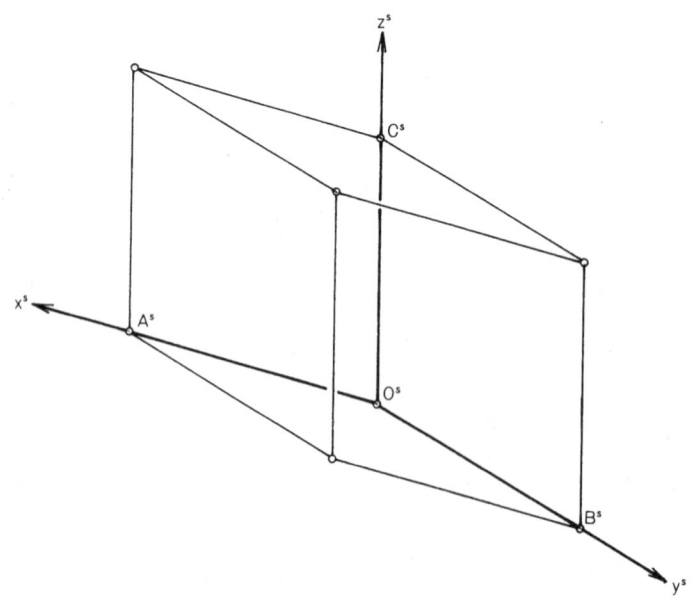

図2-16　図学的には不適当な斜軸測投象

2-1-5　特殊な斜軸測投象（1）

　跡線三角形 XYZ が与えられた軸測投象で結点 Z が z^s 軸上の無限遠点であるとき，z 軸は投象面 II に平行となり（図2-17），z 軸上には実長が示される。直交等長二脚 O(AB) の斜投象図 $O^s(A^s B^s)$ と跡線 XY を任意に決める。線分 $A^s B^s$ の中点を M^s とし，$O^s M^s$ と跡線 XY との交点を M とする。跡線 XY を直径とし中心を K とする円 $k[K, \frac{XY}{2}]$ の跡線 XY に直交する直径を PR とすると，$\angle(XOM) = \frac{\pi}{4}$ の筈であるから，直線 RM と円 k との交点が点 O_0 の位置（三角形（OXY）を XY を回転軸として回転し，頂点 O を投象面上に重ねた位置）である（$\because \angle(XO_0 R) = \frac{\pi}{4}$，$\angle(YO_0 R) = \frac{\pi}{4}$）。こうして配景アフィン対応の射線方向 $O^s O_0 (=p_0)$ が求められたので $[p_0(A^s) \wedge O_0 X] = A_0$，$[p_0(B^s) \wedge O_0 Y] = B_0$ として $O^s A^s$，$O^s B^s$ の実長 $\overline{O_0 A_0}$，$\overline{O_0 B_0}$ を得る。図2-18にこうして作図された立方体を示す。

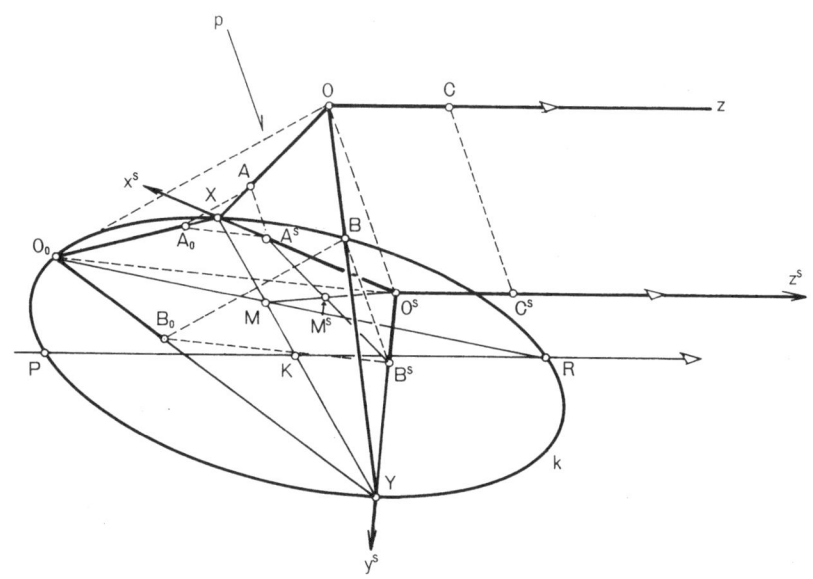

図2-17　特殊な斜軸測投象説明図

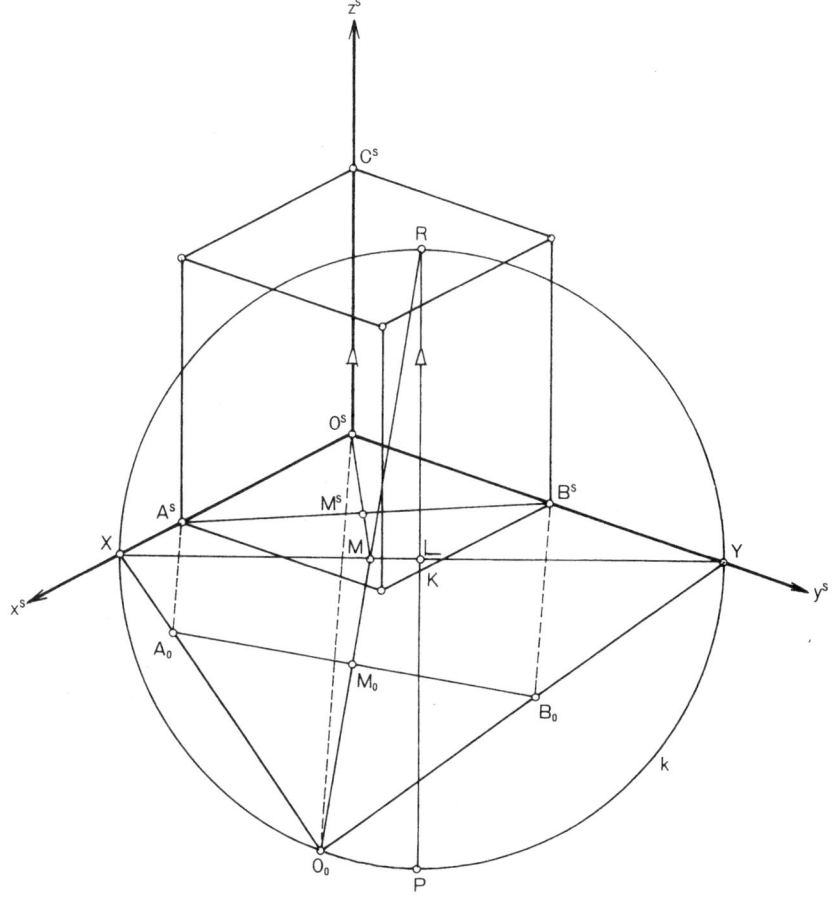

図2-18　特殊な斜軸測投象

2-1-6 特殊な斜軸測投象(2)

前出の図2-8において，平面三脚 $O^s(A^sB^sC^s)$ のうち二脚が直角で $\overline{O^sA^s} = \overline{O^sB^s} = \overline{O^sC^s}$ のときは，直角な二軸測軸に対応する空間における主軸面が投象面に平行で，どの軸上の縮率も等しい**等測的斜軸測投象(等軸測投象)**である。x^s 軸 $\perp y^s$ 軸の場合(図**2-19**)を**ミリタリー透視図**，y^s 軸 $\perp z^s$ 軸の場合(図**2-20**)を**カヴァリエ透視図**という*。いずれも z 軸は紙面の水平線に垂直に作図される。特にカヴァリエ透視図の場合，O^sA^s の縮率 $u = \overline{O^sA^s}/\overline{O^sB^s}$ を 1/2, 2/3, 3/4 にとったりする二軸等測的方法があり，x^s 軸と y^s 軸のなす角 δ を30°，45°，60° などにとる(図**2-21**)。図**2-20**は $u = \frac{3}{4}$，$\delta = 45°$，図**2-21**(i)は $u = \frac{1}{2}$，$\delta = 45°$，(ii)は $u = \frac{2}{3}$，$\delta = 45°$ (iii)は $u = \frac{2}{3}$，$\delta = 30°$ の場合である。

---

* カヴァリエ cavalier(仏)，ミリタリー military(英)，militaire(仏)，Militär(独)の語はともに築城術に由来する語であろう。cavalier とは一般に騎兵をいい，*Trésor de la langue française—Dictionnaire de la langue du XIX et du XX siècle*, ed. C. N. R. S. Tome 15, 1977 によると，築城術に係わる語として盛り土の意味があり，建築用語に係わっては，騎兵が騎馬上から眺めるがごとき，鳥瞰・俯瞰 vue à la cavalière の意味がある。perspective cavalière とは前者を含んだ後者の意味と察せられる。この作図法は15世紀のイタリアルネッサンスに発見される線透視図法 perspective linéaire, perspective géométrique の perspective(仏)とは図法的には全く異なる。また本書中「配景的アフィン対応」という場合の幾何学用語「配景的」も原語は perspektive(独) perspective(仏)である。また，カヴァリエ，ミリタリー両透視図を総称して，正面斜軸測投象 frontal axonometry ともいう。

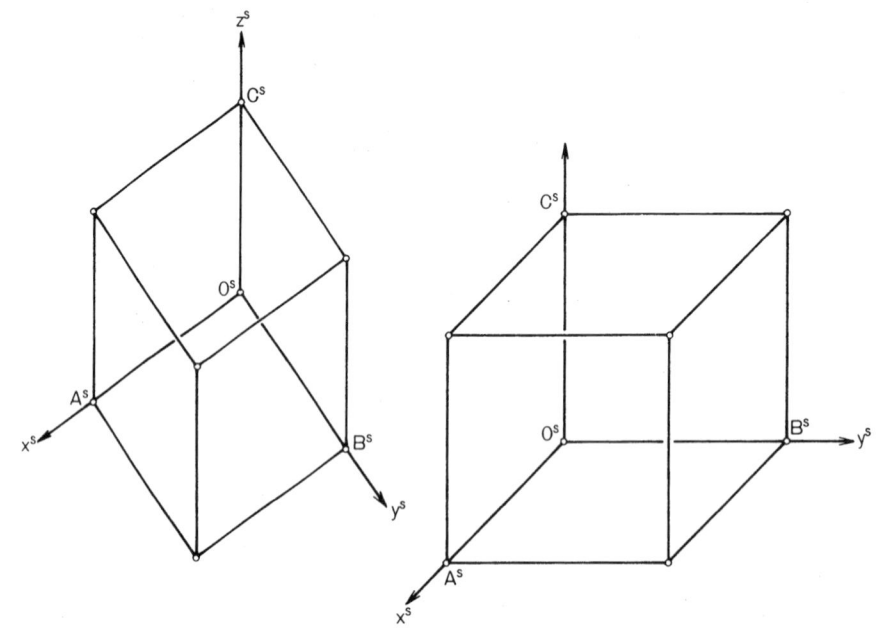

図2-19 ミリタリー透視図   図2-20 カヴァリエ透視図

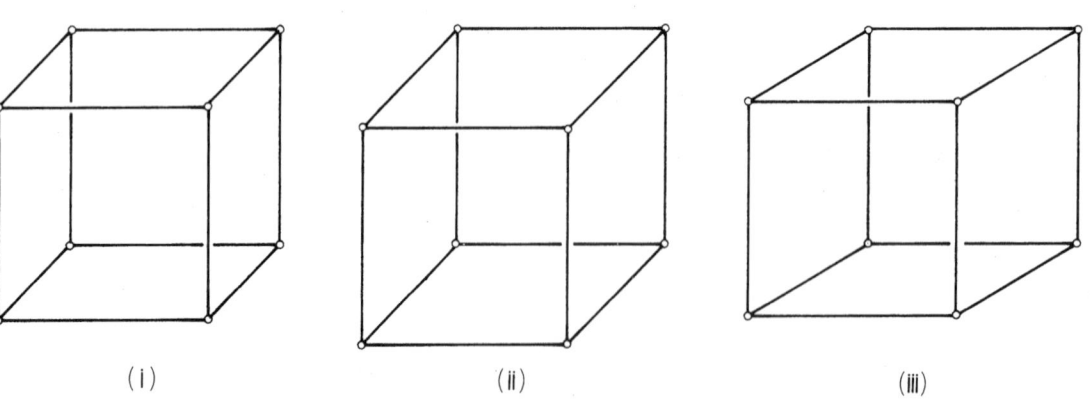

図2-21 カヴァリエ透視図

2-1-7　特殊な斜軸測投象による球の投象図

カヴァリエ透視図法を用いて球の斜軸測投象図を作図してみよう。2-1-4 で既にみたように球の斜投象図は一般に楕円である。

投象面 Π 上に直交等長三脚 $O(ABC)$ のうち OB, OC があり、中心を O, 点 A, B, C を通る球 Γ を想定する（図2-22）。OA^s の縮率を $1/2$, $\delta = 45°$ とする。主軸面 yz 上の球 Γ の大円を k_1 とする。

投象面 Π に垂直で投射線に平行な、しかも直線 OA^s を含む投射平面 σ によって球 Γ を切断したときの切断大円を k_0 とし、投射平面 σ と投象面 Π との交線を s とする。(OA^s は直線 s 上にあるから直線 s は投射線の投象面 Π 上への直投象である。直線 s を投象面上での**投射線の方向**ともいう）いま大円 k_0 を直線 s を回転軸として回転し投象面に重ねると、円 k_1 と重なる。この回転によって OB, OC に垂直な OA は OA_0 に移る。A_0A^s が A を通る回転された投射線を示し、投射角 $\angle(A_0A^sO)$ を与える。A_0A^s に平行に円 k_1 に接線を引き直線 $s(=OA^s)$ との交点を D^s, E^s とすると、点 D, E は球 Γ 上の点で、円 k_0 上では D_0, E_0 の位置にある。すなわち点 D^s, E^s は球の斜投象 k^s 図上にある。上記投射平面 σ に平行で点 A_0 を通る投射平面は、点 A_0 で球 Γ に接するから、点 A_0 も球 Γ の斜投象図 k^s 上にある。こうして求める斜投象図 k^s（楕円）の長軸 D^sE^s と短軸 A_0A_{01} が判明したので、1-5 節に従って楕円は作図される。ちなみに、点 A^s と OA_0 に対して対称な点 A_1^s は楕円 k^s の二焦点である*。

同様にして、説明は省くが、ミリタリー透視図によって球の斜投象は図2-23 のように作図される。この楕円の二焦点は点 C^s, 点 C_1^s である。

2-1-4 から 2-1-7 で考察したように、一般に球の斜投象図は楕円となり、人間の直観と一致しないため、球の登場する軸測投象には後述する直軸測投象の方が適する。しかしそれ以外の場合には、軸測軸の方向と軸上の縮率の選択の自由な、しかもカヴァリエやミリタリー図法のような実長、実形を表現できる軸測投象法は非常に有効な作図法である。

---

* 2-1-4（図2-15）でもみたように、球の平行投象においては、投象面に垂直な球の半径の端点の投象図は、球の投象図楕円の二焦点を与える。

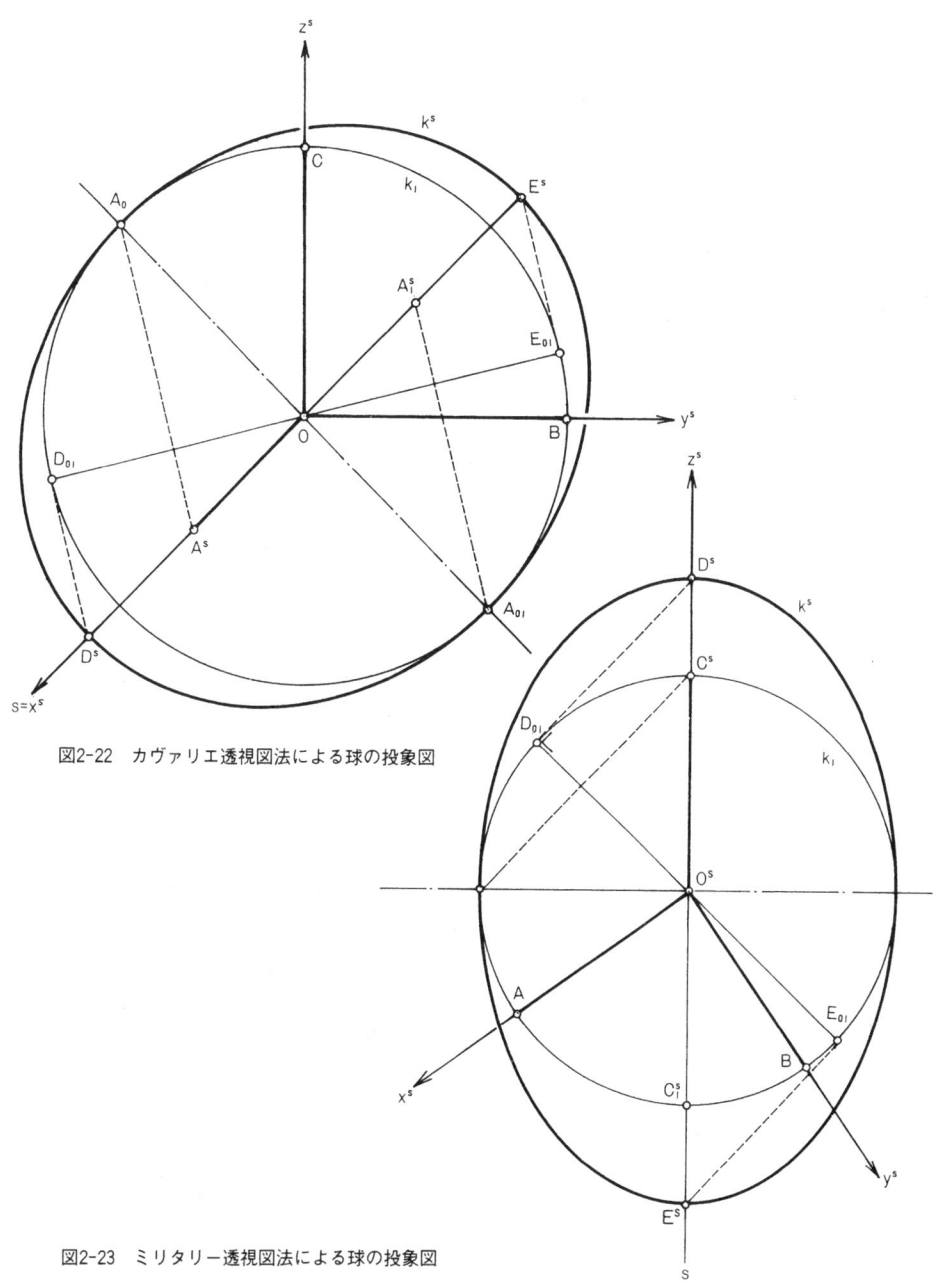

図2-22　カヴァリエ透視図法による球の投象図

図2-23　ミリタリー透視図法による球の投象図

2-2 直軸測投象

2-2-1 直軸測投象の原理

直交三軸 $O(xyz)$ のどの主軸面にも平行でない投象面Ⅱへの直投象が直軸測投象である。図2-24を基本的モデルとして考察してみよう。直交三脚 O (XYZ)は投象面Ⅱ上へ直投象(投射線 $p\perp\Pi$)され，軸測軸 O^n(XYZ)を得る[*1]。証明を脚註に示す[*2]ように点 O_n は跡線三角形(XYZ)の垂心である。2-1-3 (図2-6～図2-8)で斜軸測投象を考察した同じ方法で，三主軸面直角三角形 (OXY), (OXZ), (OYZ)を，それぞれ跡線 XY, XZ, ZY を回転軸にして，投象面Ⅱ上に回転し重ね，三角形 $(O_{01}XY), (O_{02}XZ), (O_{03}YZ)$ を得る(図2-25)。点 O_{0n} ($n=1, 2, 3$)はそれぞれ XY, XZ, ZY を直径とする円周上にある。投象面Ⅱ上で三角形 $(O_{01}XY)$ と三角形 (O^nXY) は XY をアフィン軸とする平面配景的アフィン対応をなし，射線 $O_{01}O^n \perp XY$ である。他の二対の三角形の対応も同様である。

$O_{01}X, O_{01}Y$ 上に，$\overline{O_{01}A_{01}} = \overline{O_{01}B_{01}}$ として二点 A_{01}, B_{01} をとれば，それは O^nX, O^nY 上の二点 A^n, B^n に対応する($A_{01}A^n \perp XY, B_{01}B^n \perp XY$)。同様にして点 C^n も決定される。

[*1] 直投象図には n を記号右肩に付す。
[*2] z 軸を含む投象面Ⅱに垂直な投射平面 ζ
　　 $\zeta \perp xy$
　　 $\zeta \perp \Pi$
　　 ∴ $XY[xy \wedge \Pi] \perp \zeta$　∴ $ZO^n[\zeta \wedge \Pi] \perp XY$, 同様に $XO^n \perp ZY$
　　 よって点 O^n は $\triangle XYZ$ の垂心である。

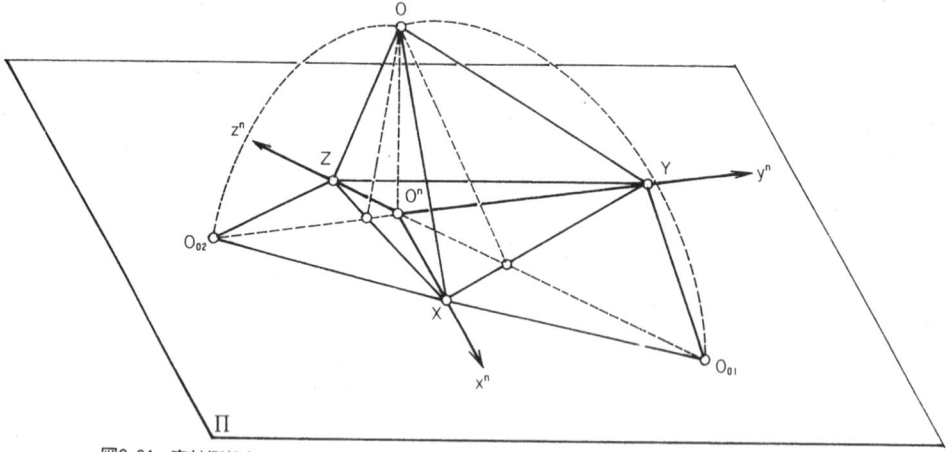

図2-24　直軸測投象

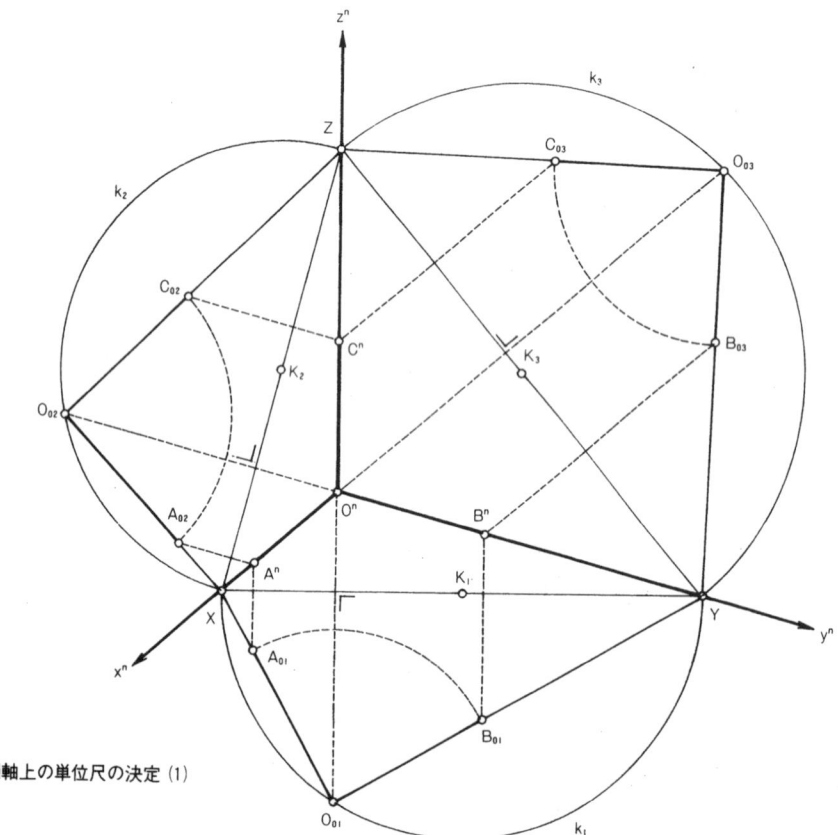

図2-25　直軸測投象，軸測軸上の単位尺の決定 (1)

図2-26は，跡線三角形(XYZ)が正三角形の場合の**等軸測投象**を示す。各軸測軸の縮比は$\sqrt{2}/\sqrt{3}$である。各軸測軸の目盛を$\sqrt{3}/\sqrt{2}$倍した軸測投象（すなわち実寸尺で描くことができる）を**等測図**という。

図2-27は跡線三角形が生じない場合に軸測軸上の平面三脚$O^n(A^nB^nC^n)$を決定する作図を示す。A_nとB_nの決定については，図2-25と同様である。次に，z^n軸を含む投射平面$\sigma(\perp\Pi)$と投象面Πとの交線$s[\sigma\wedge\Pi]$を回転軸として投象面Π上に回転して重ねたz軸をz'_0軸と呼ぶと，z'_0軸上に$\overline{O_0C_{01}}=\overline{O_0A_0}=\overline{O_0B_0}$として点$C'_0$をとり逆に回転して$z^s$軸上に点$C^n$を得る。

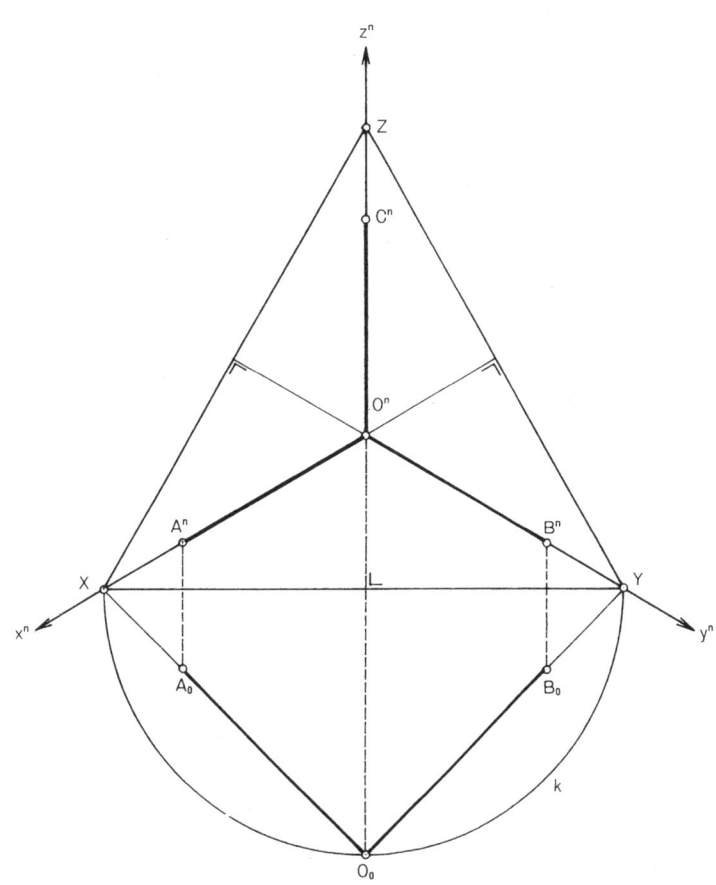

図2-26 三軸等測的直軸測投象

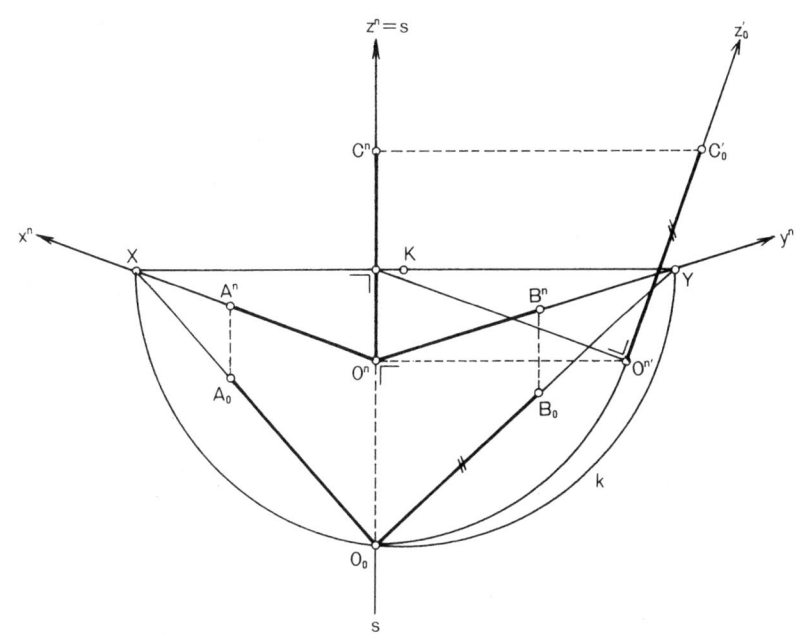

図2-27 軸測軸上の単位尺の決定 (2)

2-2-2　直軸測投象の解析

既に **2-1-2** でみたように，一般に斜投象において，直交等長三脚 O (ABC) の三軸 x, y, z が投射線となす角度を α, β, γ とし，投射線と投象面のなす角度を δ とし，三軸測軸の縮率を u, v, w ($u=\sin\alpha$, $v=\sin\beta$, $w=\sin\gamma$) とすると $u^2+v^2+w^2=2+\cot^2\delta$ の関係式が成立した[*]。直軸測投象においては $\delta=90°$ であるから

$$u^2+v^2+w^2=2 \tag{2.10}$$

また，投象面 II 上の平面三脚 O''(XYZ) が互いになす角度をそれぞれ，ε, η, ζ ($\varepsilon=\angle(YO''Z)$, $\eta=\angle(ZO''X)$, $\zeta=\angle(XO''Y)$) とすると（図2-28），各軸側軸の縮率 u, v, w と軸測軸のなす角度 ε, η, ζ のあいだに次のような関係が成り立つ。

$$u^2 : v^2 : w^2 = \sin 2\varepsilon : \sin 2\eta : \sin 2\zeta \tag{2.11}$$

証明　図2-28において，
$\overline{O''H}=1$ とすると，$\overline{XH}=-\tan\eta$, $\overline{YH}=-\tan\varepsilon$, $\overline{O_0H}=\sqrt{\tan\varepsilon\,\tan\eta}$ ($\because \triangle O_0XH\sim \triangle O_0HY$), $\cos\gamma=\dfrac{1}{\overline{O_0H}}=\sqrt{\cot\varepsilon\,\cot\eta}$ ($\because \overline{OH}=\overline{O_0H}$, $\overline{OH}\cos\gamma=\overline{O''H}$)

したがって

$$\sin^2\gamma = 1-\cos^2\gamma = 1-\cot\varepsilon\,\cot\eta = \frac{-\cos(\varepsilon+\eta)}{\sin\varepsilon\,\sin\eta} = \frac{-\cos\zeta}{\sin\varepsilon\,\sin\eta}$$

$$= \frac{-\sin\zeta\,\cos\zeta}{\sin\varepsilon\,\sin\eta\,\sin\zeta} = k\sin 2\zeta$$

同様に

$$\sin^2\beta = \frac{-\cos\eta}{\sin\varepsilon\,\cos\zeta} = \frac{-\sin\eta\,\cos\eta}{\sin\varepsilon\,\sin\eta\,\sin\zeta} = k\sin 2\eta$$

$$\sin^2\alpha = \frac{-\cos\varepsilon}{\sin\eta\,\sin\zeta} = \frac{-\sin\varepsilon\,\cos\varepsilon}{\sin\varepsilon\,\sin\eta\,\sin\zeta} = k\sin 2\varepsilon$$

ただし $k=-\dfrac{1}{\sin\varepsilon\,\sin\eta\,\sin\zeta}$

よって

$$\sin^2\alpha : \sin^2\beta : \sin^2\gamma = u^2 : v^2 : w^2 = \sin 2\varepsilon : \sin 2\eta : \sin 2\zeta$$

(証明終了)

ところで式 (2.11) は下のよう書き替えられる。

$$\frac{\sin 2\varepsilon}{u^2} = \frac{\sin 2\eta}{v^2} = \frac{\sin 2\zeta}{w^2}$$

また，$\sin 2\varepsilon = -\sin(2\varepsilon-\pi)$ であるから

$$\frac{\sin(2\varepsilon-\pi)}{u^2} = \frac{\sin 2\eta-\pi}{v^2} = \frac{\sin(2\zeta-\pi)}{w^2} \tag{2.12}$$

(ただし $(2\zeta-\pi)+(2\eta-\pi)+(2\zeta-\pi)=\pi$)

これは，u^2, v^2, w^2 を辺の長さとする三角形(**縮率三角形**と呼ぶ)を作図すれば対応する内角がそれぞれ $2\varepsilon-\pi$, $2\eta-\pi$, $2\zeta-\pi$ である三角形の正弦定理を示している。

---

[*] 2-1-2 (2.1)式参照。

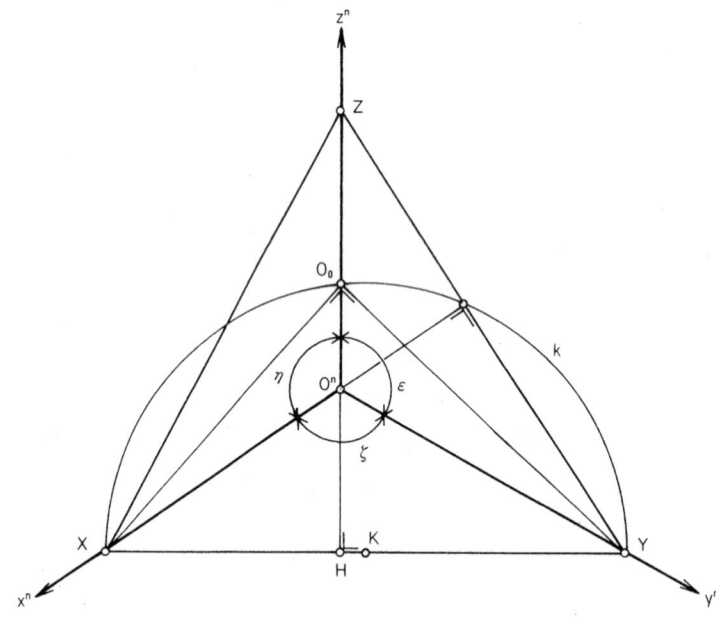

図2-28　直軸測投象の解析

図2-29のように縮率三角形(UVW)を描き，その内心を I とし I＝O^n とすると各頂点の内角二等分線を軸測軸とする作図が可能である。因みに∠($y^n O^n z^n$)＝$\pi-\left(\frac{2\eta-\pi}{2}\right)-\left(\frac{2\zeta-\pi}{2}\right)=2\pi-\eta-\zeta=\varepsilon$，∠($x^n O^n z^n$)＝$\eta$，∠($x^n O^n y^n$)＝$\zeta$ である。軸上の目盛は跡三角形 XYZ を任意に $x^n \perp YZ$，$y^n \perp XZ$，$z^n \perp XY$ として決めて図2-25の方法で作図できる。

他の方法として図2-30に示す方法もある。縮率三角形(UVW)を描き W＝O^n とする。二点 U，V を中心として点 O^n を回転させ直線 UV との交点を X，Y とする。三軸測軸は O^n(XYZ)($O^n Z \perp XY$, $O^n Y \perp XZ$, $O^n X \perp YZ$)である。この方法はシュレェミルヒ Schlömilch, O. とヴァイスバッハ Weisbach, J. により1856年に作図された。

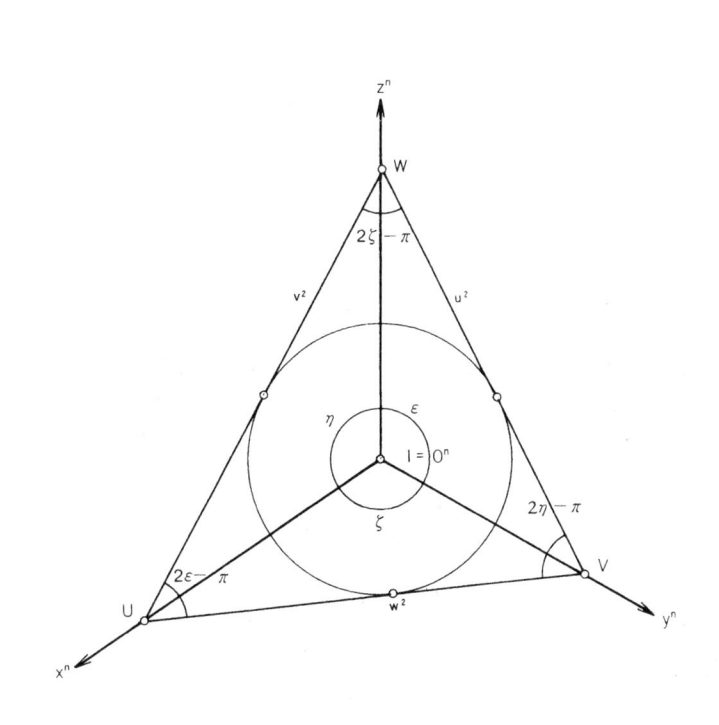

図2-29 直軸測投象の縮率三角形 (1)

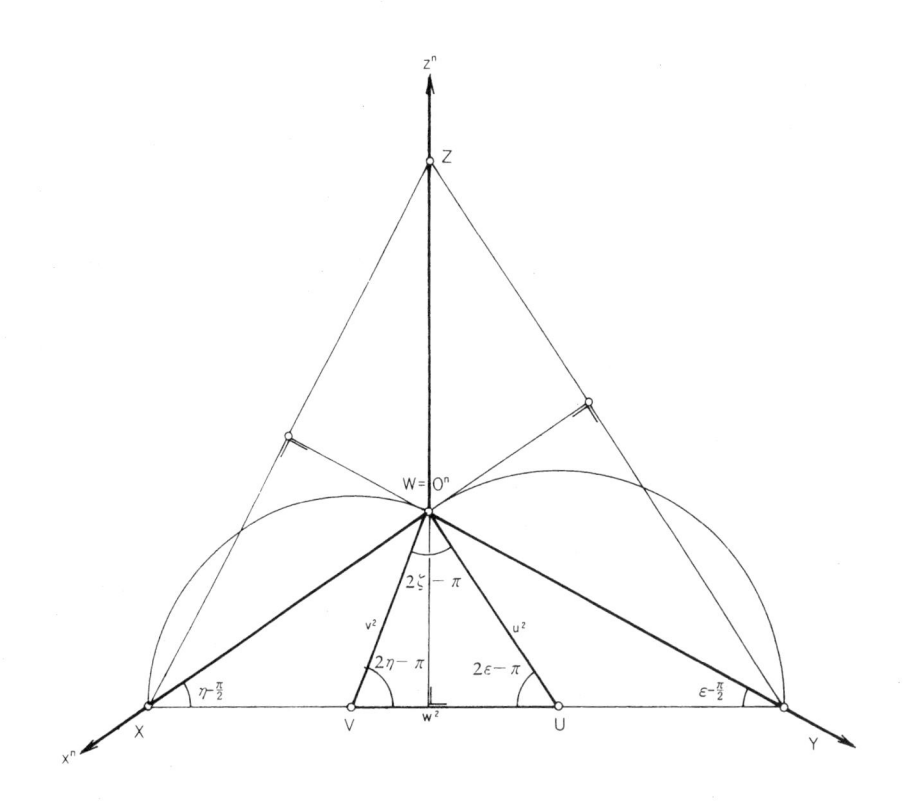

図2-30 直軸測投象の縮率三角形 (2)

2-2-3　直軸測投象による球と円の投象図

図2-31に示される三軸測軸 $O''(x''y''z'')$ において xy 平面上の点 $P(P''=P'''')$ を中心とし，与えられた半径 r の球 Γ の直軸測投象と球 Γ が xy 平面によって切断される大円 k の直投象 k'' (楕円) を作図してみよう．

球 Γ の直投象は，点 P'' を中心とし半径 r の円 k_0 である．一方円 k は主軸面 xy 上の半径 r の円である．その直径 $\overline{QR}=2r$ が投象図上に実長で示されるのは，$Q''R'' \perp z''$ のときである．すなわち $Q''R''[P'', \perp z'']$，$\overline{Q''R''}=2r$ として二点 Q'', R'' が定まる．楕円 k'' 上の他の点 L'' は，次のようにして求められる．

直線 $l''[Q'', //x'']$，直線 $m''[R'', //y'']$ とし，点 $L''[l'' \wedge m'']$ とすると，$\angle(Q''L''R'')=\angle(x''O''y'')$，$\angle(xOy)=\angle R$ であるから，点 L は円 k 上の点であり，その投象図 L'' は楕円 k'' 上の点である．直線 $Q''R''$ を直径とする円 $k_0[P'', \overline{P''Q''}]$ を作り，直線 $n[L'', \perp Q''R'']$，点 $L_0[n \wedge k_0]$ とすると，円 k_0 と楕円 k'' は直線 $Q''R''$ を対応軸とする平面配景的アフィン対応をなし，射線方向は直線 $Q''R''$ に垂直である．対応軸 $Q''R''$ と一対の対応点 (L_0, L'') から平面配景的アフィン対応が決定され，円 k_0 との対応から楕円 k'' が作図される．

球 Γ を xz 平面に平行な平面で切断したときの切断大円の直投象図 k_2''，また主軸面 yz に平行な平面で切断したときの切断大円の直投象図 k_3'' を図2-32に示す (点 O'' = 点 P'' とする)．楕円 k_2'', k_3'' が球 Γ の輪郭円 K_0 に接する位置は，ともに k_2'', k_3'' の y'' 軸，x'' 軸に垂直な長軸径の両端である．

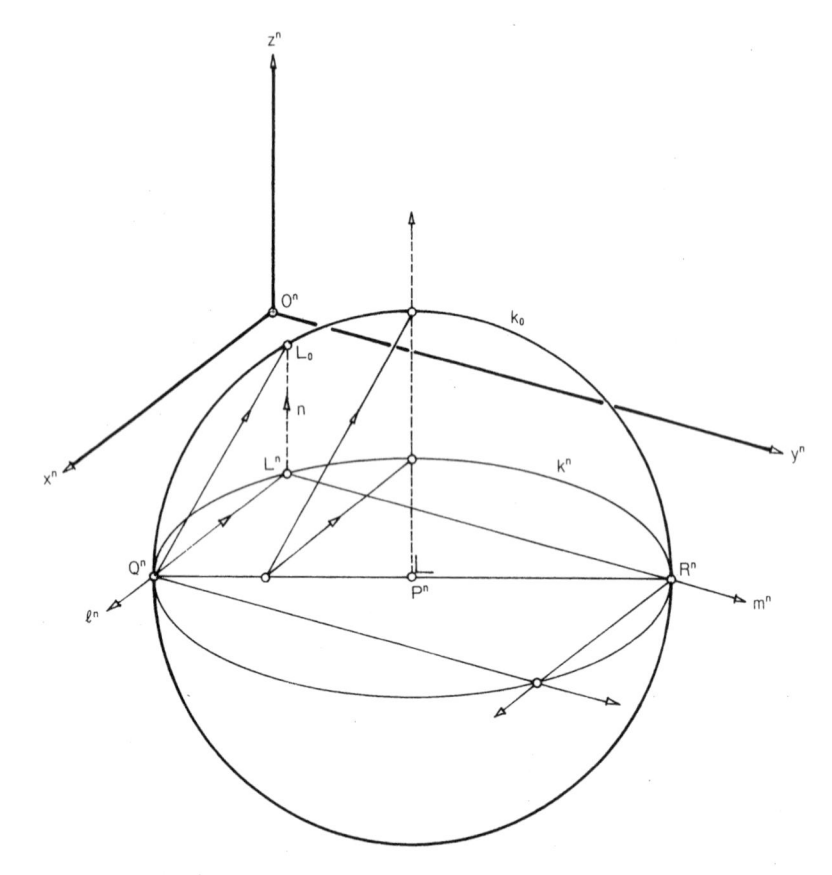

図2-31　球と大円の直軸測軸投象

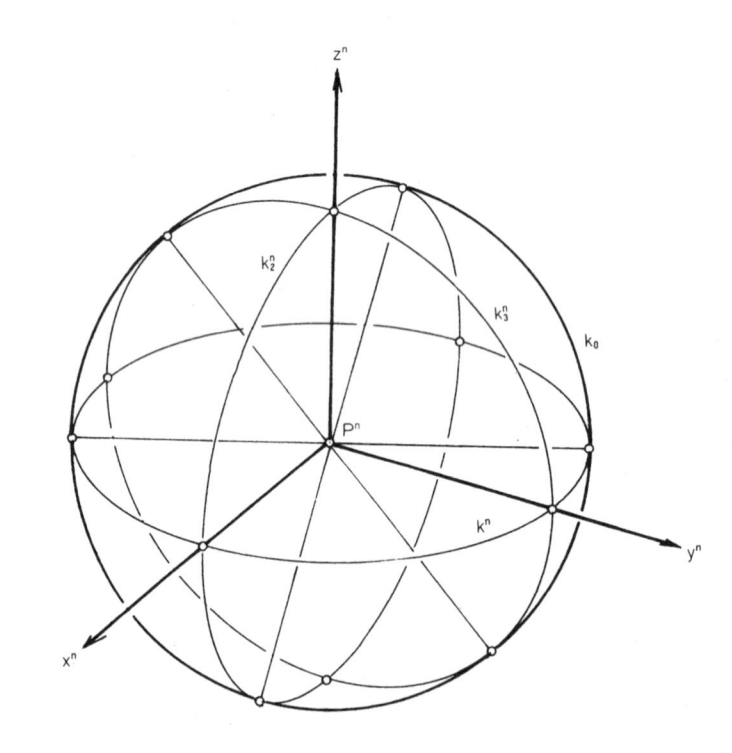

図2-32　球の主軸面による切断円

2-3 正投象

2-3-1 正投象の原理

　正投象は，第1章で触れたモンジュが秩序を与え，理論化した空間図形についての投象法である。基本的には直交する二平面を投象面とし，それぞれの投象面に直投象することで空間図形を表現する。この投象は，それぞれの投象面に垂直な方向（無限遠点）から見た図形であるだけでなく，その図において様々な空間図形の関係を厳密な仕方で求めうるものである。モンジュはとりわけこの問題解決に留意して様々な工夫を重ねたのである。

　図2-33に示したように直交する二平面のうち水平な投象面を**水平投象面（第1投象面Π_1）**，それに垂直な投象面を**直立投象面（第2投象面Π_2）**という。軸測投象のxy面，xz面に該当する。実際，モンジュは後に正投象に座標軸を導入している。この二平面によって空間は4つに分割されるが，その分割された空間を**象限**（または角）といい，図示したように各象限に番号を付けて第1象限（第1角ともいう。以下略），第2象限，第3象限，第4象限という。

　水平投象面Π_1上の図を**平面図**（記号にダッシュを1つ付けて表記する），直立投象面Π_2上の図を**立面図**（記号にダッシュを2つ付けて表記する）という。そして直立投象面Π_2と製図紙面とを一致させておいて，水平投象面Π_1と直立投象面Π_2の交線（**基線**といい，x_{12}で表示する）を回転軸にして，図2-33にあるように，水平投象面Π_1を矢印の方向に回転して紙面に重ねて表示する（図2-34）。

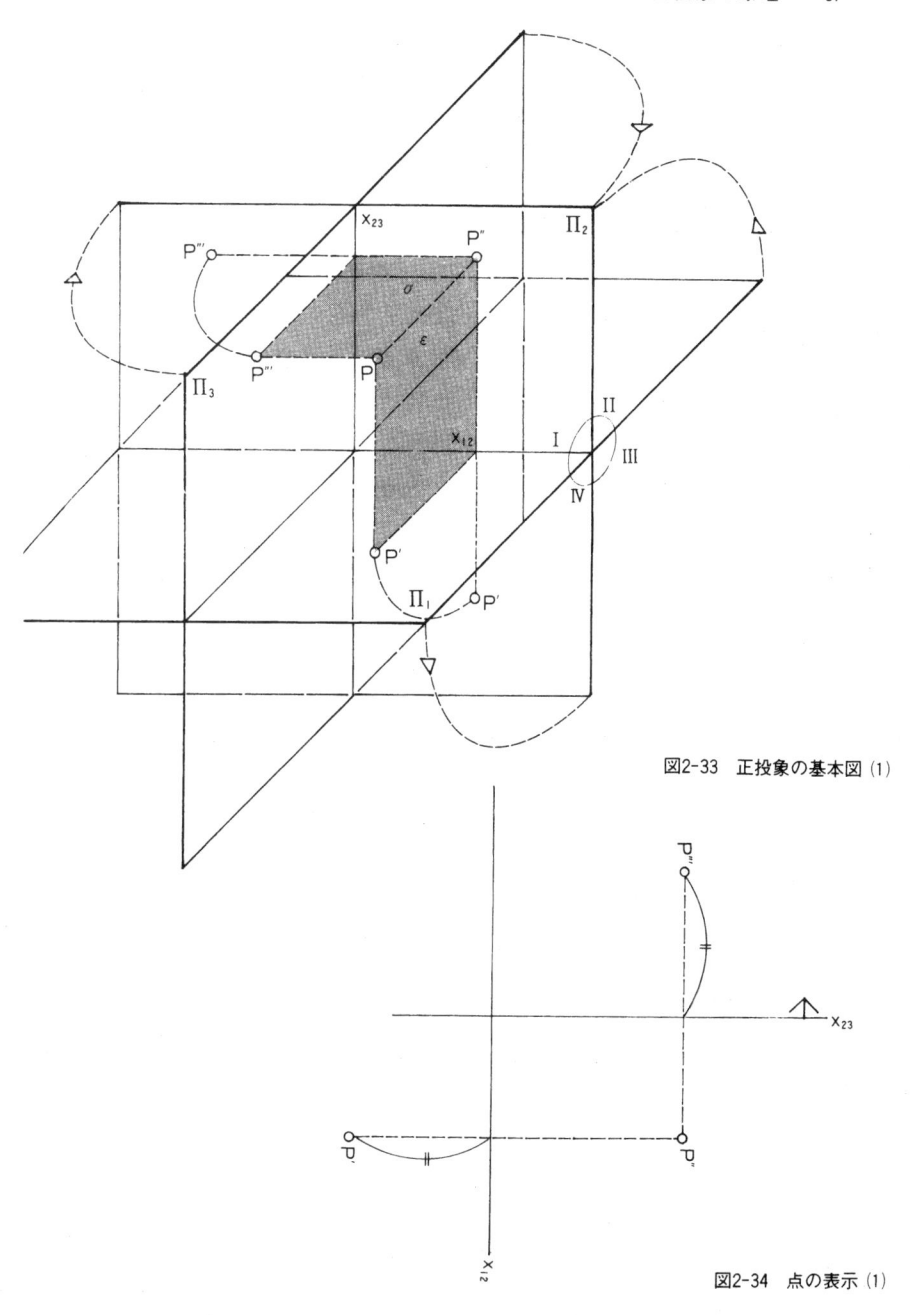

図2-33　正投象の基本図 (1)

図2-34　点の表示 (1)

また，水平投象面Π_1を紙面に一致させて，直立投象面Π_2を基線x_{12}を回転軸にして回転して，Π_1に重ねると考えてもよい（図2-35）。その際はΠ_2の上部を向う側，つまり第2象限の方に倒して表示する（図2-36）。その結果，二投象面の重なり具合いはΠ_1を回転する場合もΠ_2を回転する場合も同じとなる。

さらに，二投象面Π_1，Π_2に垂直な投象面Π_3（側面）を導入する。これへの直投象図を**側面図**といい，直線$x_{23}[\Pi_2\cdot\Pi_3]$を**副基線**というが，それを軸として側面Π_3を図2-33のように紙面上まで回転して示す。軸測投象のyz面への投象図に該当する。あるいはまた，水平投象面Π_1を基準にして，それに直立投象面Π_2を回転によって重ねるとした場合，図2-35に示すように，副基線$x_{13}[\Pi_1\cdot\Pi_3]$を軸として側面Π_3を水平投象面Π_1に重ねるとしてもよい。この方が簡単である。回転の方向は，図2-34，2-36にあるように副基線x_{23}またはx_{13}上に矢で表示するのが便利である。

アメリカや日本で，とりわけ機械製図がそうだが，対象を第3象限におき，投象面を透して対象を見た図を描く仕方が用いられる。したがって，図の名称

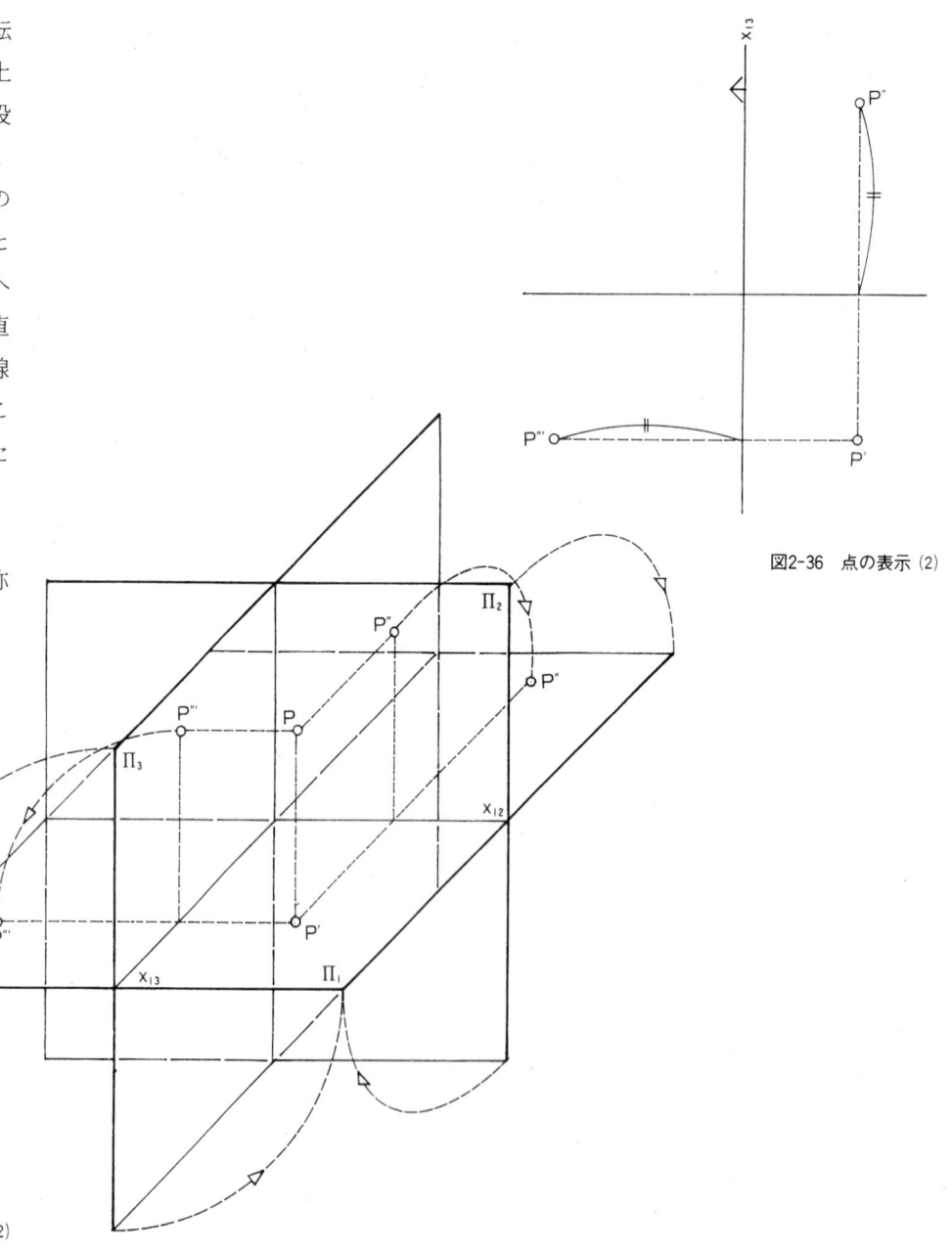

図2-36 点の表示 (2)

図2-35 正投象の基本図 (2)

も**正面視図** *front view*，**頂面視図** *top view*，**側面視図** *side view* などとする（図**2-37**）。このような投象法を**第3角法**という。1章で触れたデューラーの図**1-2b**は明らかに画面を透して見た視図であるが，平面図に該当する図は下からの見上げ図になってるので，この場合は回転方向に問題があるにしても，対象（人頭）は第2象限にあるといってよいであろう。

第1象限の対象を通常とする**第1角法**と上の第3角法とは幾何学的には差異がない。慣行の問題といってよいであろう。ただし，基線 x_{12}，副基線 x_{23} などを座標軸とすると，第3角法では z 軸が下方を向くことになり，不都合である。これなどを考慮して，本書では第1角法を選択した。

2-3-2　点の表示

点 P の平面図を P′，立面図を P″，側面図を P‴ などと表記する。図**2-33**のような位置（第1象限）に点 P があれば，基線 x_{12} より下に P′，上に P″ がくる。また副基線 x_{23} 上の矢印の方向に側面を倒せば，x_{23} より左に P‴ がくる。つぎに水平投象面 Π_1 への投射線 PP′ の立面図，直立投象面 Π_2 への投射線 PP″ の平面図と側面図，側面 Π_3 への投射線 PP‴ の立面図を考えると，それらは基線 x_{12} ないし副基線 x_{23} に直交する直線である。何故ならば，図**2-33**に於いて，直線 PP′，PP″ を含む平面 ε を考えると，$\varepsilon \perp \Pi_1$，$\varepsilon \perp \Pi_2$ であるので，基線 $x_{12}[\Pi_1 \cdot \Pi_2]$ について，$x_{12} \perp \varepsilon$ となる。したがって，平面 ε 上のすべての直線は基線 x_{12} に垂直である。また，直線 PP″，PP‴ を含む平面 σ を考えると，平面 σ 上のすべての直線は副基線 x_{23} に垂直である。そして，これらの直線は，投象面 Π_1 と Π_3 を投象面 Π_2 に回転して重ねると，点 P′ と点

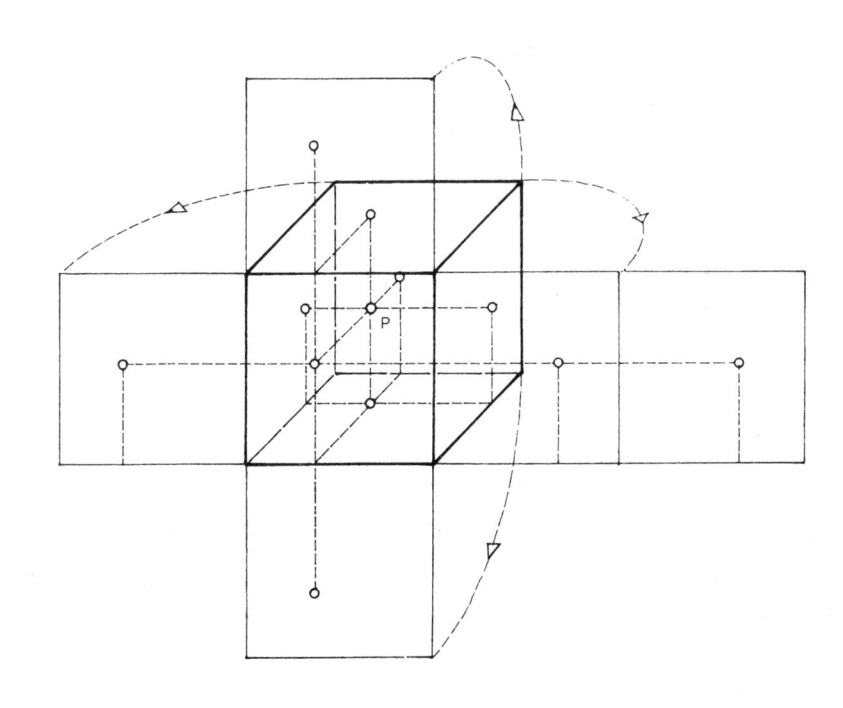

図2-37　第3角法の基本図

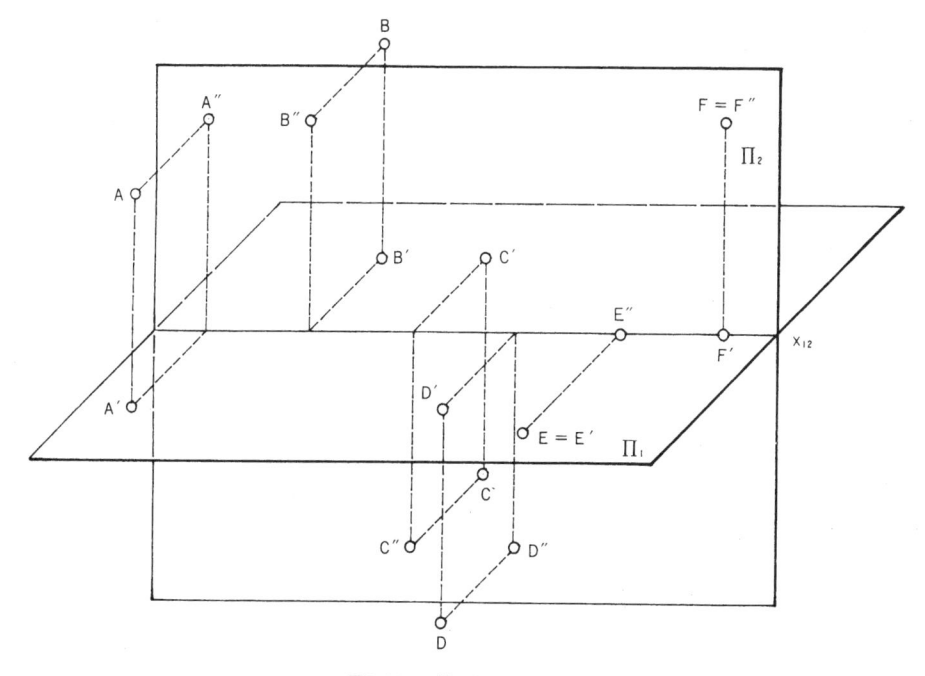

図2-38a　様々な位置の点の表示

P‴，点 P″ と点 P‴ を結ぶ直線となる。これらの直線を投象の**対応線**（または**配列線**）という。この対応線の長さは，この投象において重要な意味を持つ。つまり二点 P′，P″ から基線 x_{12} までの線分は点 P のそれぞれ直立投象面 Π_2，水平投象面 Π_1 までの距離を示し，点 P″，P‴ から副基線 x_{23} までの線分はそれぞれ点 P の側面 Π_3，直立投象面 Π_2 までの距離を示している。

さて，点 P′，P″，P‴ の基線 x_{12}，副基線 x_{23} に対する位置は点 P の投象面に対する位置に応じて様々である。例えば，図**2-38**に示したように，投象図は各象限で基線 x_{12} に対して異なる位置をとる（カッコ内の数は象限を示す）。ただし，簡単化のために，ここでは平面図と立面図のみを示す。また点 P が水平投象面 Π_1 上にあれば，点 P″ が基線 x_{12} 上に，直立投象面 Π_2 上にあれば，点 P′ が基線 x_{12} 上にくることを注目しておく必要がある。

第 2 象限と第 4 象限にあって，基線 x_{12} 上で投象面 Π_1，Π_2 と $\pi/4$ で交わる平面上のすべての点の平面図と立面図は，回転によって両投象面を重ねた場合，一致する（図**2-39**）。この平面を**合同平面**または**一致平面**という。また，第 1 象限と第 3 象限にあって，基線 x_{12} 上でやはり投象面 Π_1，Π_2 と $\pi/4$ で交わる平面上のすべての点の平面図と立面図は基線 x_{12} に対して対称な位置にある（図**2-40**）。この平面を**シンメトリー平面**という。

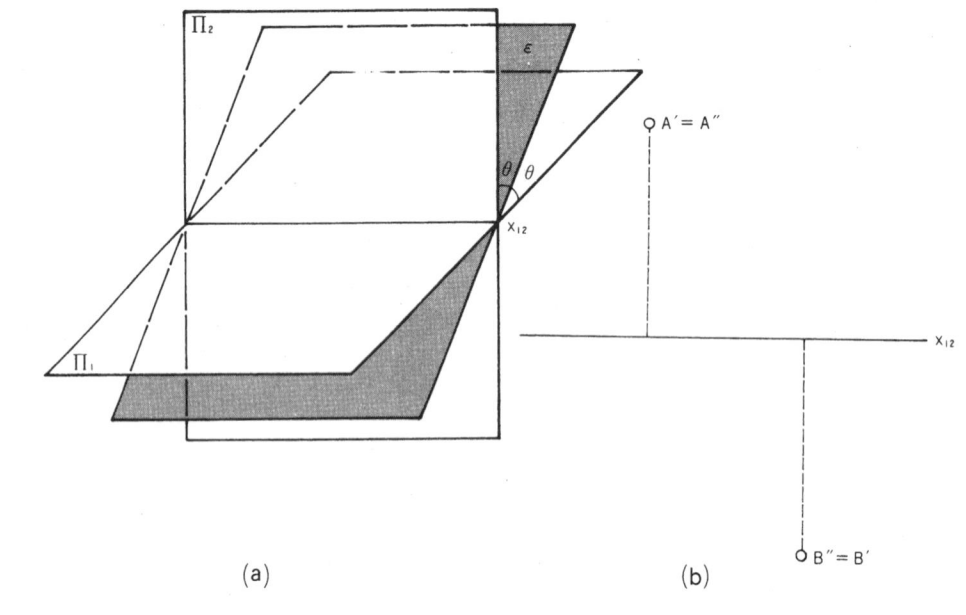

図2-39　合同平面（一致平面）

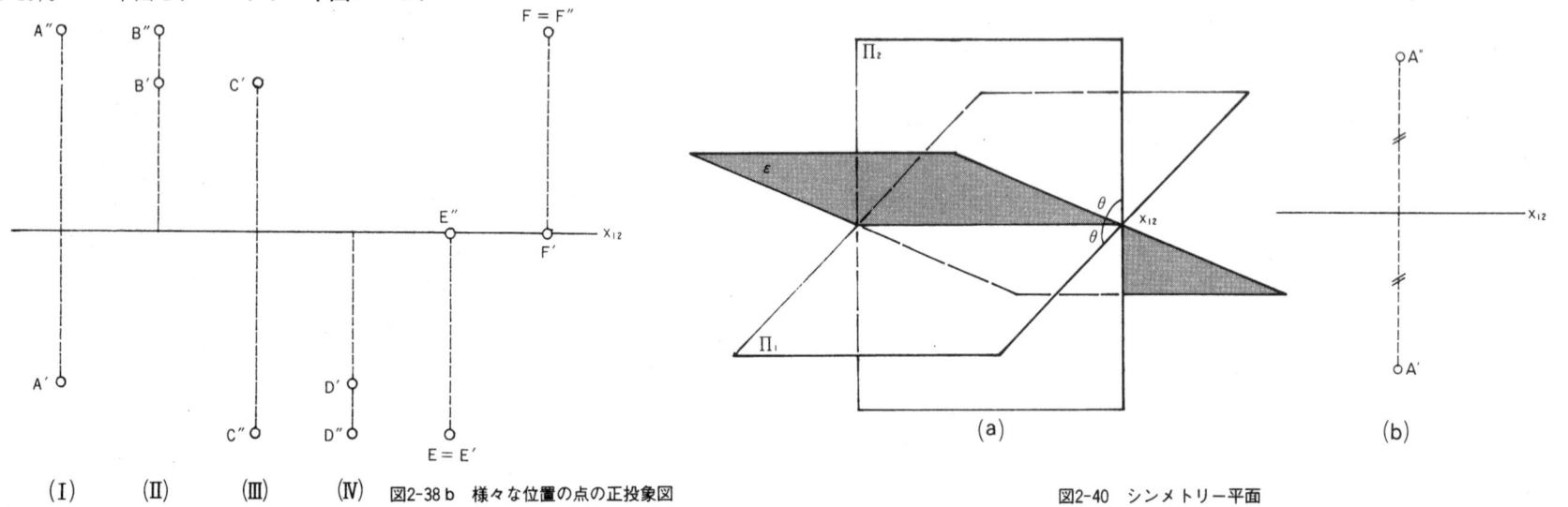

図2-38 b　様々な位置の点の正投象図

図2-40　シンメトリー平面

2-3-3　直線と平面の表示

　直線と平面が投象面 Π_1 に垂直な場合を**第1投射的**，投象面 Π_2 に垂直な場合を**第2投射的**という。これら第1，第2は第1投象面，第2投象面の第1，第2である。直線 g の平面図 g' は直線 g を含む**第1投射平面**と投象面 Π_1 との交線であり，立面図 g'' は直線 g を含む**第2投射平面**と投象面 Π_2 との交線である。直線 g 上の点 P の平面図 P′ と立面図 P″ はそれぞれ平面図 g' と立面図 g'' 上にあり，かつ同一対応線上にある(図**2-41**)。平面図 g' と立面図 g'' の交点は合同平面上の点 E(**一致点**)であり，直線 g はこの点で合同平面と交わる。

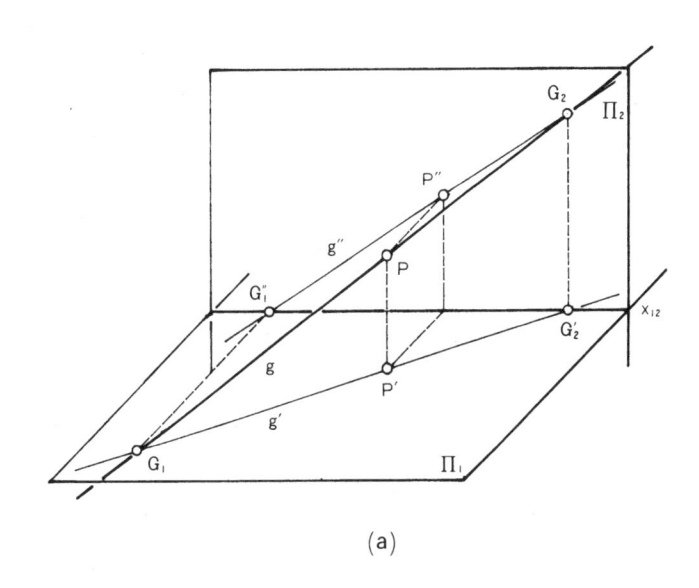

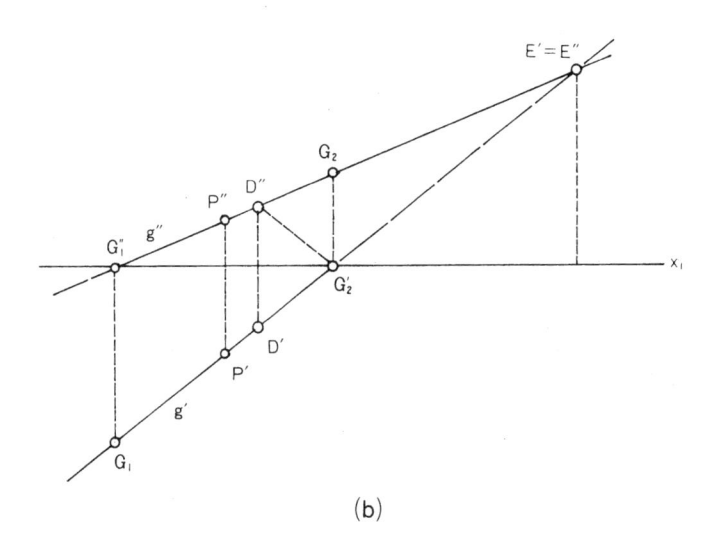

　直線 g と投象面 Π_1，Π_2 との交点 G_1，G_2 をそれぞれ**水平跡点**(**第1跡点**)，**直立跡点**(**第2跡点**)という(図**2-41**)。跡点は投象面上にあるので，水平跡点 G_1 の立面図 G_1'' は基線 x_{12} 上にあり，直立跡点 G_2 では平面図 G_2' が基線 x_{12} 上にある。この立面図 G_1'' ないし平面図 G_2' から直線 g の立面図 g'' ないし平面図 g' と基線 x_{12} に対して対称な直線を引く。図**2-39**にあるように，この直線と平面図 g' ないし立面図 g'' との交点 D はシンメトリー平面上の点である。

図2-41　直線上の点及び直線の跡点

42　2章　軸測投象と正投象

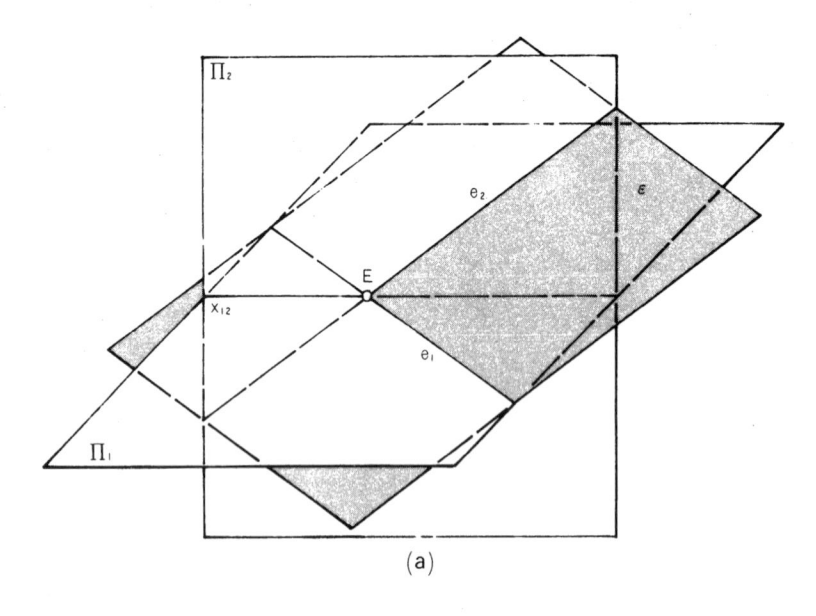

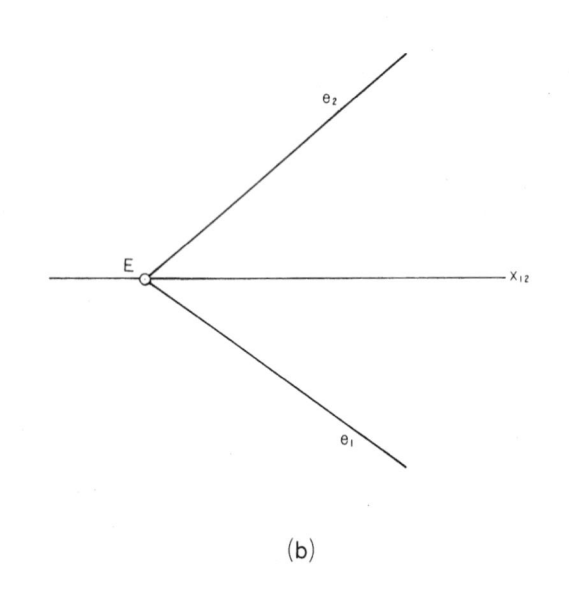

図2-42　平面の表示

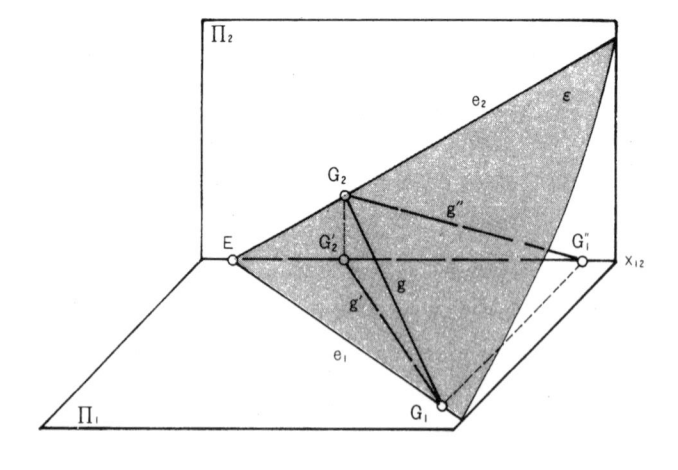

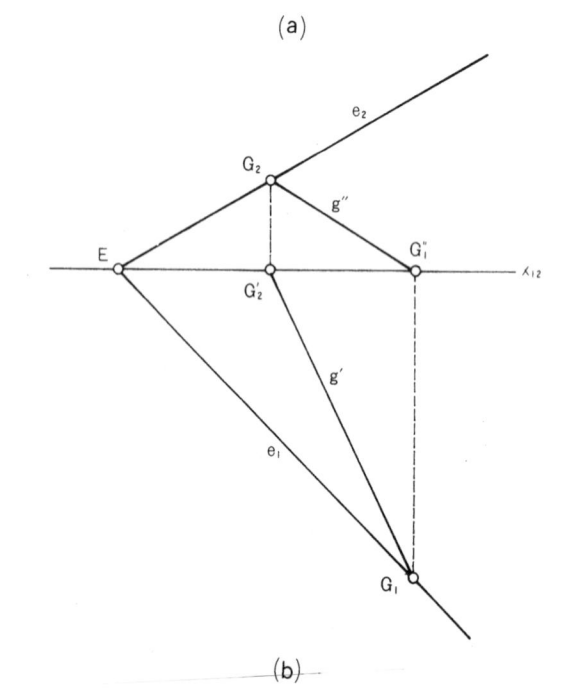

図2-43　平面上の一般直線

平面 ε と投象面との交線を**跡線**といい，水平投象面 Π_1 との交線を**水平跡線（第 1 跡線）** e_1，直立投象面 Π_2 との交線を**直立跡線（第 2 跡線）** e_2 という。この水平跡線 e_1 と直立跡線 e_2 の交点 E は基線 x_{12} 上にくるが，この点 E を**結点**という（図**2-42**）。この平面の表示方法はモンジュの図学の特徴をなすものである。平面上の多くの点の投象図で平面を表示しうるが，投射線が多くなって煩雑となる。そこで一点を通る 2 直線の投象図で表示することが考えられる。その直線の中で水平跡線と直立跡線を平面表示に採用することは，平面を統一的に表示するには好都合である。

一平面が与えられれば，一組の跡線が定まり，逆に両跡線が与えられれば，一平面が定まることはいうまでもない。

平面 ε 上の一般の直線 g はその跡点 G_1，G_2 を水平跡線 e_1 と直立跡線 e_2 上に有することになる（図**2-43**）。すなわち，$G_1 \in e_1$，$G_2 \in e_2$ となる。

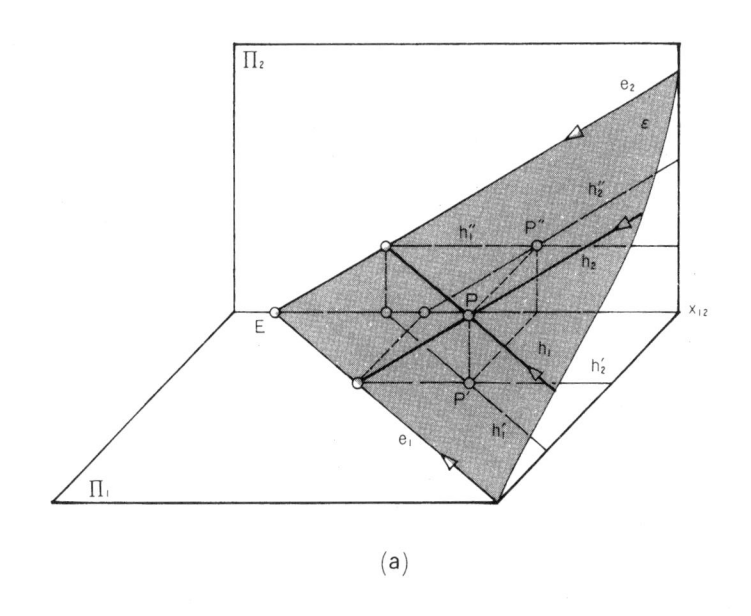

平面 ε 上の直線のうち，その跡線に平行な直線は作図上重要な役を演ずるが，水平跡線 e_1 に平行な直線 h_1 を**水平跡平行線（第 1 跡平行線）**といい，直立跡線 e_2 に平行な直線 h_2 を**直立跡平行線（第 2 跡平行線）**という（図**2-44**）。このとき，水平跡平行線は

$$e_1 \parallel h_1 \rightarrow h_1' \parallel e_1, \quad h_1'' \parallel x_{12}$$

直立跡平行線は，

$$e_2 \parallel h_2 \rightarrow h_2'' \parallel e_2, \quad h_2' \parallel x_{12}$$

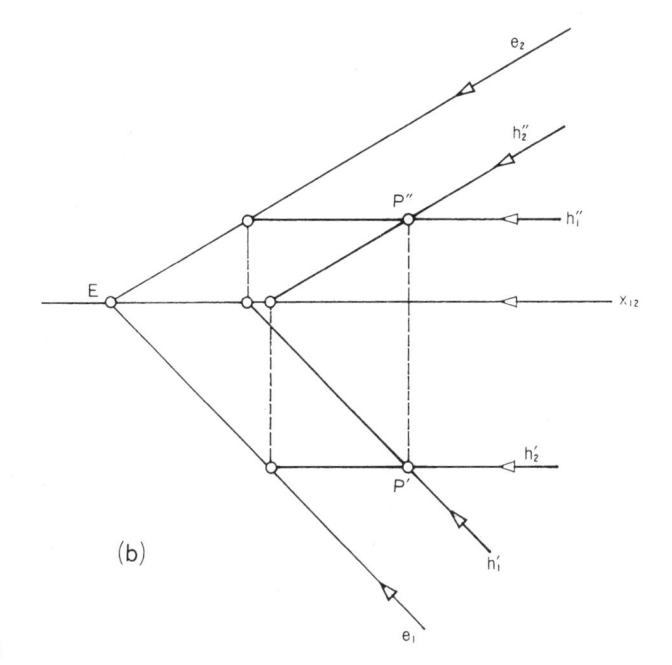

図2-44 水平跡平行線と直立跡平行線

また平面 ε 上にあって跡線に直交する直線を**跡垂線**といい，水平跡線 e_1 と直立跡線 e_2 との関係で，それぞれ**水平跡垂線** f_1，**直立跡垂線** f_2 という（図**2-45**）。水平跡垂線 f_1 は水平跡線 e_1 に垂直であるので，f_1 の第 1 投射平面は e_1 に垂直である。同様に，f_2 の第 2 投射平面は e_2 に垂直である。したがって，

$$f_1' \perp e_1, \text{ また } f_2'' \perp e_2$$

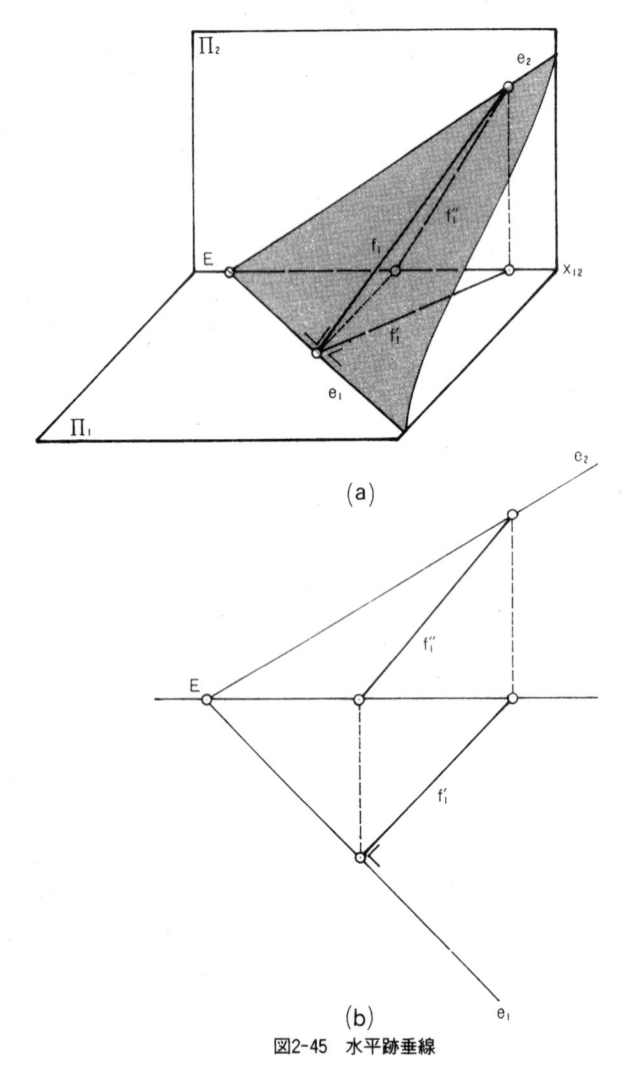

平面 ε と一致平面との交線 k を**一致直線**または**合同直線**という（図**2-46**）。この一致直線 k は結点 E を通る。また，平面 ε 上の直線 g の一致点 K（$K'=K''$）を通る。したがって，結点 E と一致点 K，または 2 つの異なる一致点を結び一致直線を求めることができる。

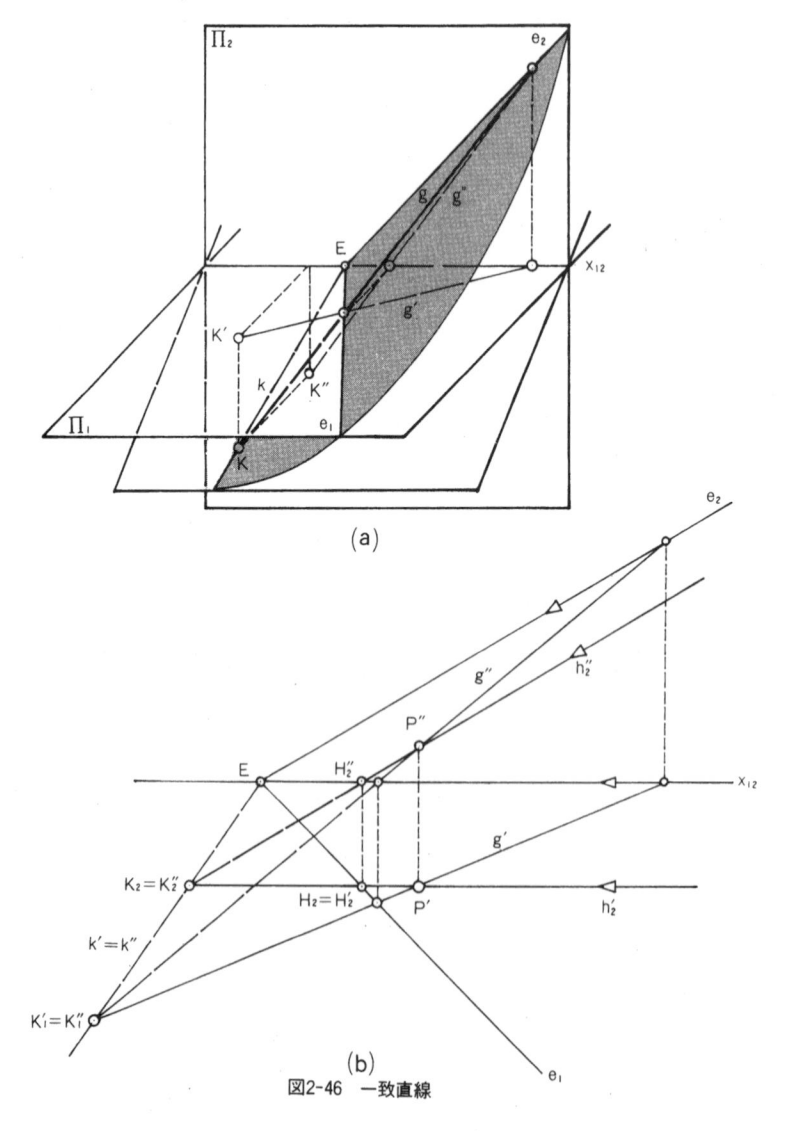

図2-45 水平跡垂線

図2-46 一致直線

平面 ε 上の点 P の，例えば平面図 P′ を与えて立面図 P″ を求める課題の場合，点 P を通る平面 ε 上の一般直線または跡平行線を補助線として導入する。例えば，点 P を通る直立跡平行線 h_2 を導入する。また，平面図 h_2' と立面図 h_2'' は一致直線上の点 K_2 で交わるので，直線 h_2 の水平跡点 H の代わりに，その交点 K_2 で $h_2''(//e_2)$ を求め，立面図 P″ を求めることができる。

この平面図 P′ と立面図 P″ は図上で平面配景的アフィン対応の関係にあり，アフィン軸は一致直線 $k'=k''$，アフィン方向は正投象の対応線である。一般に，平面 ε 上の図形の平面図と立面図はこの対応関係にあり，このことを利用して作図を簡素化することができる。

2-3-4　特殊な位置にある直線と平面

1）　第1投射直線，第2投射直線，その他

投象面 Π_1, Π_2 に垂直な直線をそれぞれ第1投射直線，第2投射直線という（図2-47）。

第1投射直線の場合，$g''\perp x_{12}$, $g'=G_1$

第2投射直線の場合，$g'\perp x_{12}$, $g''=G_2$

平面図 g' と立面図 g'' が一致して，かつそれが基線 x_{12} に垂直な直線 g は投象面 Π_1, Π_2 に垂直な平面上にある。この直線 g 上の点 P の投象図 P′, P″ を求めるに，部分比の不変性に基づく方法もあるが，図2-47では側面図で求めた。

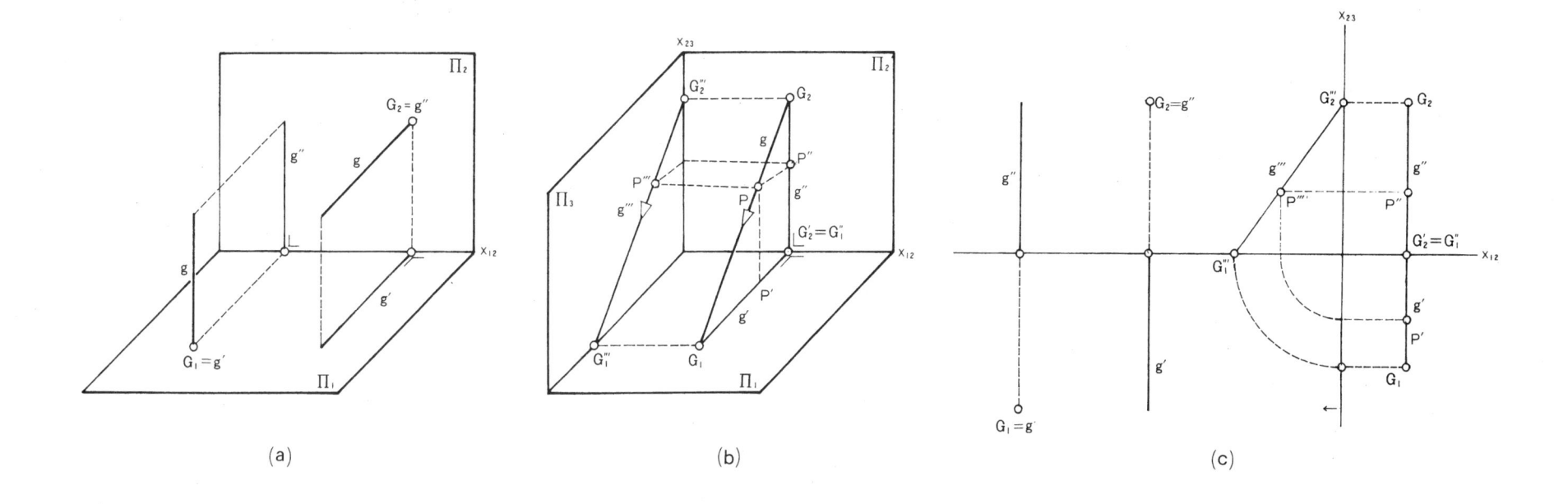

図2-47　投射直線その他

2) 第1投射平面，第2投射平面，重投射平面

投象面 Π_1，Π_2 に垂直な平面をそれぞれ第1投射平面，第2投射平面という（図2-48）。

第1投射平面の場合，その直立跡線 $e_2 \perp x_{12}$

第2投射平面の場合，その水平跡線 $e_1 \perp x_{12}$

平面 ε 上の点 P′ が第1投射平面の場合は水平跡線 e_1 上に，第2投射平面の場合はその立面図 P″ 直立跡線 e_2 上にくる。また，投象面 Π_1，Π_2 に同時に垂直な平面を重投射平面という。先に見た側面はこの重投射平面である。

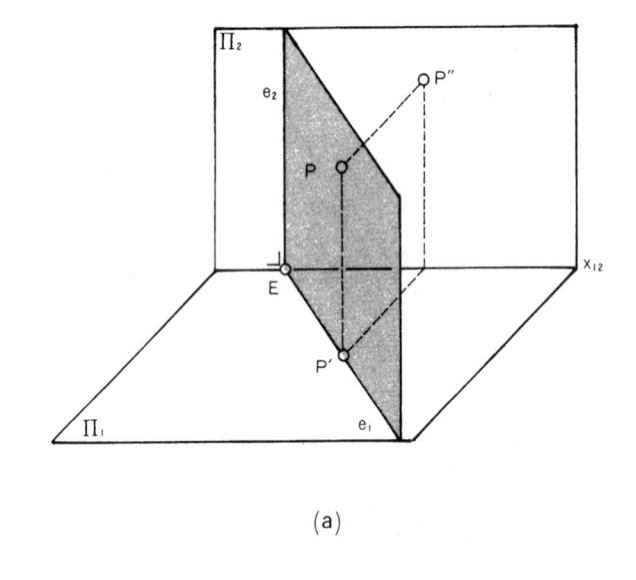

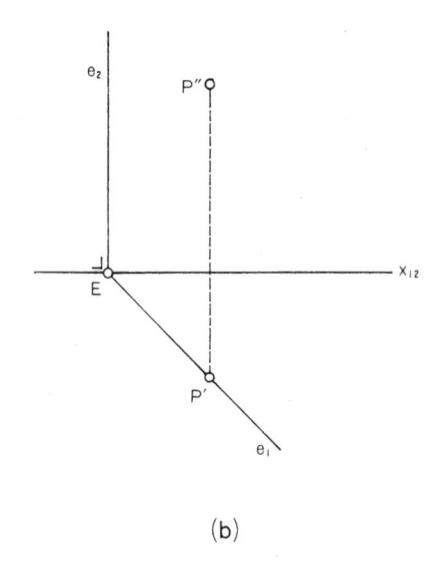

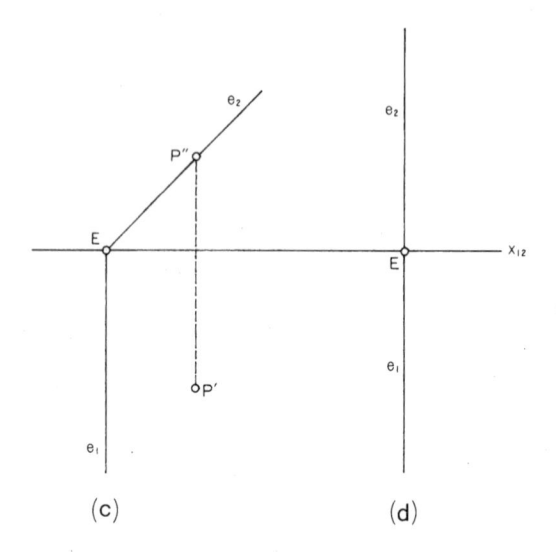

図2-48 投射平面

3) 第1主直線,第2主直線,重主直線

投象面 Π_1, Π_2 に平行な直線をそれぞれ第1主直線 h_1, 第2主直線 h_2 という(図2-49)。したがって

$h_1''/\!/x_{12}$, または $h_2'/\!/x_{12}$。また第1主直線 h_1 の直立傾角 α は平面図に,第2主直線 h_2 の水平傾角 β は平面図に示される。すなわち,

$$\angle(h_1 \vee h_1'') = \angle(h_1' V' x_{12}) = \alpha \quad (直立傾角)$$

$$\angle(h_2 H h_2') = \angle(h_2'' H'' x_{12}) = \beta \quad (水平傾角)$$

投象面 Π_1, Π_2 に同時に平行な直線 g を重主直線という。その平面図 g', 立面図 g'' は同時に基線 x_{12} に平行である ($g'/\!/g''/\!/x_{12}$)。

また,主直線が線分 PQ として与えられた場合,第1主直線 h_1 では $\overline{P'Q'}$ が,第2主直線 h_2 では $\overline{P''Q''}$ がそれぞれの線分の実長を示す。

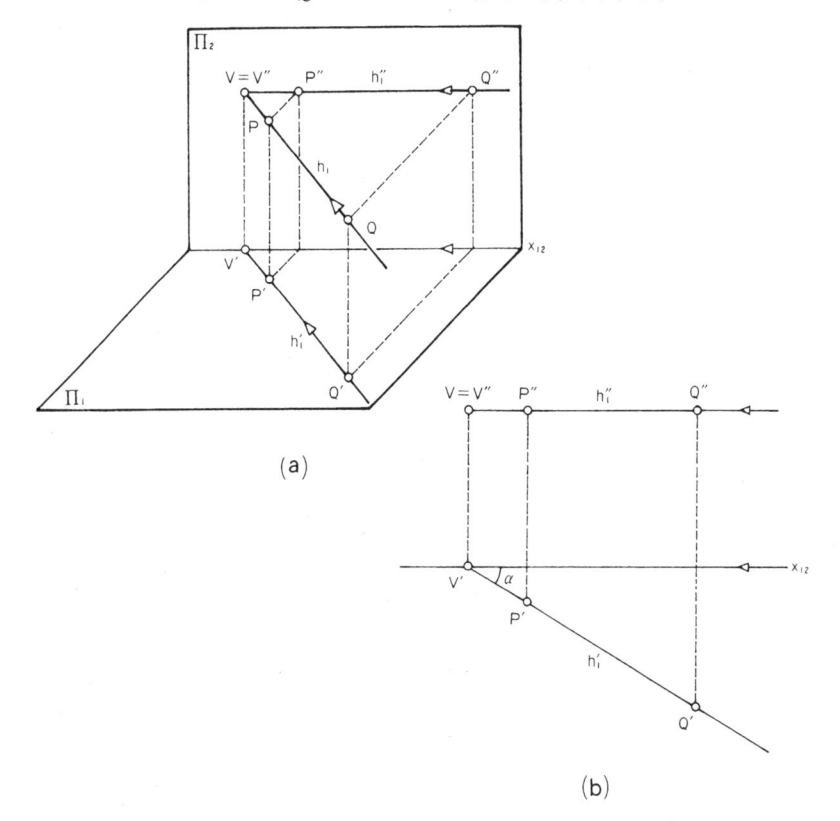

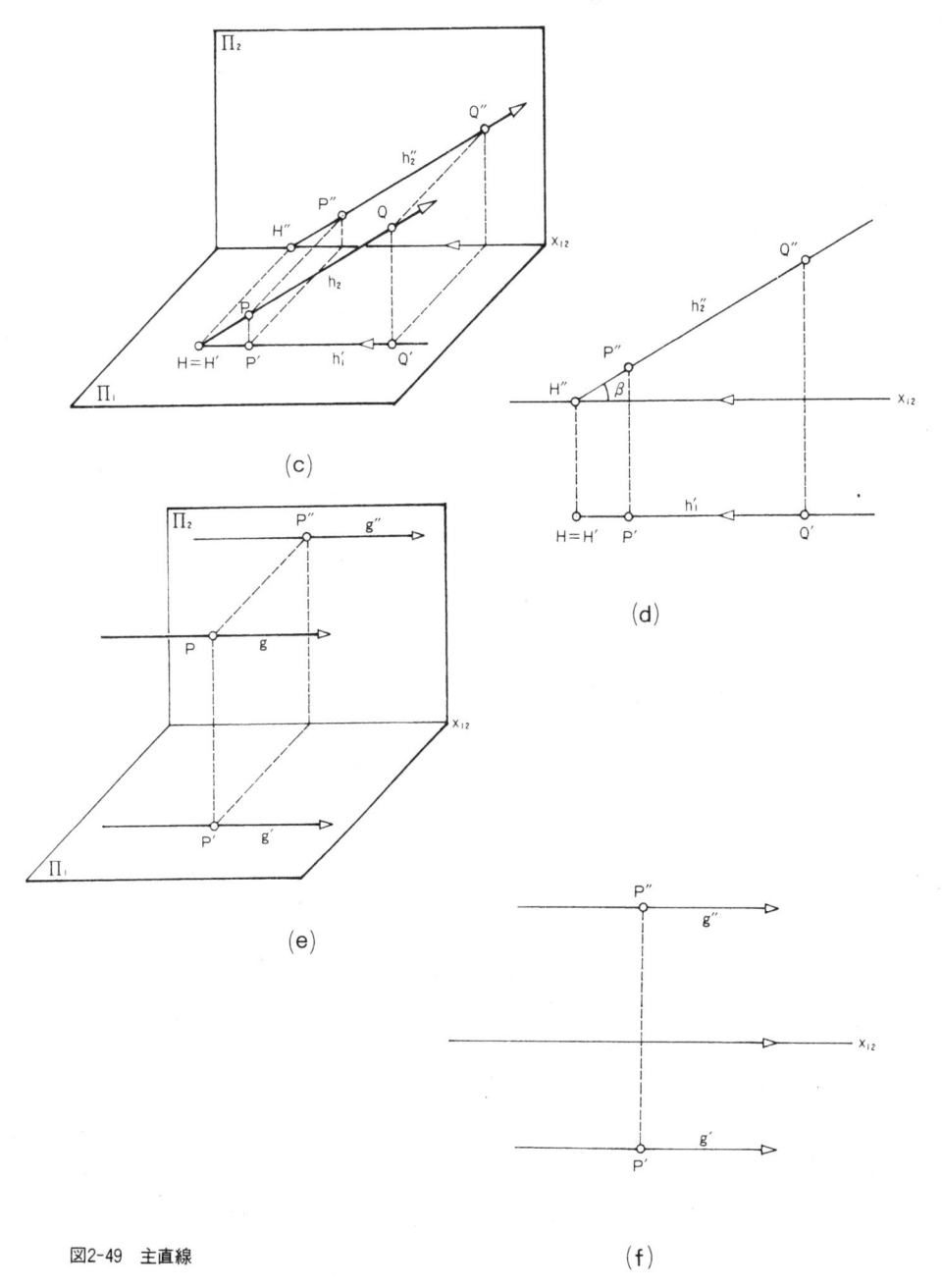

図2-49 主直線

4) 第1主平面，第2主平面

主平面とは投象面に平行な平面をいう。第1主平面 ε は第1投象面 Π_1 に平行，第2主平面 ε は第2投象面 Π_2 に平行である（図2-50）。第1主平面では $e_2 \mathbin{/\mkern-5mu/} x_{12}$，$e_1$ は無限遠直線，第2主平面では $e_1 \mathbin{/\mkern-5mu/} x_{12}$，$e_2$ は無限遠直線である。また，この主平面上の点 P は，第1主平面では，P″∈e_2，第2主平面では，P′∈e_1 である。

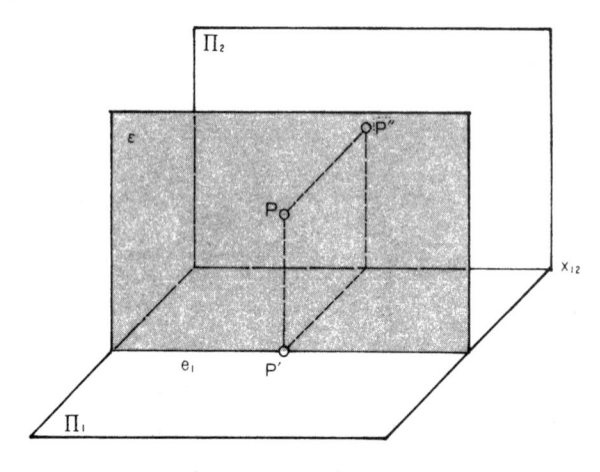

両跡線が基線に平行な場合（$e_1 \mathbin{/\mkern-5mu/} e_2 \mathbin{/\mkern-5mu/} x_{12}$，図2-51），この平面を**差掛平面** *Pultebene* という。この平面は側面 Π_3 と直交する。

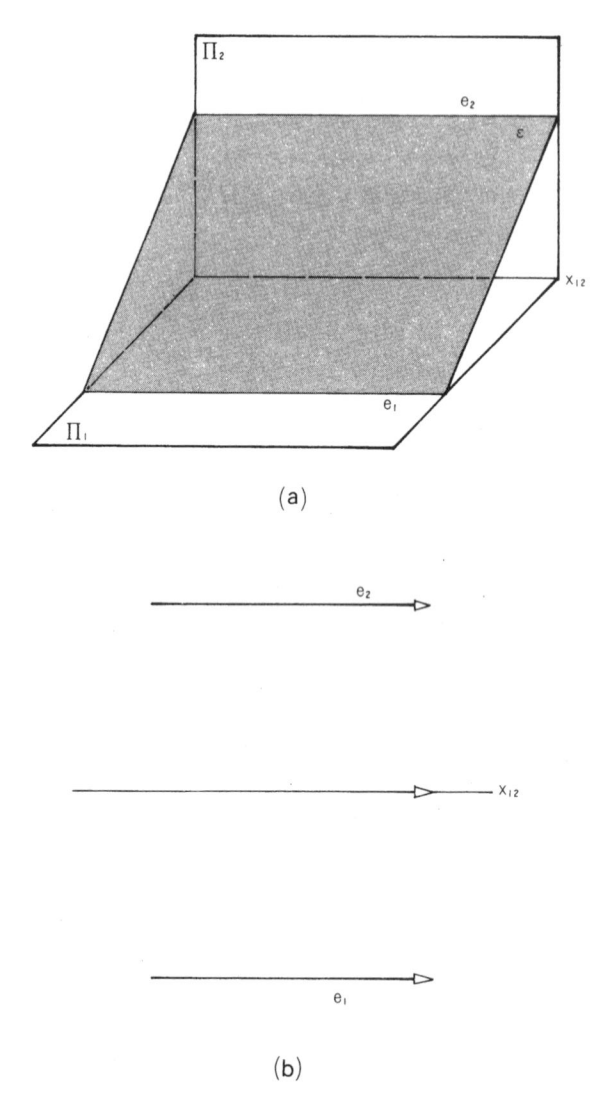

(a) 第2主平面

(b) 第2主平面　　図2-50　主平面　　(c) 第1主平面

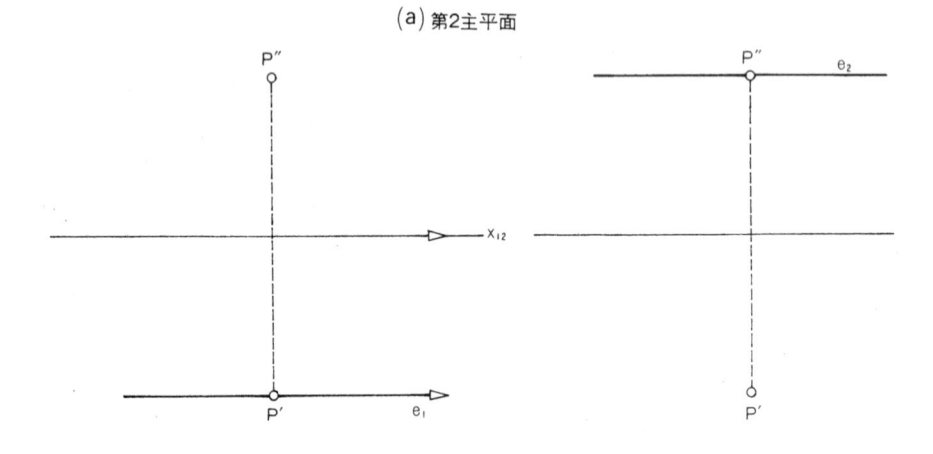

(a)

(b)

図2-51　差掛平面

2-4 軸測投象と正投象

2-4-1 斜軸測投象の補助平面図

直交等長三脚 O(ABC) の斜投象図 $O^s(A^sB^sC^s)$ が軸測軸とともに与えられている（図2-52）。いま点 O^s を通り z^s 軸に直角に直線 g を引き，点 A^s, B^s を通り z^s 軸に平行な直線 s, t との交点を A_g, B_g とする。直線 $s[A^s, //z^s]$ 上に $\overline{O^sB_g}=\overline{A_gA'}$ なる点 A' を，直線 $t[B^s, //z^s]$ 上に $\overline{O^sA_g}=\overline{B_gB'}$ なる点 B' をとり，点 $E[A^sB^s \wedge A'B']$ とする。このとき三角形 $(O^sA^sB^s)$ と三角形 $(O^sA'B')$ は平面配景的アフィン対応（アフィン軸 i）をなし，対応の射線方向は z^s 軸方向である。この三角形 $(O^sA'B')$ を三角形 $(O^sA^sB^s)$ の**補助平面図**といい，実際の三角形 (OAB) に相似な三角形である（一般に $\overline{O^sA'} \neq \overline{OA}$, $\overline{OA}$ 自身は 2-1-4 の球の斜投象図から求めることができる）。図中に OA, OB を二辺とする正方形の他の点 D の補助平面図 D' と軸測投象図 D^s を示す。

図2-53は，前図同様，補助平面図 $O^s(A'B')$ を求めた上で，$\overline{OA}=\overline{OG}$ なる点 $G(\in xy)$ の投象図 G^s を直線 g 上に求め，さらにこの OG と直角をなす $OH(\in xy)$ の投象図 H^s を求める方法を示す。$\triangle O^sA^sB^s$ と $\triangle O^sA'B'$ とで定義された平面配景的アフィン対応（軸 i，アフィン方向 $// z^s$）により，軸 i と円 $k[O^s, \overline{O^sA'}]$ との交点を F とし，FA' と FA^s 上の点 J' と J^s との対応を利用して，OG' と OG^s の対応を見いだす。次に，$O^sG' \perp O^sH'$ なる点 H' を円 k 上に作りアフィン対応させると点 H^s が得られる。ここで得られた平面二脚 $O^s(G^sH^s)$ と $O^s(A^sB^s)$ は，O^s を中心とする楕円の共役二半径である（2-1-4 参照）。

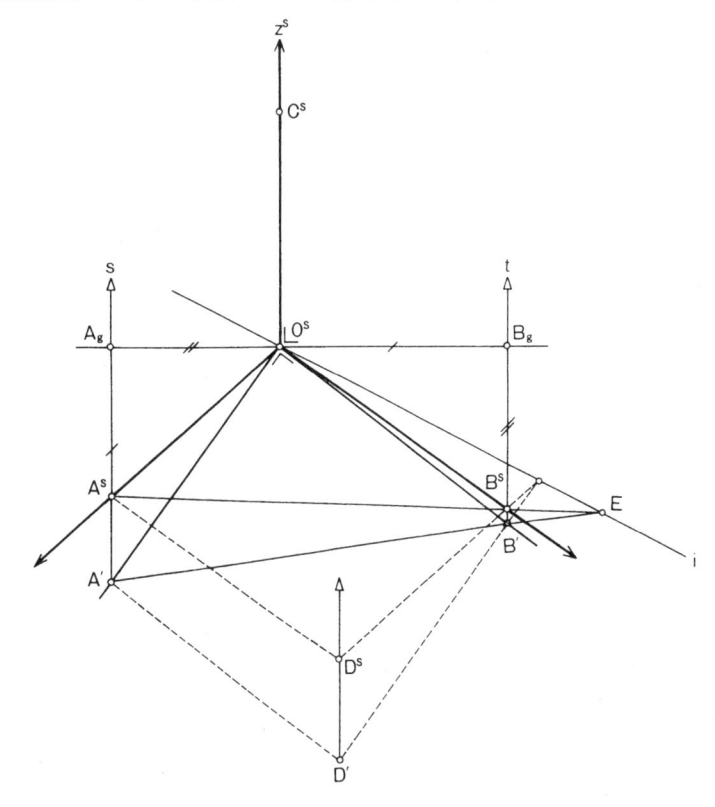

図2-52 斜軸測投象の補助平面図

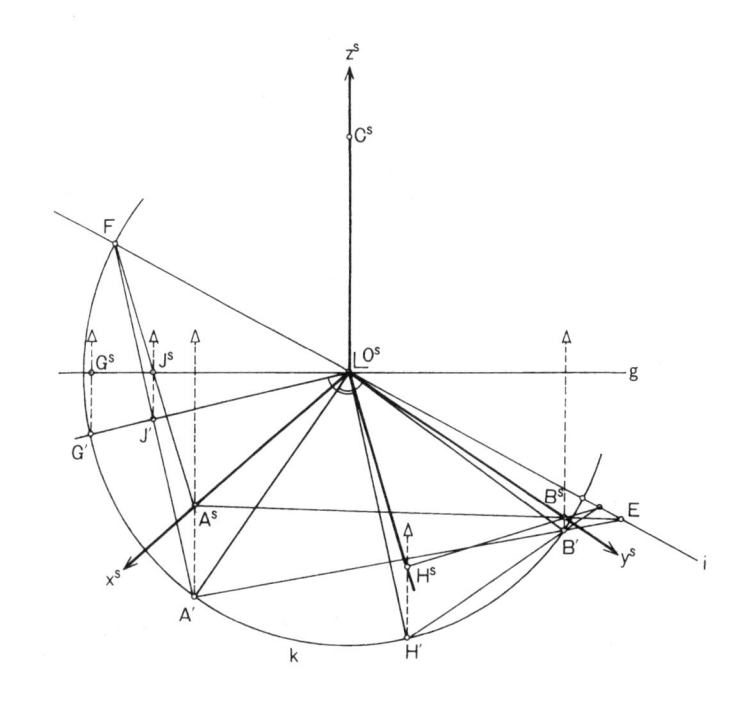

図2-53 補助平面図を利用した直角の作図

2-4-2　斜軸測投象の射線交会法

前項で補助平面図を得たのと同様にして，補助立面図や補助側面図を得ることができる。図2-54に示すように，原点 O の補助平面図 O′ と補助立面図 O″ を，それぞれ z^s 軸上，y^s 軸上に適当に離してとったとき，平面二脚 $O^s(A^sB^s)$ と補助平面図 O′(A′B′)，また $O^s(A^sC^s)$ と O″(A″C″) はそれぞれ配景的アフィン対応をなし，その対応の射線方向は，それぞれ z^s 軸方向，y^s 軸方向である。このとき平面二脚 O′(A′B′) は直交等長二脚 O(AB) に相似であり，O″(A″C″) は O(AC) に相似であるが，それぞれの縮尺は同じである必要はない。図2-54に点 P の軸測投象図，軸測二次投象図と，補助平面，立面，側面図との関係を示す。すると次のことがわかる。

適当な縮尺の平面図と立面図(あるいは立面図と側面図，平面図と側面図でもよい)を任意の位置に置き，任意な方向に互いに交わるように射線を引けば軸測投象図が作図される。これを**射線交会法**という。図2-55に，任意な立方体の射線交会法による斜軸測投象図を示す。射線方向や図面の位置の適否は，立方体の投象図の視覚的適否から判断される。

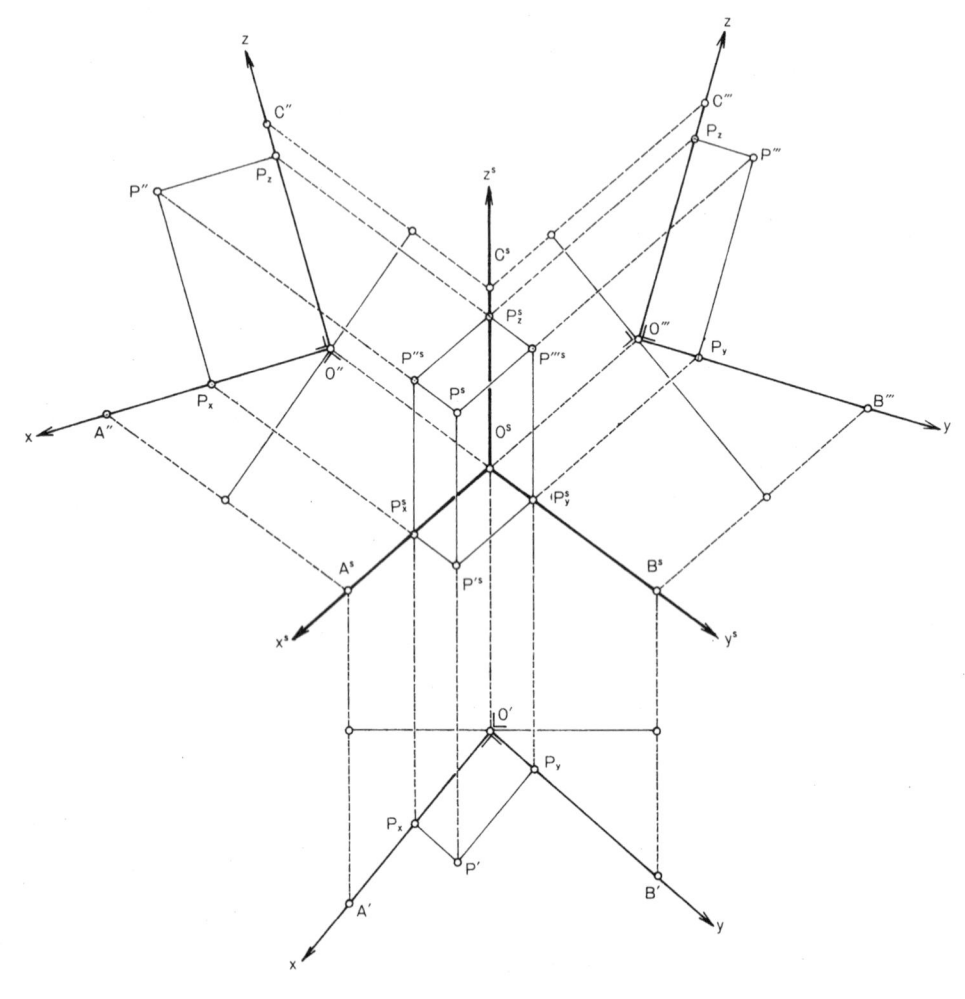

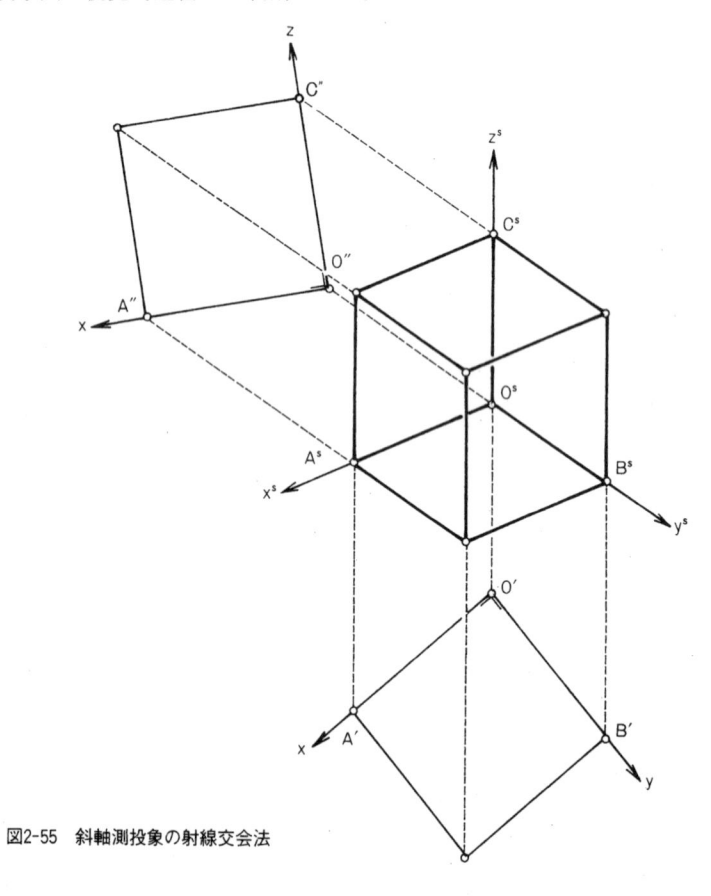

図2-54　斜軸測投象の補助平面，立面，側画図

図2-55　斜軸測投象の射線交会法

2-4-3　特殊な斜軸測投象と正投象

図2-56はミリタリー透視図による直交等長三脚 O(ABC) の投象図 O^s ($A^s B^s C^s$) を示す。原点 $O = O^s$, $x^s y^s$ 平面 $= xy$ 平面と考え, xz 平面を x^s 軸を回転軸にして回転させ xy 平面と重ねるとき, 点Cは点C″に移る。点 P(P^s, P'^s) が軸測投象図で与えられたとき, x^s 軸を基線とする正投象図 P(P′, P″)(ただし $P'^s = P'$) に移すことができる($P''^s P'' // C^s C''$)。

図2-57はカヴァリエ透視図による直交等長三脚 O(ABC) の投象図 O^s ($A^s B^s C^s$) である。原点 $O = O^s$, $x^s z^s$ 平面 $= xz$ 平面と考え, xy 平面を x^s 軸を回転軸として回転し xz 平面と重ねるとき, 点Bは点B′に移る。点 P(P^s, P'^s) が軸測投象図で与えられたとき, それを x^s 軸を基線とする正投象図 P(P′, P″) に移すことを図2-57は示している($P''^s P' // B^s B'$, $P^s P'' // P'^s P_{12}$)。

2-4-4　直軸測投象の射線交会法

すでに 2-2-1 でみたように, 軸測軸の与えられた直軸測投象(図2-58)において, 跡線三角形 ($X_0 Y_0 Z_0$) を任意に設定し(ただし $X_0 Y_0 \perp z^n$, $Y_0 Z_0 \perp x^n$, $Z_0 X_0 \perp y^n$), 三角形 ($O'' X_0 Y_0$), ($O'' Y_0 Z_0$) の実形三角形 ($O_1 X_0 Y_0$), ($O_2 Y_0 Z_0$) を得ることができる(図2-25で三角形 $O_0 XY$ を求めた回転と反対の方向に回転して三角形 $O_1 X_0 Y_0$ を得る)。

2-4-2と同様に z^n 軸上, y^n 軸上の任意の位置に, それぞれ原点 O の平面図 O′, 立面図 O″ を決め, $O_1(x_1 y_1)$ を $O'(xy)$ に, また $O_2(x_2 z_2)$ を $O''(xz)$ にそれぞれ平行移動させる。直方体 OABC の平面図と立面図(同一縮尺)をそれぞれに与え, 射線方向をそれぞれ z^s 軸, y^s 軸方向にすると射線の交点が直方体の軸測投象図を与える。

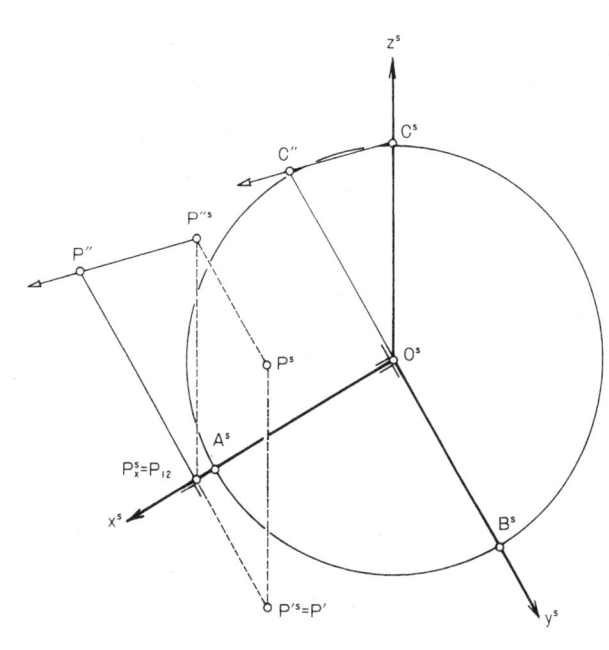

図2-56　ミリタリー透視図と正投象

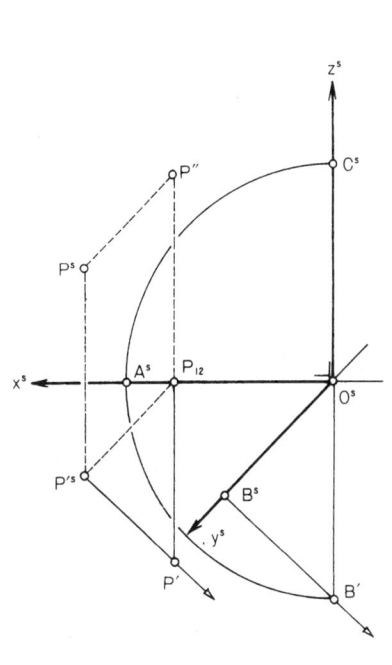

図2-57　カヴァリエ透視図と正投象

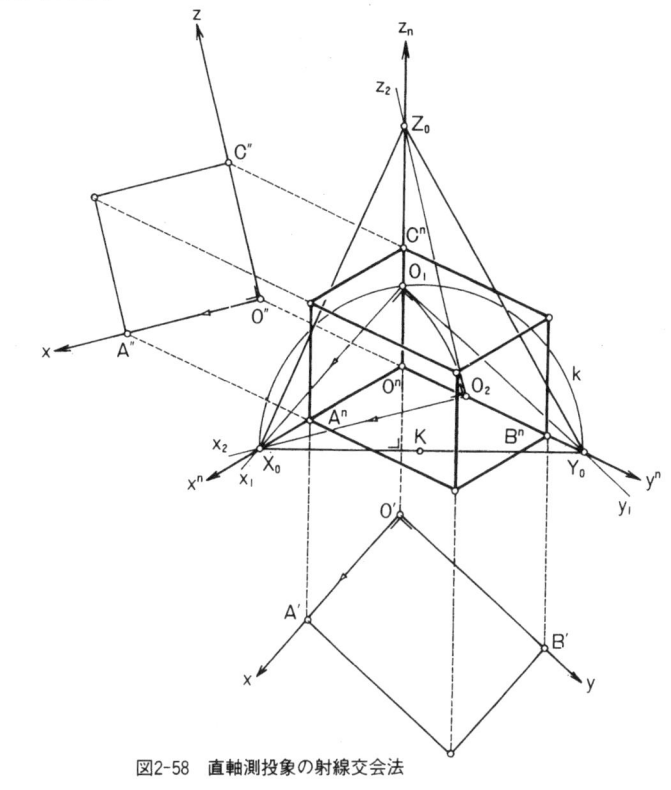

図2-58　直軸測投象の射線交会法

3章　基本的作図法

　前章まで，空間図形とそれを表現する平面図形(投象図)との係わりを，平行投象の諸方法に従って原理的にみてきた。本章では，空間図形と平面図形との対応を，図形の要素(点，線，平面，三直交軸)の位置関係と量的関係についての基本的作図法を通して取り扱う。投象される空間図形(立体)そのものに関心するのではなく，投象面上の図形の幾何学的問題を厳密に方法化することにより，後章の空間図形そのものを主題とする準備をなす。

　方法的に，位置に係わる作図と量に係わる作図とに分けて述べるが，当然後者は前者を含むさらに広範な作図である。位置に係わる図形の性質とは，平行投象では図形のアフィン的性質であり，量を扱う作図においても当然考慮される性質である。

3-1　軸測投象の位置に係わる作図法

　空間における図形の位置は，投象面上の一投象図からは確定しない。すなわち図形の位置は**軸測投象**と**軸測二次投象**の一対の投象図により一意的に決定されるが，通常は**軸測平面図**を二次投象図として用いる(以下，軸測投象図を略して軸測図と記す場合もある)。たとえば点Pは$P(P^s, P'^s)$と示される(図**3-1**　P^s：軸測図，P'^s：軸測平面図，対応線$P^s P'^s \mathbin{/\mkern-2mu/} z^s$)*。なお位置の作図に関しては直軸測投象は斜軸測投象に含まれるから，同様に扱うことができる。

3-1-1　点と直線

　点$P(P^s, P'^s)$が直線$g(g^s, g'^s)$上にあるとき，$P^s \in g^s$，$P'^s \in g'^s$である(図**3-2**)。点$G_1^s = [g^s \wedge g'^s]$を直線$g$の**第1跡点**と呼ぼう。図**3-3**の軸測軸系で示される直線$g(g^s, g'^s)$は主軸面xy, xz, yzとそれぞれ跡点G_1^s, G_2^s, G_3^sで交わる。点G_2^sを**第2跡点**，点G_3^sを**第3跡点**と呼ぼう。

---

*　主軸面xy上の点Qは軸測図Q^sと軸測平面図Q'^sが一致する。

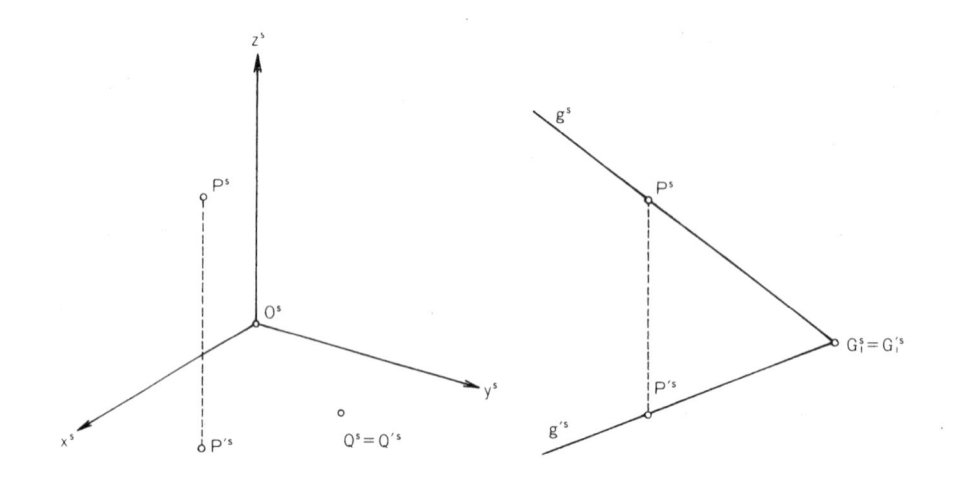

図3-1　軸測投象図と軸測平面図の対応　　図3-2　直線上の点

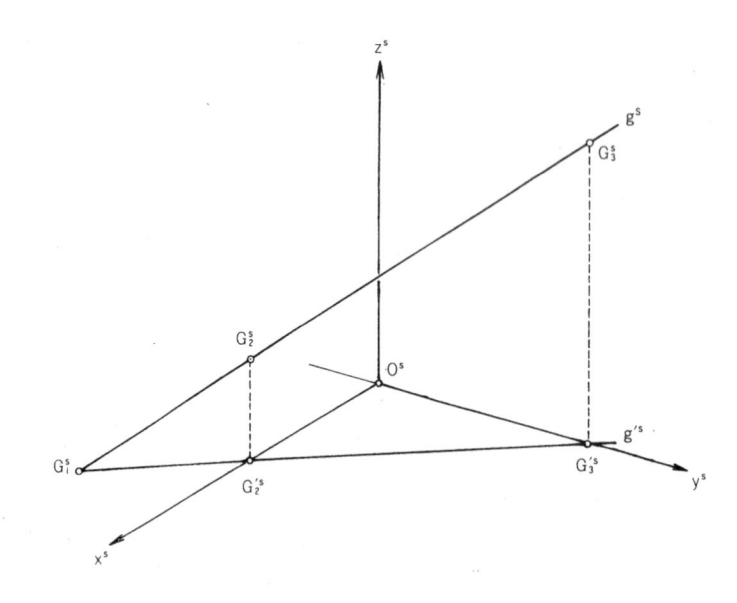

図3-3　直線の跡点

P∉gの場合(図3-4)，点Pと直線gは一平面εを決定するが，その**第1跡線** e_1^s を求めてみよう。P∈l, $g/\!/l$ なる直線 $l(l^s, l'^s)$ を $g^s/\!/l^s$, $g'^s/\!/l'^s$, $P^s \in l^s$, $P'^s \in l'^s$ として作図し第1跡点 L_1^s を求める。すると第1跡線 $e_1^s = [G_1^s \vee L_1^s]$ である。y^s 軸上に $G'^s_3[g'^s \wedge y^s]$, $L'^s_3[l'^s \wedge y^s]$ を求め，さらに $m^s[L'^s_3, /\!/z^s]$, $n^s[G'^s_3, /\!/z^s]$ を引く。$G_3^s[n^s \wedge g^s]$, $L_3^s[m^s \wedge l^s]$ が直線 g, l の第3跡点であり，平面εの**第3跡線** $e_3^s = [G_3^s \vee L_3^s]$ である。図中に平面εの**第2跡線** $e_2^s[E_x^s \vee E_z^s]$ も示す。

3-1-2　直線と直線

二直線 $g(g^s, g'^s)$ と $l(l^s, l'^s)$ が平行でなくかつ，交わらなければ(図3-5)，軸測図の交点 $P^s[l^s \wedge g^s]$，軸測平面図の交点 $Q'^s[l'^s \wedge g'^s]$ とすると，直線 $P^s Q'^s$ は軸測図と軸測平面図との対応線，つまり z^s 軸方向に平行ではなく，二直線 g, l は一点を共有しない，つまり点P≠点Q，直線 g, l が交わる場合

(図3-6)，$P^s P'^s /\!/ z^s$ なる点Pを g, l は共有する。二直線の第1跡点 $G_1^s[g^s \wedge g'^s]$, $L_1^s[l^s \wedge l'^s]$ を結ぶ直線が，二直線が決定する平面εの第1跡線 e_1^s である。二平行線が平面を決定する場合は図3-4で既にみた。

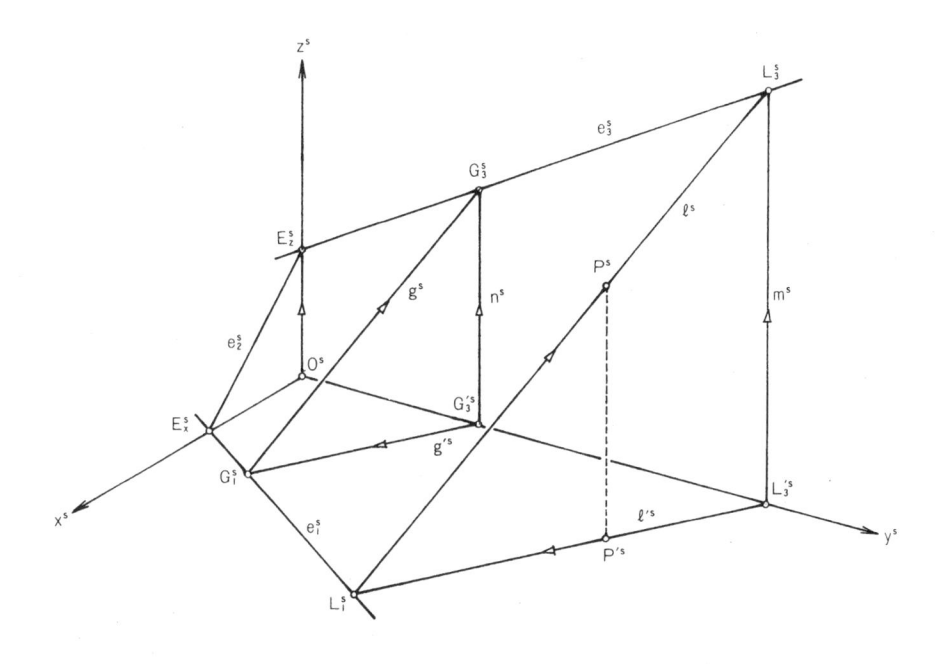

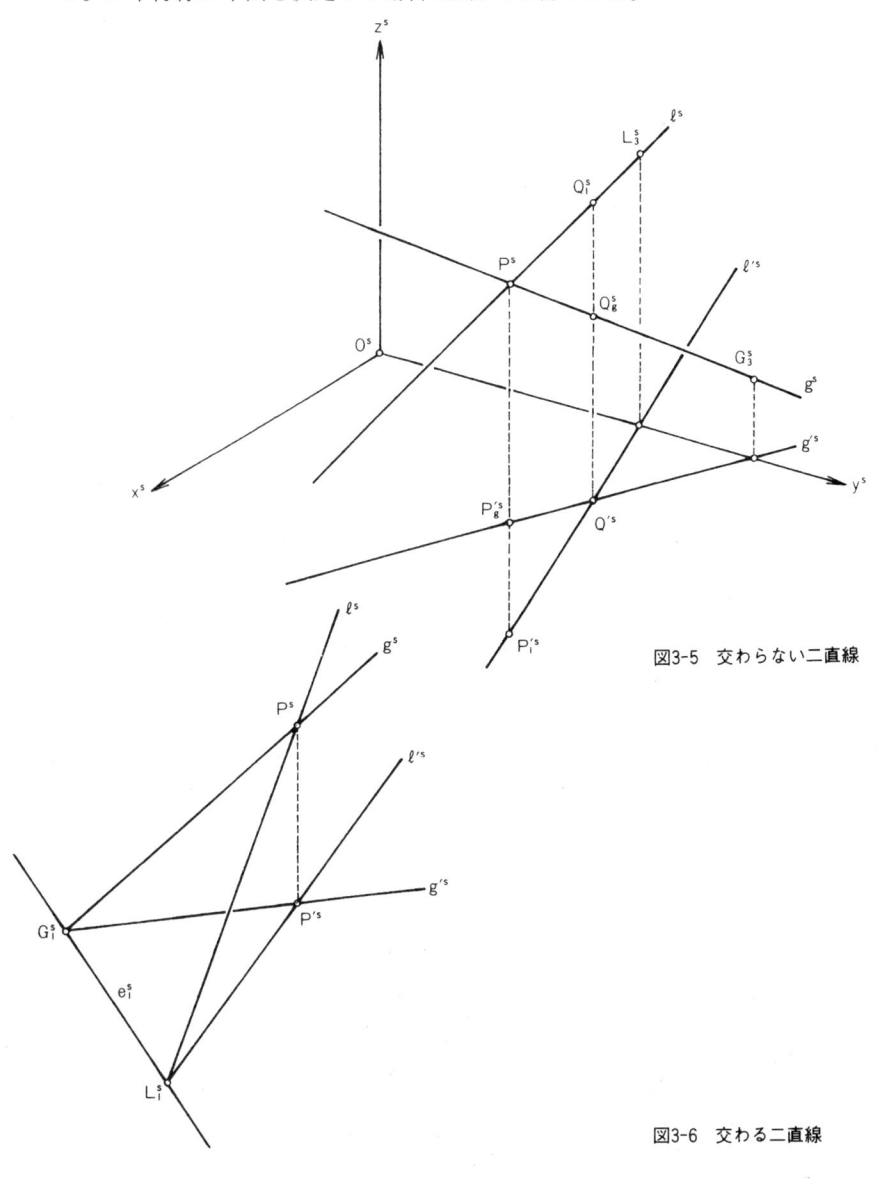

図3-5　交わらない二直線

図3-4　直線とその上にない点の決定する平面

図3-6　交わる二直線

3-1-3　平　　面

　平面は既にみたように一直線とその上にない一点，平行二直線，交差二直線によってそれぞれ決定可能なほか，一直線上にない三点によっても決定される。図3-7のように平面と主軸面 xy, xz, yz との交線，すなわち跡線によってできる三角形を**跡線三角形**と呼ぶと，三跡線のうち二跡線が定義されると平面 ε は一意的に確定される。平面 ε と座標軸 x^s, y^s, z^s, との交点を**結点**といい，順に E_x^s, E_y^s, E_z^s と名づけることにする。

　図3-8の ⅰ）～ⅲ）に主軸面に垂直な**投射平面**，ⅳ）～ⅵ）に主軸面に平行な**主平面**の軸測図を示す。

　また，図3-9は平面 ε の既知の二跡線 e_1^s, e_3^s から，三番目の跡線 e_2^s を求める作図を示す（直線 g は平面 ε 上の任意な直線，$G_1^s \in e_1^s$, $G_3^s \in e_3^s$, $G_2'^s [g'^s \wedge x^s]$, $G_2^s [g^s \wedge p_{xy}(G_2'^s)]$（$p_{xy}$：対応線），$E_z^s [e_3^s \wedge z^s]$ から $e_2^s = G_2^s E_z^s$ の第2跡点 G_2^s を求め，平面 ε の z^s 軸上の結点 E_z^s と結ぶ）。

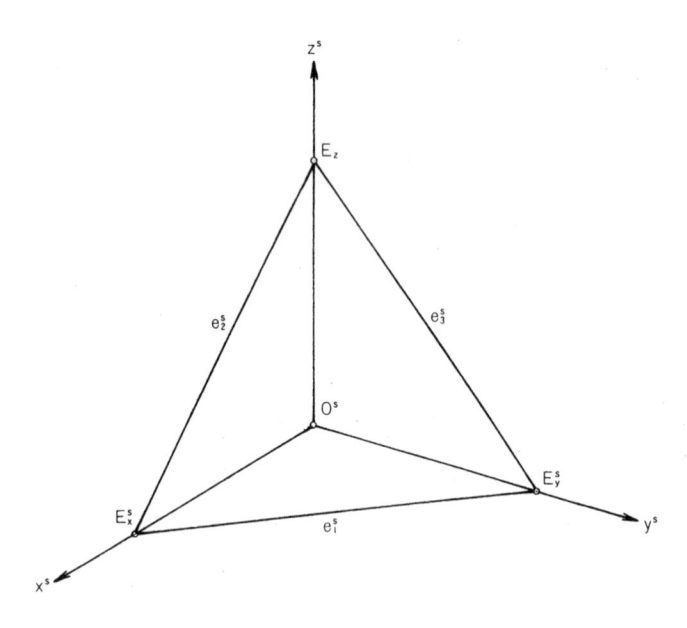

ⅰ）第1投射平面　　ⅱ）第2投射平面　　ⅲ）第3投射平面

ⅳ）第1主平面　　ⅴ）第2主平面　　ⅵ）第3主平面

図3-8　特殊な平面

図3-7　平面

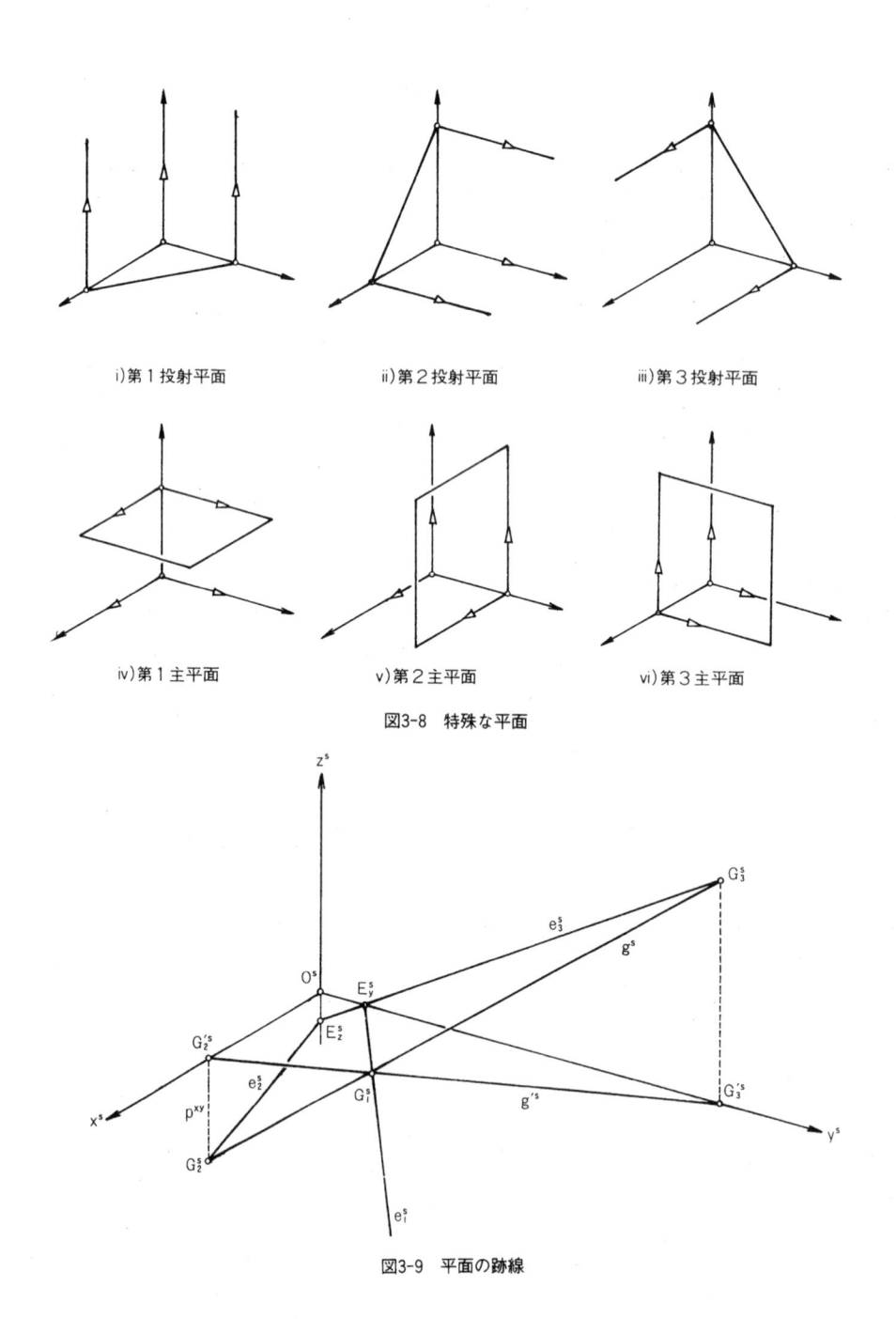

図3-9　平面の跡線

3-1-4　点と平面

　点 $P(P^s, P'^s)$ が平面 ε 上にあること($p \in \varepsilon$)を示すには，点 P を通る平面 ε 上の直線 $g(g^s, g'^s)$ が作図できればよい。図3-10にその例を示す。いずれの場合も $P^s \in g^s$ かつ $P'^s \in g'^s$ である。図 i は平面 ε 上の点 P を通る跡平行線 h_1, h_2, h_3 を示す。図 ii は点 P が平面 ε の z 軸との結点 E_z^s を通る直線 g 上にある場合を示す。また点 Q は軸測平面図を点 P と同じくするが軸測図を異にする点，すなわち平面 ε の上にない点である。図 iii は平面の上の任意な直線 g 上にある場合を示す。

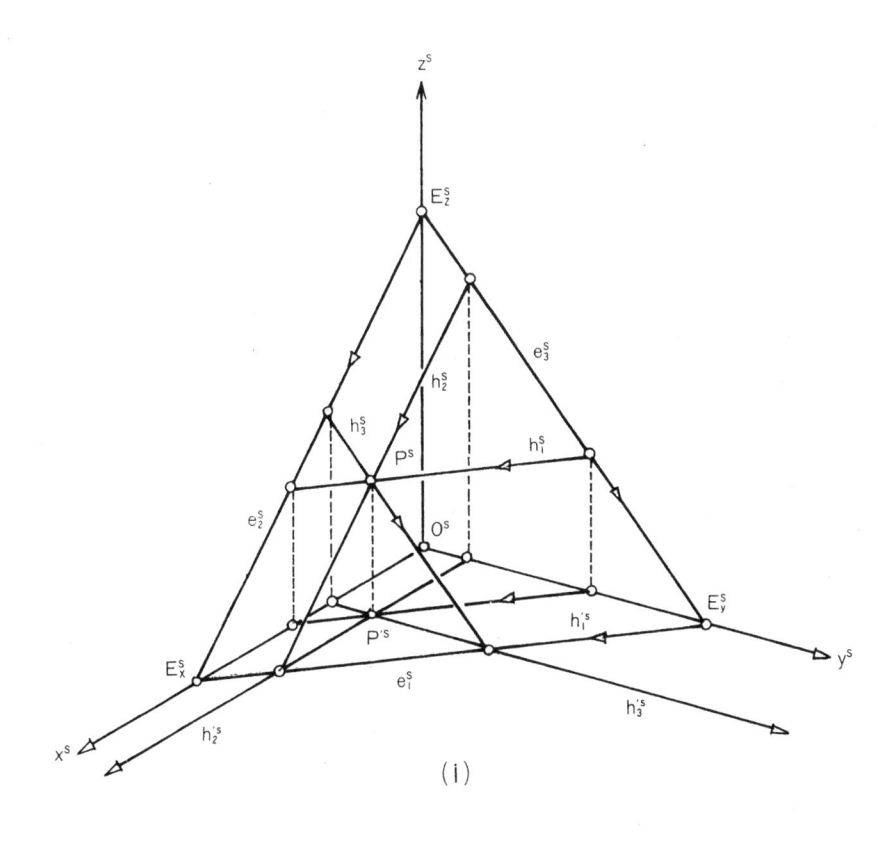

図3-10　点と平面

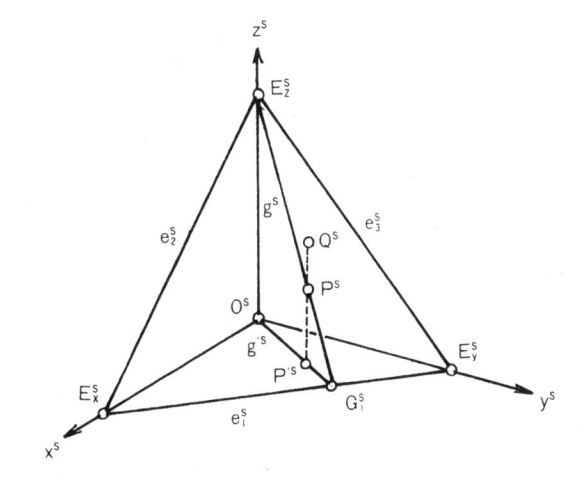

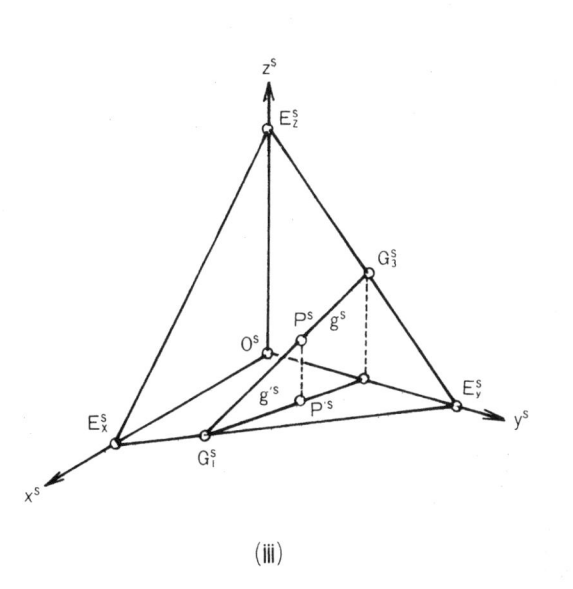

3-1-5　平面と平面

　平面 ε は少なくとも二跡線によって決定されることは先にみた。平面と平面の交線は二跡線の二交点を結ぶ直線として作図される。図**3-11**において，二平面 α, β の交線 g の第1跡点 $G_1^s=[a_1^s \wedge b_1^s]$，第2跡点 $G_2^s=[a_2^s \wedge b_2^s]$（ただし，平面 α (a_1^s, a_2^s, a_3^s)，平面 β (b_1^s, b_2^s, b_3^s)）とすると，二平面の交線 g は $g=[G_1^s \vee G_2^s]$ である。なお，$G_3^s=[a_3^s \wedge b_3^s]$, $G_3^s \in g^s$。図**3-11**において，三角形 $(A_x^s A_y^s A_z^s)$ と三角形 $(B_x^s B_y^s B_z^s)$ についてデザルクの定理（配景的共線対応）が成り立ち，その配景の中心が原点 O^s，配景の軸がいま求めた二平面の交線 g である（**1-3**参照）。

　3-1-3でみた特殊な平面と与平面との交線は後述する直線と平面の交点を求める作図で多用する方法である。図**3-12** i, ii, iii は一般の位置にある平面 ε と第1，第2および第3投射平面 μ との交線を示す。図 iv は二平面の一対の跡線が紙面内で交らない場合，第1主平面 $\mu(m_2^s, m_3^s)$ 上で二平面の跡線を交わらせて平面の交線を確定する方法である。二対の跡線がいずれも交わらない場合には，主平面を二つ導入して，交線を求める。

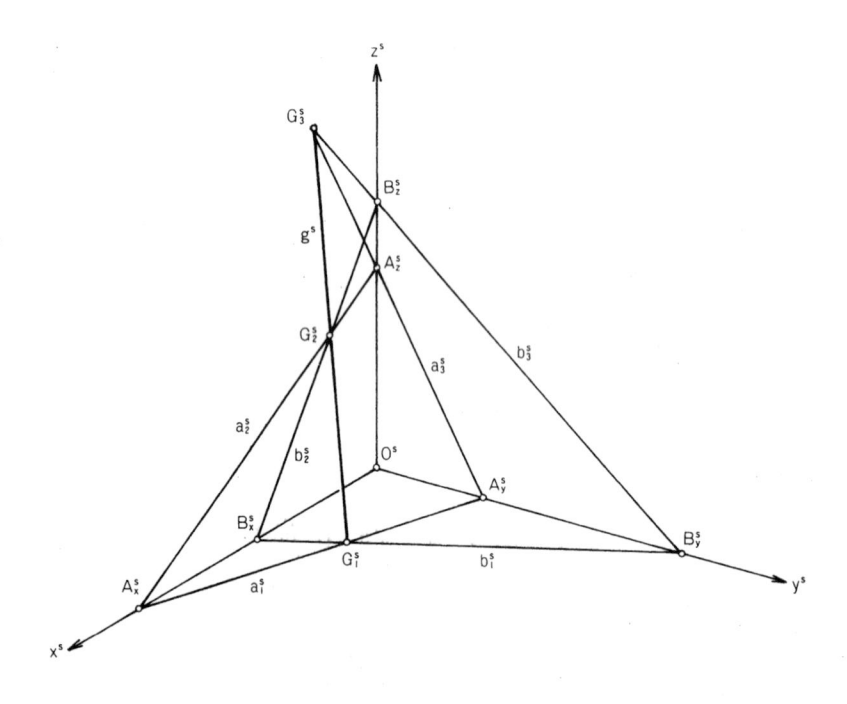

図3-11 二平面の交線

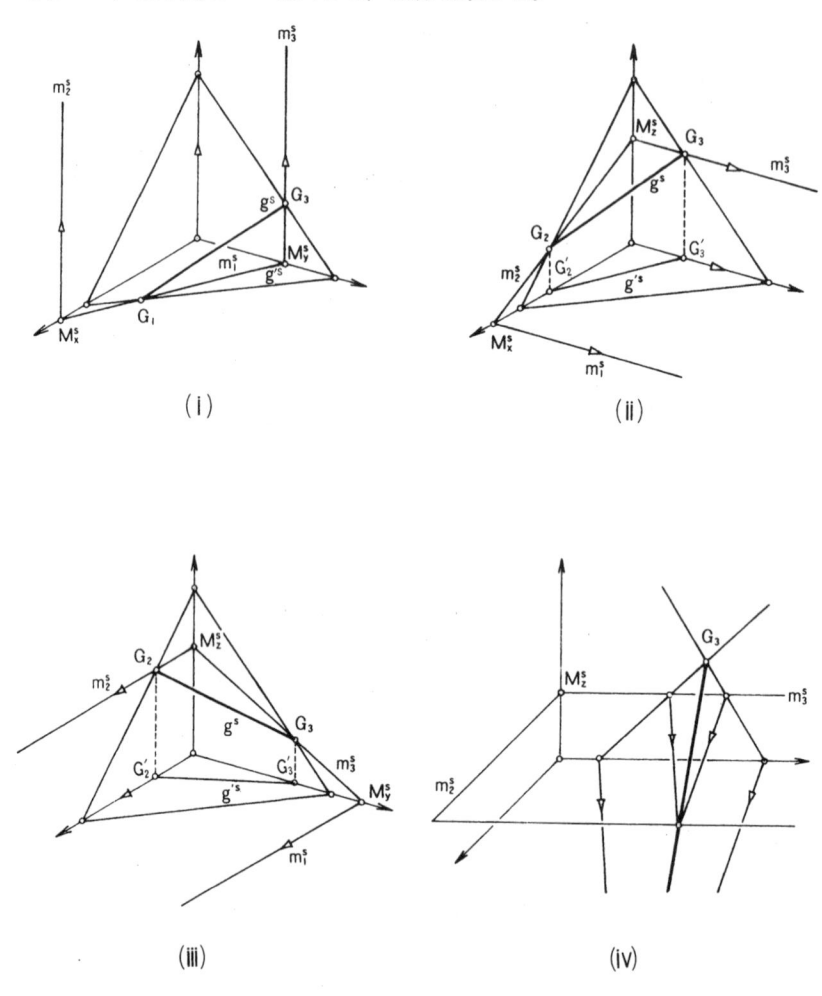

図3-12 二平面の交線 (2)

3-1-6 直線と平面

　直線 $g(g^s, g'^s)$ と平面 $\varepsilon(e_1^s, e_2^s, e_3^s)$ との交点 S の有無は直線 $g(g^s, g'^s)$ を含む補助平面 $\mu(m_1^s, m_2^s, m_3^s)$ と与平面 ε との交線 $s(s^s, s'^s)$ が与直線 g と交わるか否かで判明する。図3-13 は与平面 ε と与直線 g を含む一般の位置にある平面 $\mu(m_1^s, m_2^s)$ との交線 s を示す。直線 g と直線 s はともに平面 μ 上にあるから，交わるか平行であるのかどちらかである。

　図3-14a は同じことを与直線 g を含む第1投射面 $\mu(m_1^s, m_2^s, m_3^s)$ を使って作図した例であり，こちらの方が作図の手間が少ない。二平面 ε, μ の交線 s は次のように解釈することもできる*。すなわち，与直線 $g(g^s, g'^s)$ の軸測平面図 g'^s を同じくし与平面 ε 上にある直線 $s(s^s, s'^s = g'^s)$ と直線 g とは同じ第1投射平面 μ 上にあり，$g'^s = s'^s = m_1^s$ である。交点 S は直線 s と直線 g の交点として得られる。

　図3-14b は，直線 g を第2投射平面 μ に載せ，交点 S を求めた場合を示す。

---

* 交線 s についての解釈の違いは，正投象における直線と平面の交点を求める際には，別々の方法となる。3-2-3 参照。

図3-13 直線と平面との交点 (1)

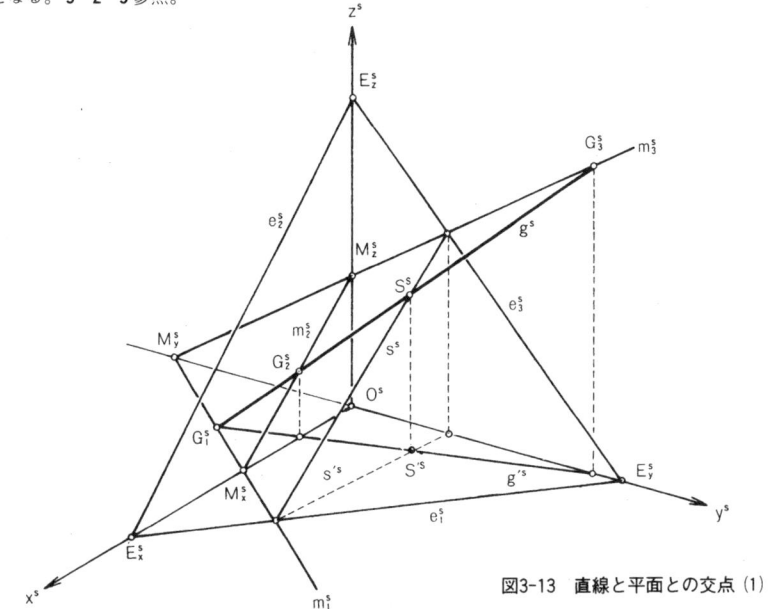

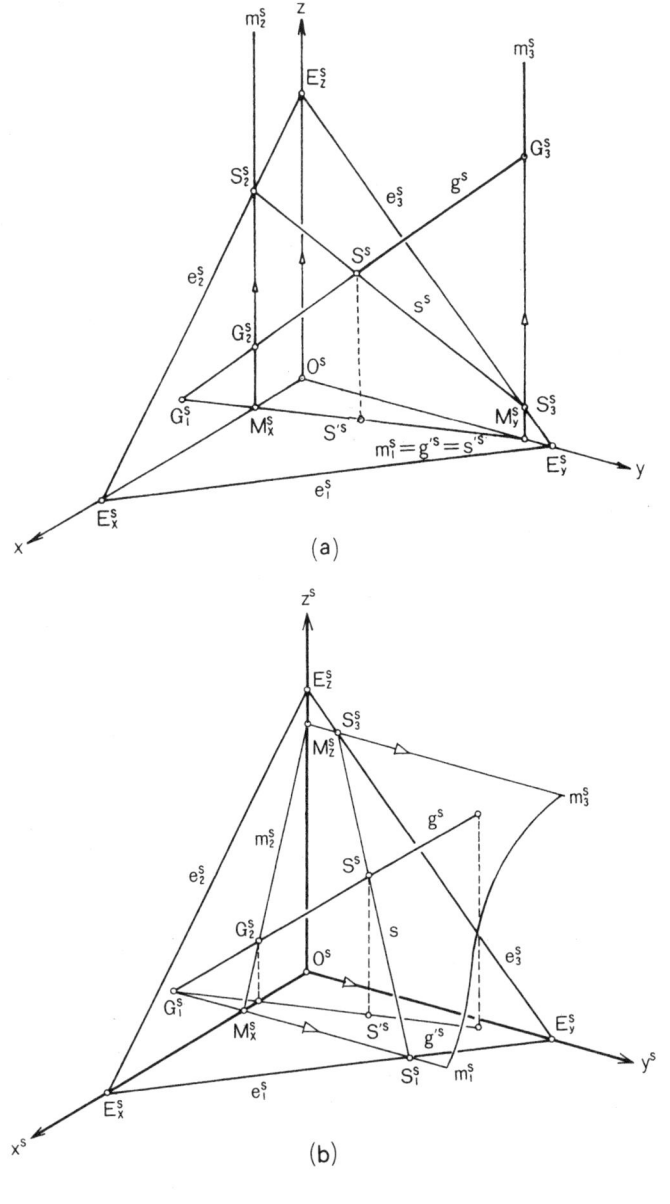

図3-14 直線と平面との交点 (2)

3-2 正投象の位置に係わる作図

　前節の軸測投象の位置に係わる作図で扱った空間図形の要素(点，直線，平面)の間の結合関係のうち，点と直線，平面，点と平面についての正投象による基本的作図は前章 2-3 で取り扱った。そこで扱われなかった事柄を補って，正投象における位置に係わる作図を考察してみよう。

3-2-1　直線と直線*

　二直線は，平行，交差，ねじれのいずれかの関係にある(図3-15)。二直線が交わる場合は，二直線の平面図の交点と立面図の交点とが基線 x_{12} に垂直な対応線上にある(図3-15 a)。二直線がねじれの位置にある場合，平面図の交点と立面図の交点は対応しない(図3-15 b)。二直線が交わるか平行のとき平面 ε (e_1, e_2)が決定されるが(図3-15 a，c)，平面が交差二直線または平行二直線か

----
* 3-1-2 図3-5～6参照

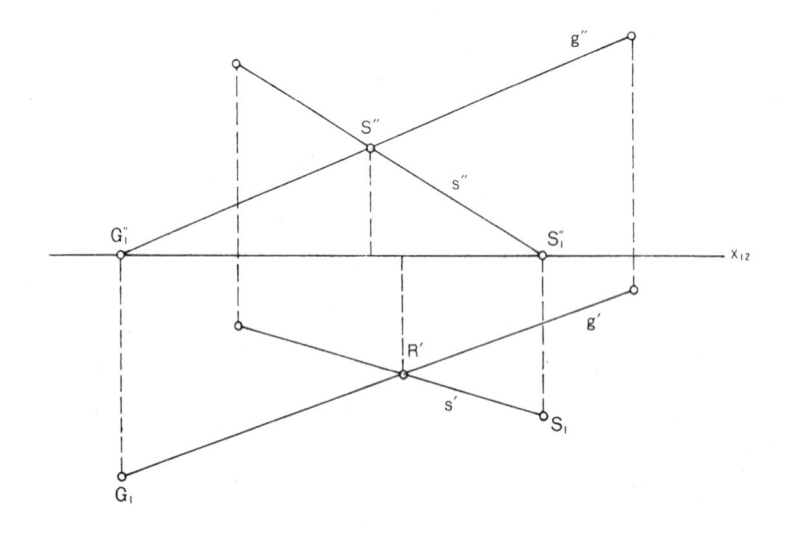

図3-15 b　ねじれの位置にある二直線

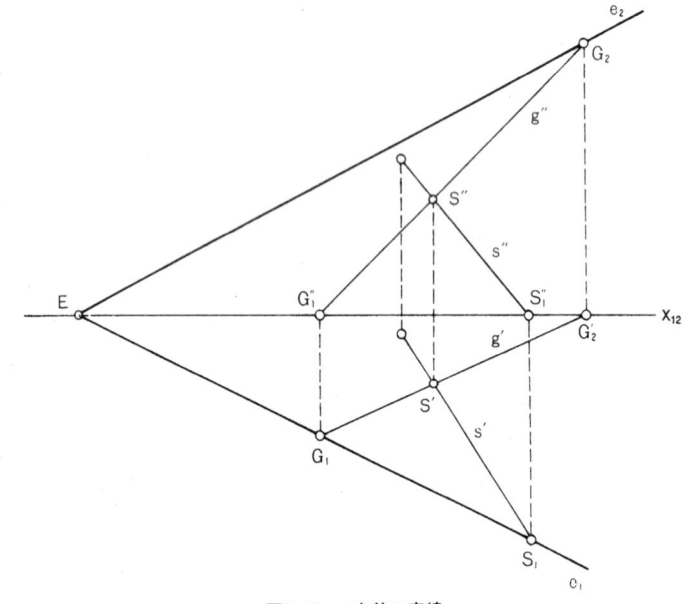

図3-15 a　交差二直線

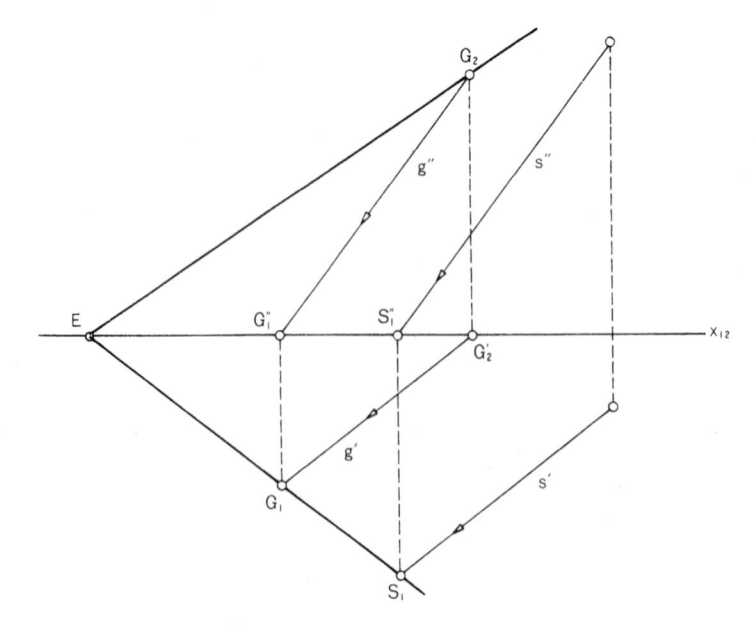

図3-15 c　平行二直線

ら作図されるためには，二直線の四跡点のうち少なくとも三跡点と基線 x_{12} 軸上の平面の結点が紙面内に得られれば作図できる。紙面内に跡点が得られないときは(図**3-16**)，同一平面上にある直線 l や m をさらにつくり紙面内に跡点を得て平面を決定すればよい。すなわち，平面 ε 上にある直線の水平跡点(第1跡点)，直立跡点(第2跡点)はそれぞれ必ず平面 ε の水平跡線(第1跡線)e_1 上，直立跡線(第2跡線)e_2 上にあるから，直線の跡から平面の跡線が求められる。

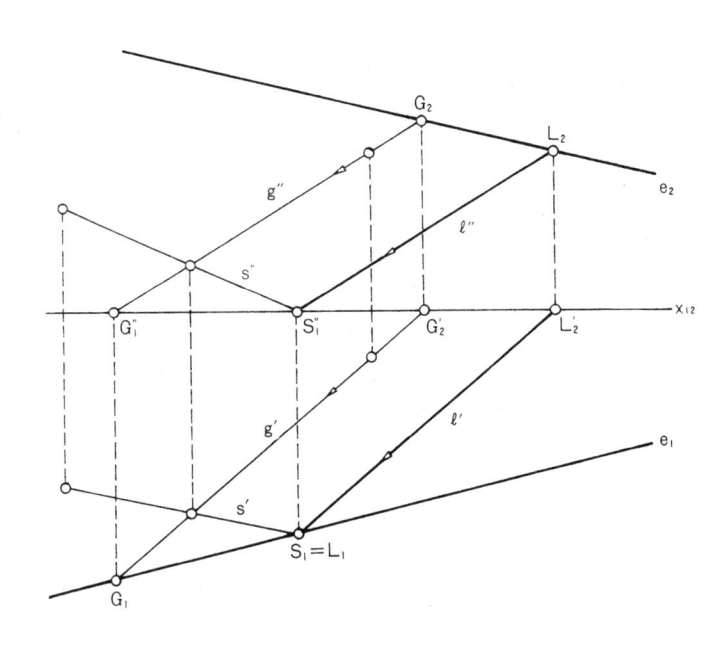

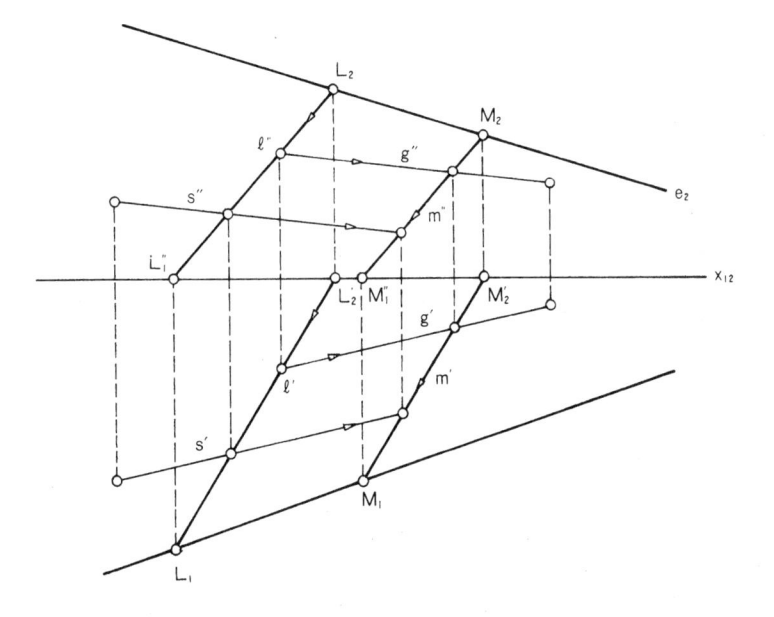

図3-16 平行二直線の決定する平面

3-2-2 平面と平面[*]

二平面 ε, μ の交線 s は, 同時に二平面上にある少なくとも二点が分かれば求められる。最も容易にわかるこのような二点とは, 二平面の水平跡線 e_1, m_1 の交点 S_1 と直立跡線 e_2, m_2 の交点 S_2 である(図3-17)。$s'=[S_1 \vee S_2']$, $s''=[S_2 \vee S_1'']$ である。

交わる二平面のうち一方の平面 μ (m_1, m_2) が第1, もしくは第2投射平面の場合(図3-18, また図3-12の軸測投象図も参照), 交線 s(s', s'') は前者の場合 $s'=m_1$, 後者の場合, $s''=m_2$ である。

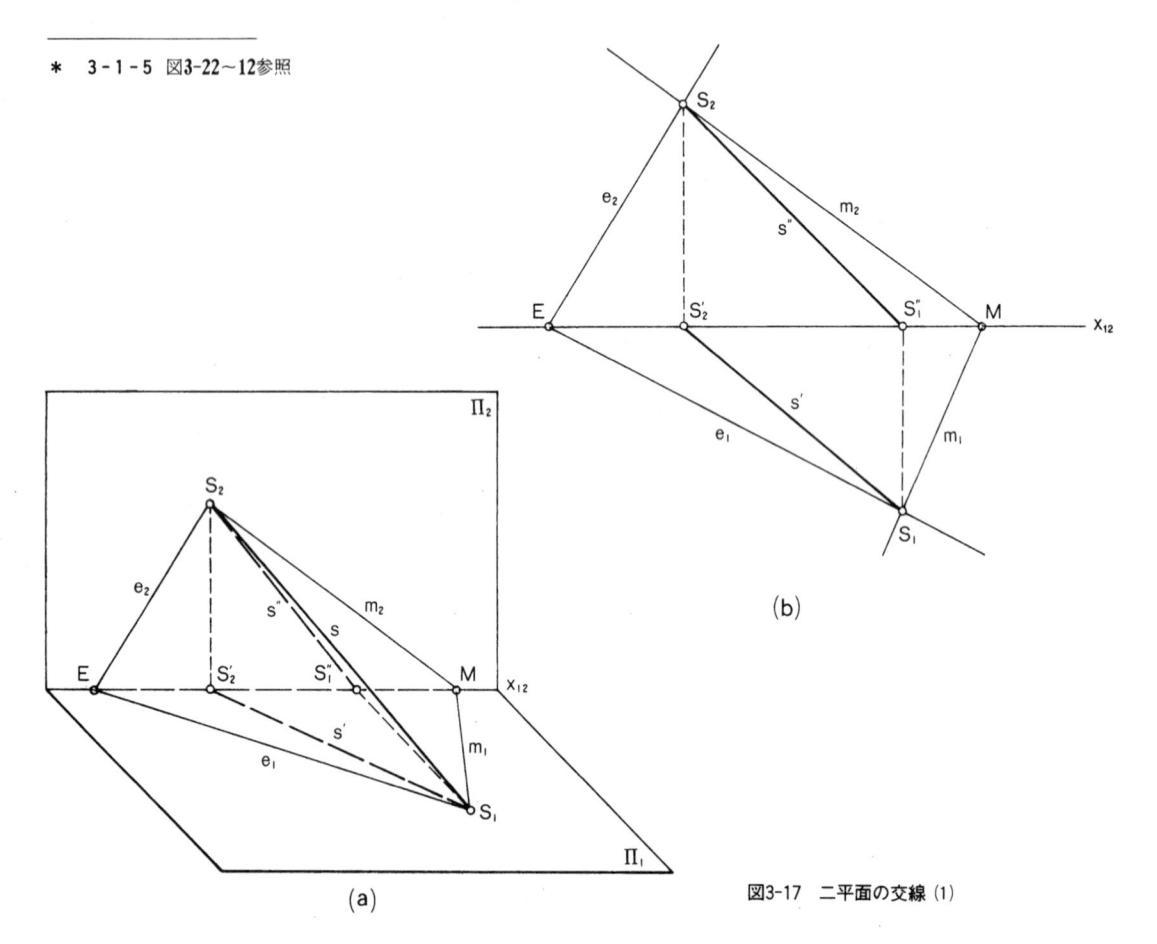

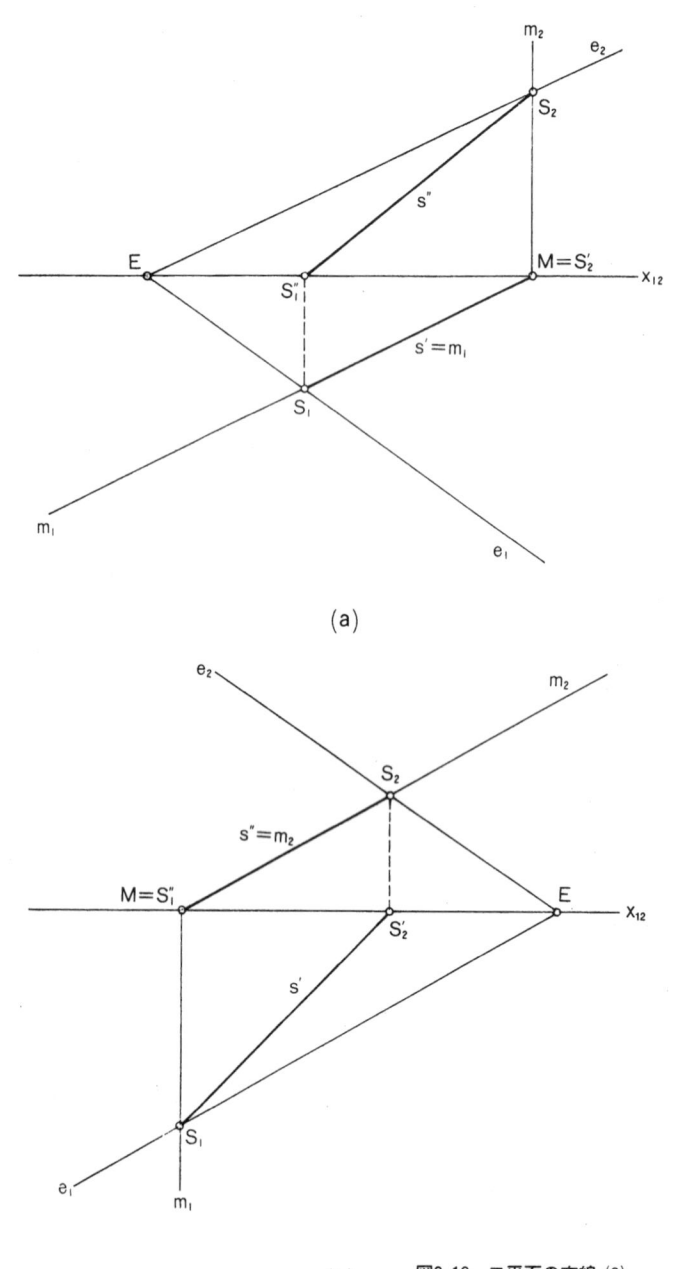

---

[*] 3-1-5 図3-22~12参照

図3-17 二平面の交線 (1)

図3-18 二平面の交線 (2)

図3-12 iv での軸測投象図で作図された二平面の交線の正投象での作図は図**3-19 a**に示される。平面の水平跡の交点 $S_1=[m_1 \wedge e_1]$ が紙面内で得られないので投象面 Π_1 に平行な第1主平面 ν（**3-4-1**で取り扱う副水平投象面の一種）を導入し，その上で平面 ν と平面 ε，μ との交線 e_3，m_3 の交点 S_3 を求め水平跡点 S_1 に代える。

図3-19 bは，二平面 ε，μ の両跡線どうしがいずれも紙面内で交わらない場合，第1主平面 ν と第2主平面 τ を導入し，点 $S_1(\in \Pi_1)$，$S_2(\in \Pi_2)$ に代えて点 $S_3(\in \nu)$，$S_4(\in \tau)$ を得て，交線 s を求める。

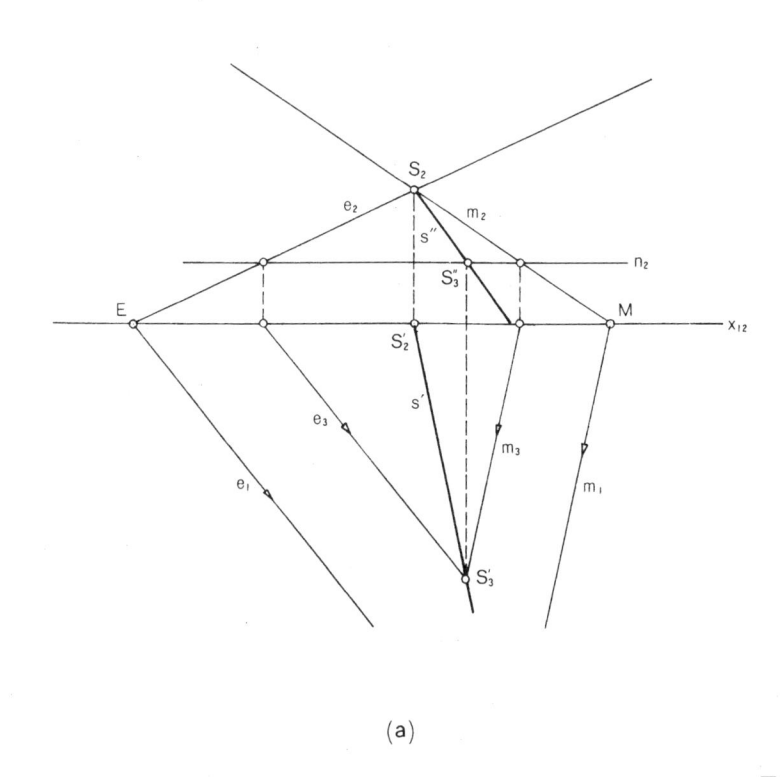

図3-19 二平面の交線 (3)

3-2-3　直線と平面

直線 g と平面 ε との交点は，直線 g を含む**補助平面** μ と平面 ε との交線 s が直線 g と同一平面 μ 上にあることから，直線 g と交線 s との交点 S でもある。交点 S の作図法は直線 g を含む補助平面 μ の決定の仕方により以下のように分かれる(軸測投象図については **3-1-6** に既述)。

図**3-20**(図**3-13**参照)は，直線 g を含む任意な一般的位置にある平面 $\mu(m_1, m_2)$ を用いて，二平面 ε，μ の交線 s と直線 g との交点 S を求める方法である。

図**3-21**(図**3-14**参照)は，補助平面 μ を第1投射平面に，図**3-22**は第2投射平面にとった例である。

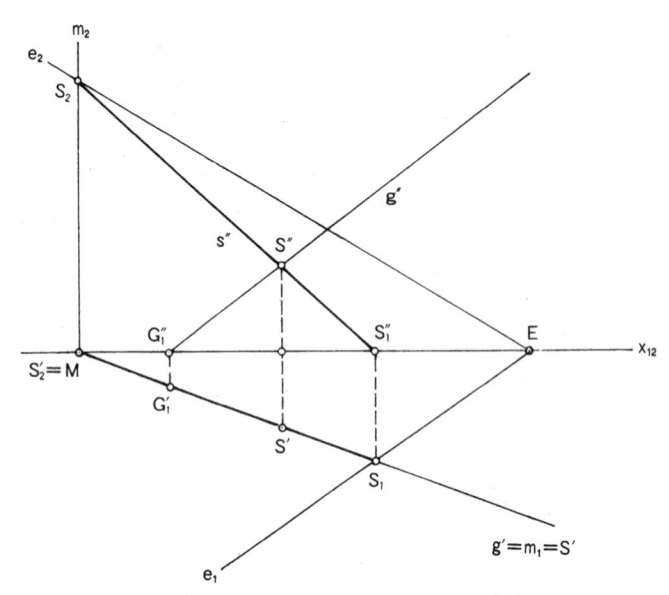

図3-21　直線と平面の交点 (2)

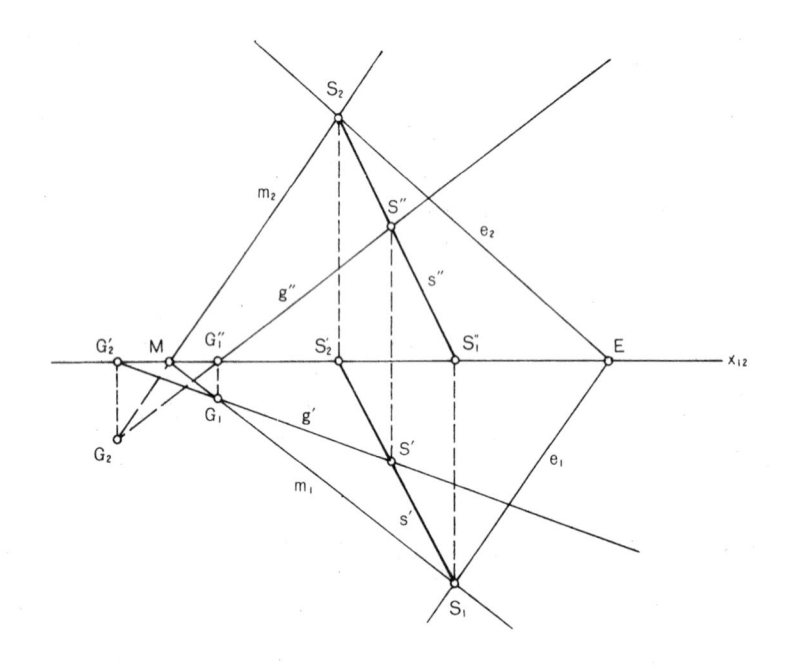

図3-20　直線と平面の交点 (1)

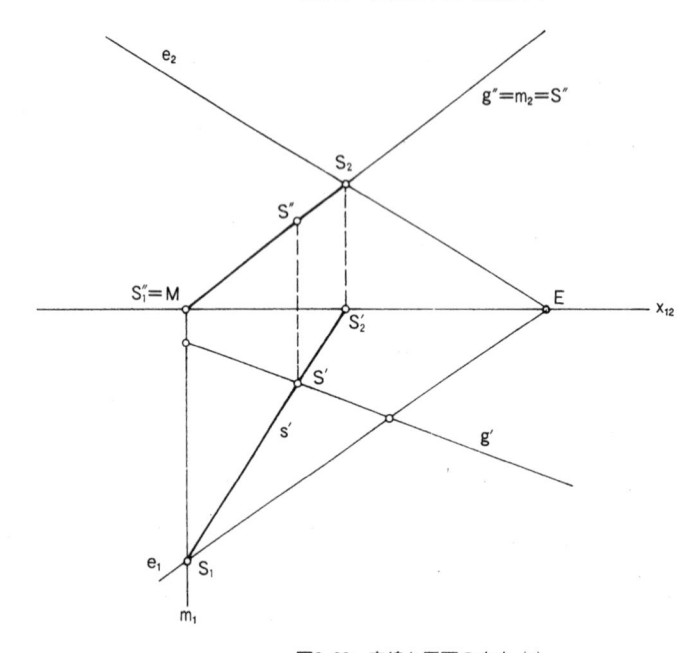

図3-22　直線と平面の交点 (3)

図3-23では，補助平面 $\mu(m_1, m_2)$ が点 $G_1 \in m_1$ (G_1：直線 g の水平跡点)，$m_1 \mathbin{\!/\mkern-5mu/\!} e_1$ であるように決めた場合，交線 $s(s', s'')$ は与平面 ε の水平跡平行線，つまり $s' \mathbin{\!/\mkern-5mu/\!} m_1 \mathbin{\!/\mkern-5mu/\!} e_1$, $s'' \mathbin{\!/\mkern-5mu/\!} x_{12}$ となって作図しやすい。補助平面 μ の直立跡線 m_2 は，平面 μ の結点 M と直線 g の直立跡点 G_2 を結べば作図できる。

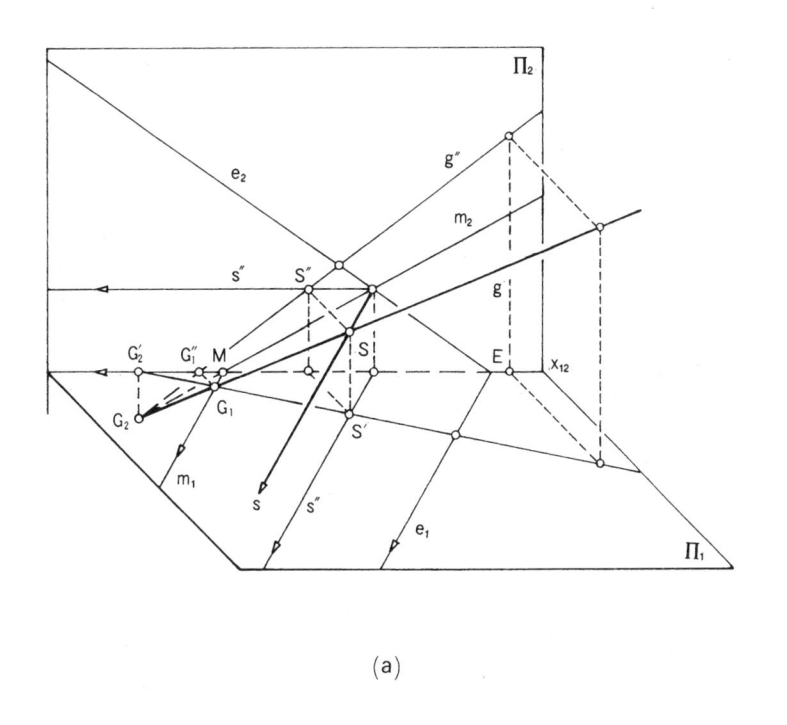

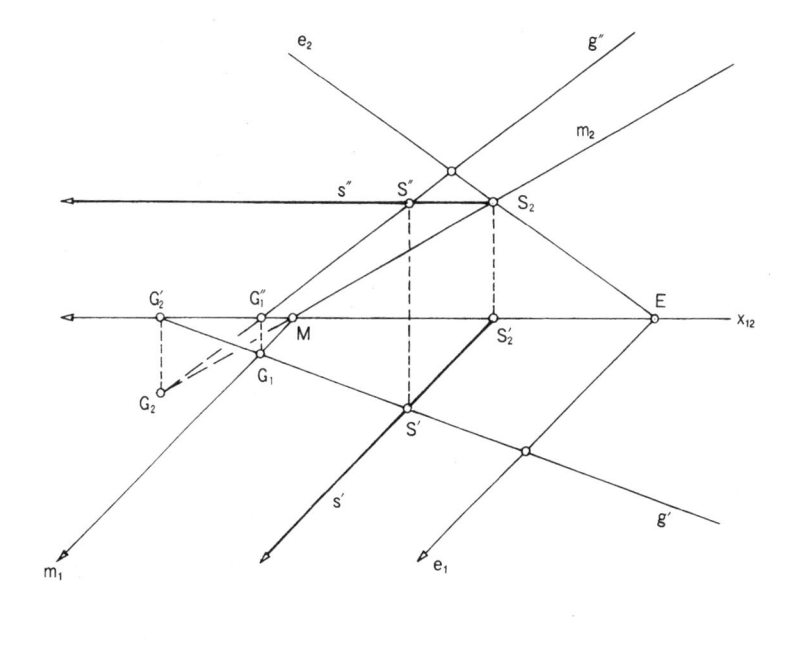

(a)

(b)

図3-23 直線と平面の交点 (4)

図3-24は，二点 A(A′, A″)，B(B′, B″)について，A′∈g′，B′∈g′，かつ A∈ε，B∈ε であるように(つまり平面図は直線 g の平面図 g′ 上にあり，かつ平面 ε 上にもある)二点 A，B を決め，直線 AB と直線 g との交点 S を求める作図法である。点 A，B が平面 ε 上にあることを求める作図は ε 上の跡平行線を用いて立面図 A″，B″ を決める。これは補助平面 μ の跡線を求めずに，二平面 ε，μ の交線 s を部分的に求める非常に有効な方法である。基本的には，直線 g の補助平面として第一投射平面を部分的に用いる点において，図3-21の方法と同類である。応用問題にはこの方法が多用される(後章 4-1，4-2 を参照)。

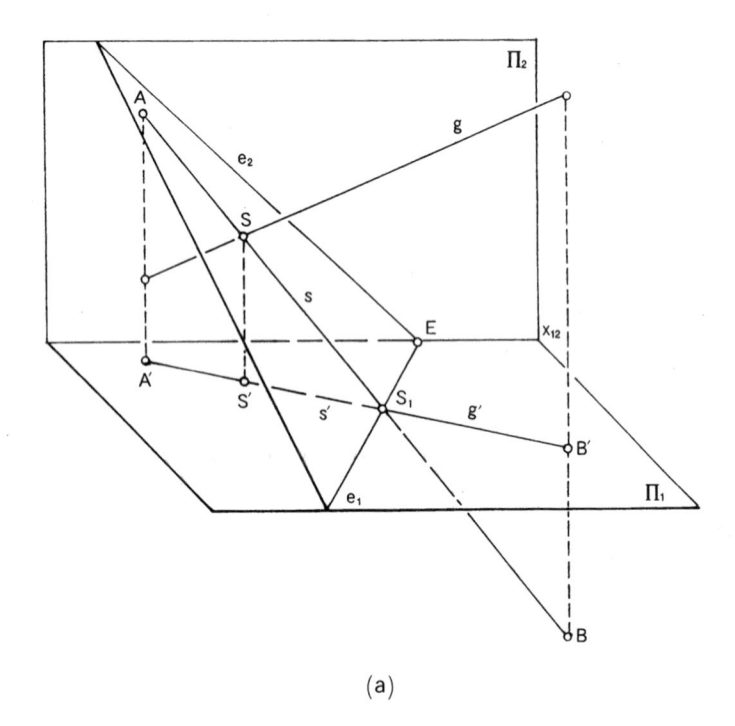

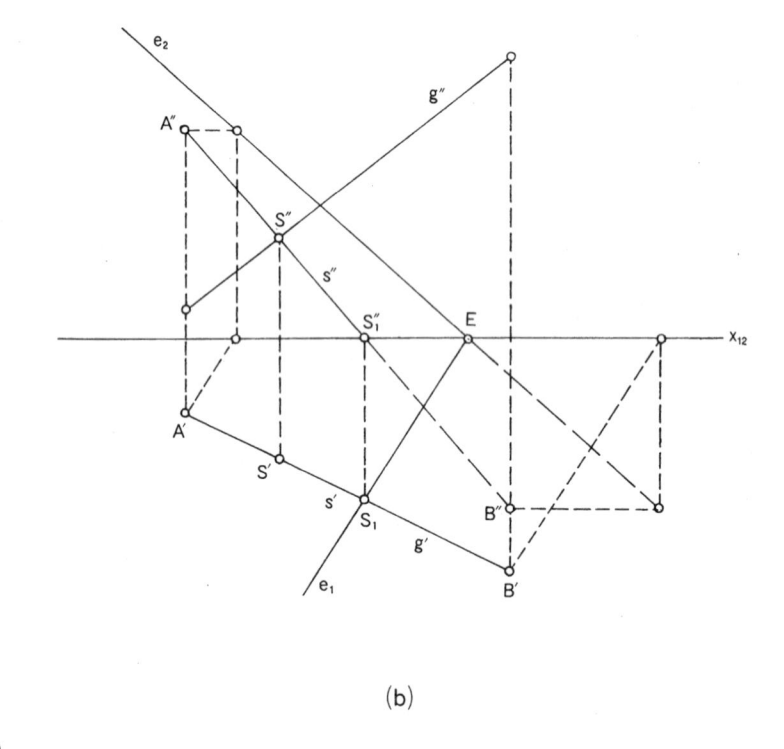

図3-24 直線と平面の交点 (5)

3-3 軸測投象の量に係わる作図法

3-3-1 線分の長さ（跡線三角形の与えられた軸測投象）

既に2-1-3でみたように，跡線三角形(XYZ)と軸測軸 $O^s(x^s y^s z^s)$ が与えられた斜軸測投象*においては（図3-25 a），三角形(OXY)を XY を回転軸にして投象面上に回転し実形三角形(O_{01}XY)を求める。三角形(O_{01}XY)と三角形(O^sXY)とは投象面上で平面配景的アフィン対応する（アフィン方向：$O^s O_{01}$，アフィン軸：XY）。それぞれ O_{01}X，O_{01}Y 上に単位長さ $\overline{O_{01}A_{01}} = \overline{O_{01}B_{01}}$ を取り，それをアフィン対応させることにより軸測軸 x^s，y^s 上に平面二脚 $O^s(A^s B^s)$ を作る。三角形(O^sXZ)の実形(O_{02}XZ)についても同様の方法で求め，$\overline{O_{01}A_{01}} = \overline{O_{02}A_{02}} = \overline{O_{02}C_{02}}$ としてアフィン対応させ，$O^s(A^s C^s)$ を得る。

直軸測投象では跡線三角形(XYZ)の垂心が点 O^n であるから（図3-25 b），三

---

* 斜軸測軸は $O^s(x^s y^s z^s)$，直軸測軸は $O^n(x^n y^n z^n)$ で示す。

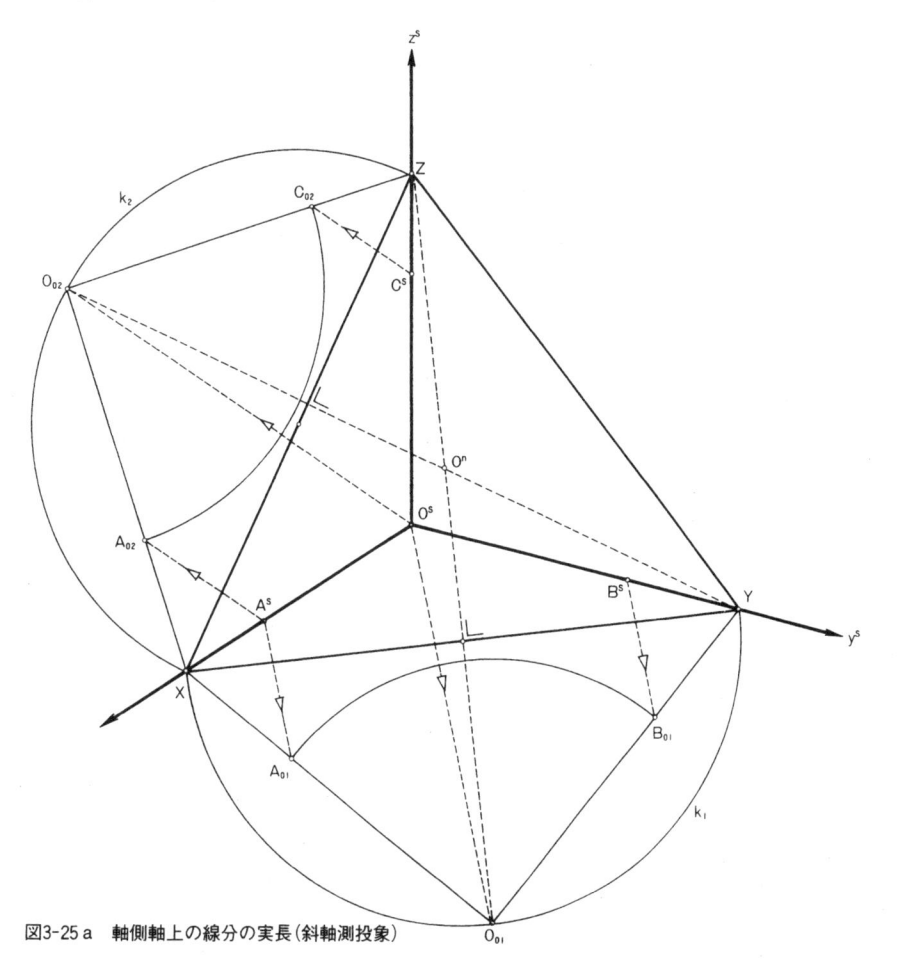

図3-25 a　軸側軸上の線分の実長（斜軸測投象）

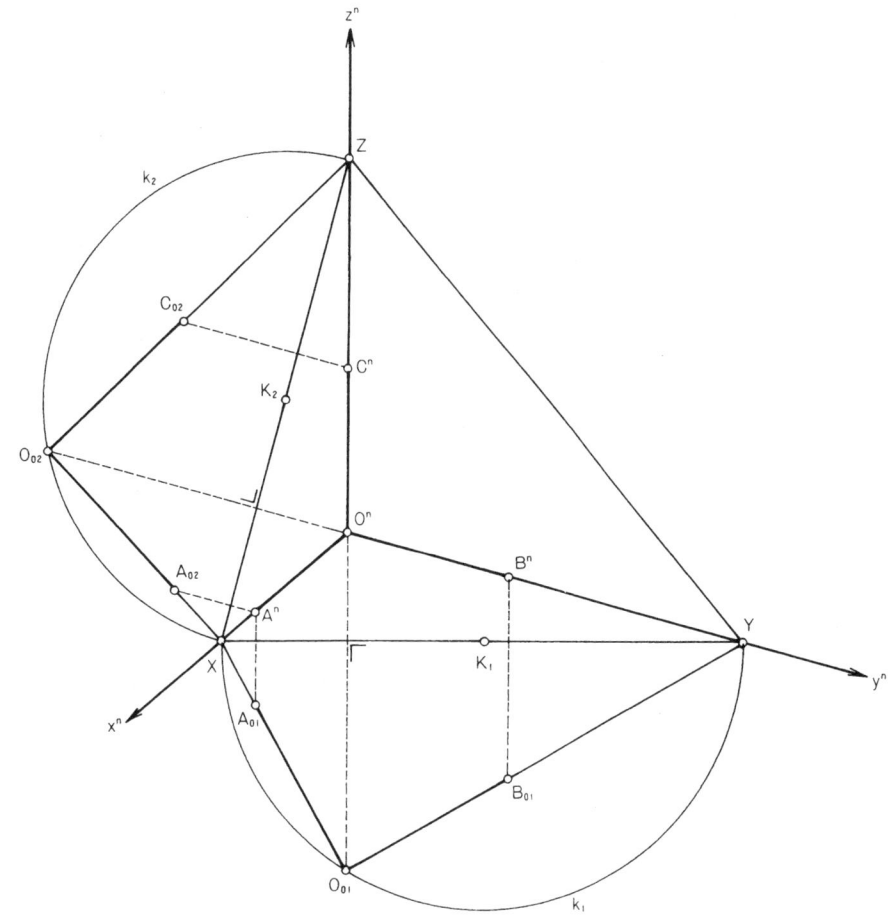

図3-25 b　軸側軸上の線分の実長（直軸測投象）

角形($O''XY$)はアフィン対応の射線方向を $O''O_{01}$($\perp XY$)，アフィン軸を跡線 XY とする平面配景的アフィン対応によって，三角形($O_{01}XY$)に移され，平面二脚 $O''(XY)$ の実形が判明する(**2-2-1**参照)。従って斜，直軸測投象ともに $O_{01}(XY)$ 上に単位二脚 $O_{01}(A_{01}B_{01})$ をとることによって $O^s(XY)$，あるいは $O''(XY)$ 上にその軸測図 $O^s(A^sB^s)$ あるいは，$O''(A''B'')$ を得る*。

---

* 軸測投象図上の平面配景的アフィン対応 **Af** を，以下 **Af**[アフィン軸，アフィン方向]と表記し，点 A が点 A^s にアフィン対応することを，**Af**(A)=A^s または **Af**(A^s)=A と表記する。

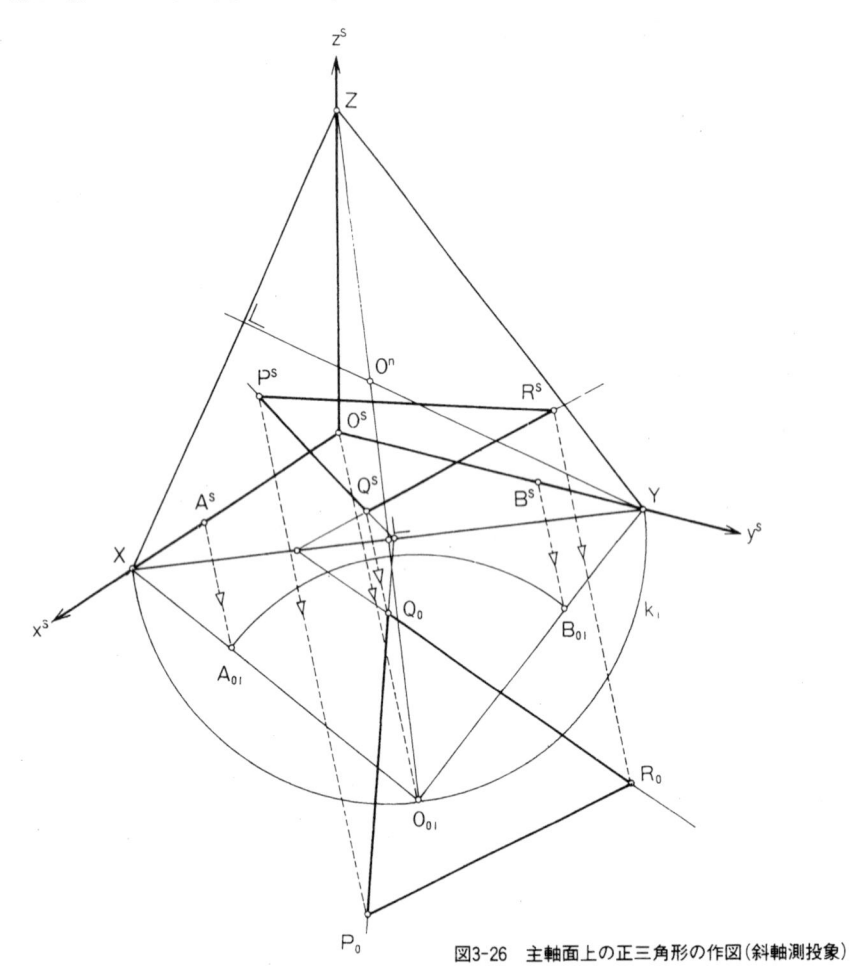

跡線三角形の跡線をアフィン軸とする平面配景的アフィン対応によって，主軸面上の線分比に関わる図形(例えば正多角形)の軸測投象図を作図することができる。斜軸測投象も直軸測投象も同様であるから斜軸測投象の場合を見よう。図**3-26**は，xy 平面上の線分の斜投象図 P^sQ^s が与えられているとき，正三角形(PQR)の斜投象図($P^sQ^sR^s$)を作図する方法を示す。平面配景的アフィン対応 **Af**[XY, $//O^sO_{01}$]とすると，**Af**(P^sQ^s)=P_0Q_0，P_0Q_0 を一辺とする正三角形($P_0Q_0R_0$)を作り，逆方向にアフィン対応させ，投象図($P^sQ^sR^s$)を得る。

主軸面上にはない一般的な位置にある直線の実際の長さを求めてみよう。図**3-27**は直軸測投象図である。直線 PQ を含む第1投射平面 μ を作り，投象面(XYZ)との交線 m'' を回転軸にして，平面 μ を投象面(XYZ)に重ねると，投象図形の実際の形や大きさが分かる。この時，回転図形と投象図は m'' をアフィン軸とする平面配景的アフィン対応をなす*。アフィン方向は次のように求

---

* 回転軸をアフィン軸とする軸測投象図と回転図形の平面配景的アフィン対応については**1-3**，**2-1-3**で触れた。

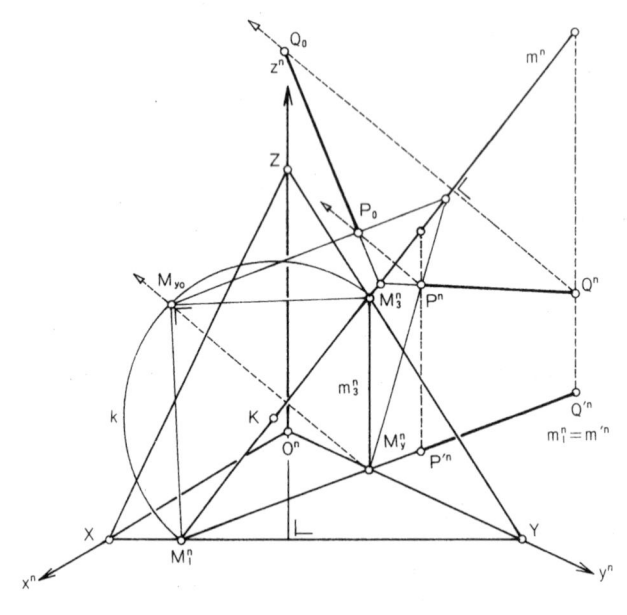

図3-26 主軸面上の正三角形の作図(斜軸測投象)

図3-27 線分の実長(直軸測投象)

められる。∠($M_3M_yM_1$)は実際は直角であるから,三角形($M_3M_yM_1$)の回転位置の三角形($M_3^n M_{y0} M_1^n$)は($M_{y0} \in k$, k[K, $\overline{M_1^n K}$], $\overline{M_1 K} = \overline{M_3 K}$)となる。従って,アフィン方向は $M_y^n M_{y0}$ となる($Af[m^n, //M_y^n M_{y0}]$)。$Af(P''Q'') = P_0 Q_0$ から,$\overline{P_0 Q_0}$ が実際の長さを示す。

斜軸測投象で同じことを行った場合が図3-28である。この場合,アフィン方向を決定するため軸測軸上の直交等長三脚 O(ABC) の斜投象図 $O^s(A^s B^s C^s)$ を図3-25 a の方法で予め定めておく必要がある。

次に,直線 PQ を含む第1投射平面 $\mu(m_1^s, m_3^s)$,つまり $m_1^s = P'^s Q'^s$,$m_3 \perp y$ 軸なる平面 μ と跡線三角形(XYZ)との交線 m^s をアフィン軸として,点 M_y^s(平面 μ の y 軸との結点)に対応する点 M_{y0} を求めれば,アフィン方向 $M_y^s M_{y0}$ が決定される。

そのアフィン方向を得るためには,予め軸測軸上に与えられた直交等長三脚 O(ABC) の軸測投象図 $O^s(A^s B^s C^s)$ について,二点 A^s, B^s を通る**目盛楕円** k^s を描き(**1-5**参照),直線 $m_0[O^s, //m_1^s]$ と楕円 k^s との交点を D^s とし,$\overline{O^s D^s} = \overline{M_y^s E^s}$ なる点 E^s を直線 m_1^s 上にとる。次に平面 μ の第3跡線 m_3^s 上に $\overline{M_y^s F^s} = \overline{O^s C^s}$ なる点 F^s をとれば,空間においてはもともと $\overline{M_y E} = \overline{M_y F}$,$M_y E \perp M_y F$。ここで **2-1-3** で述べた配景的アフィン変換(対応)を対応軸を直線 m^s として三角形($M_y^s M_1^s M_3^s$)について施せば,点 M_y^s に対応する点 M_{y0} が円 k_0[K, $\overline{M_1^s M_3^s}/2$](ただし点 K は $M_1^s M_3^s$ の中点,点 J は $E^s F^s$ の中点,∠$M_3 M_y J = \pi/4$ だから,H[$JM_y^s \wedge m^s$],IK $\perp m^s$ とすると,$M_{y0} = [IH \wedge k_0]$)上に求められる。従って平面配景的アフィン対応 $Af[m^s, //M_y^s M_{y0}]$ が定義できた。以下は図3-27と同様にして直線 PQ の実長 $\overline{P_0 Q_0}$ が得られる。

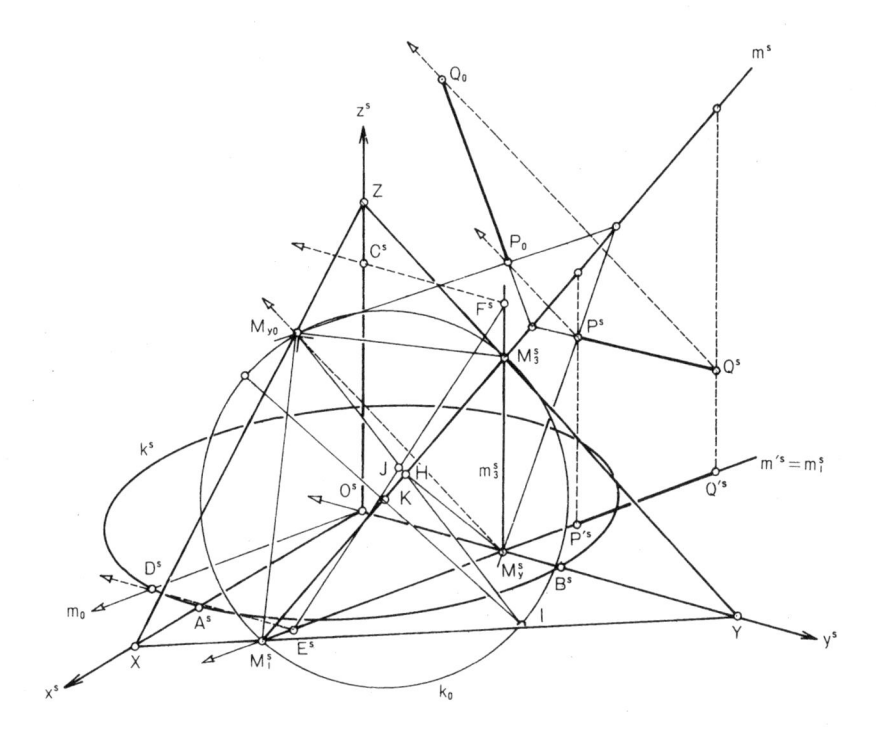

図3-28 **線分の実長(斜軸測投象)**

3-3-2 目盛楕円

前項で見たように軸測投象が跡線三角形で定義される場合は、図形を回転させ投象図に重ねることによって成立する回転図形と元の投象図とのホモロジー対応(平面配景的アフィン対応)によって、実際の大きさの図形を作図することができた。

しかし、任意に方向を定めた三軸測軸上に等長直交三脚 O(ABC) の投象図 $O^s(A^sB^sC^s)$ を任意に定めることによって定義する通常の斜軸測投象においては、線分の「実際の長さ」を知るためには、まず等長直交三脚 O(ABC) の単位長さ $\overline{OA}$ の実際の長さを確認する必要がある。

2-1-4「ポールケの定理」の項でみたように、図3-29のように定義された斜軸測投象図では、等長直交三脚 O(ABC) の単位長さ $\overline{OA}(=\overline{OB}=\overline{OC})$ は、三点 A、B、C を通る球の輪郭楕円 k_0^s の短軸の長さによって判明する。従って、xy 平面上の線分 QR の実際の長さは、Q^sR^s を平行移動させた $Q_1^sO^s$ を、O^sA^s、O^sB^s を共役軸とする目盛楕円 k^s (xy 面上の点 A、B を通る円 k の投象図)を利用して線分比の対応をさせ、楕円 k_0^s の短軸上に移せば、$\overline{O^sT}$ として求められる。

ところが、軸測投象の多くの作図においては、後に見る直角の作図や正多角形の作図などのために、わざわざ $\overline{OA}$ を求める必要はないのである。それを以下確認しておこう。

もう一度斜軸測投象の成立の仕方を想起しよう(図3-30 a)。一般に投象面と平行ではない主軸面 xy の等長直交二脚 O(AB) を半径とする円 k は、投象図 k^s と平面二脚 $O^s(A^sB^s)$ に対しアフィン対応をなす(投射線は p 方向、z 軸は省略)。主軸面 xy と投象面との交線 s を回転軸にして主軸面 xy と円 k を回転させ投象面に重ねると、図3-30 b のようになる。これは、1-5 で述べた円と楕円の平面配景的アフィン対応図である。アフィン方向に沿って円 k の中心 O を動かしアフィン軸上にのせると、中心を共有しアフィン対応する円 k_1 と楕円 k_1^s を得る。このときアフィン軸 s 上の円 k_1 と楕円 k_1^s の共通直径 $\overline{FG}$ が $2\overline{OA}(=2\overline{OB})$ である。

図3-29 線分の実長(斜軸測投象)

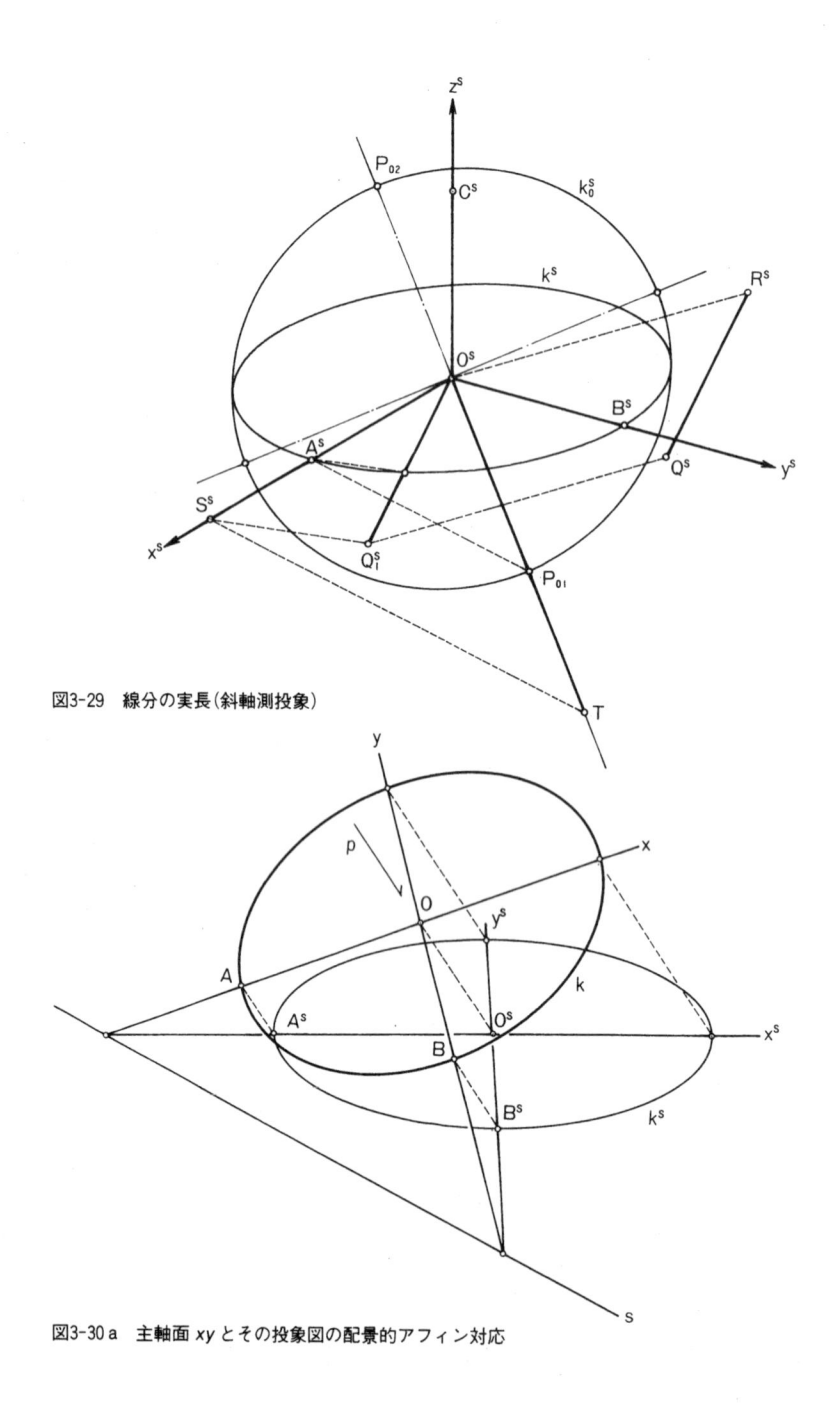

図3-30 a 主軸面 xy とその投象図の配景的アフィン対応

3-3-2 目盛楕円 69

従って，先ず平面二脚 $O^s(A^s B^s)$ と目盛楕円 k^s の与えられた斜軸測投象図では，前図3-29の球の輪郭楕円 k_0^s の短軸寸法が分かれば，その寸法に一致する楕円の直径の方向がアフィン軸方向を示していることになる。しかし，アフィン軸方向を知るために，球の輪郭楕円の作図をすることは煩雑さを免れない。

いま図**3-30 b** において，目盛楕円 k_1^s の任意な直径をアフィン軸に選び(ここでは x_1^s 軸上の $A_1^s E_1^s$)，それを直径とする円 k_{10} をつくり，アフィン軸に垂直な円 k_{10} の半径 $O_1 B_{10}$ が楕円の半径 $O_1 B_1^s$ に対応するアフィン対応を定義する。このことは次のことを意味する。つまり，同じ楕円 k_1^s を投象図としてもつが，異なったアフィン軸とアフィン方向をもつ別の平面上の円 k_{10} との空間的なアフィン対応を定義したことになる。円 k_1 と円 k_{10} との半径の寸法が異なっているから，円 k_{10} がのる別の平面上で操作する図形の実際の大きさは，本来のそれとは異なった相似的な図形となる*。しかし，図形の部分比だけが問題になるような作図においては，これで十分対応できる。

---

* 一つの図形 B を共有しながら，アフィン軸とアフィン方向の異なった二つの配景的アフィン対応 **Af**₁ と **Af**₁₀ が定義されていて，**Af**₁(B)=A, **Af**₁₀(B)=C によって図形 A と図形 C が存在するとき，図形 A と C は配景的アフィン対応はしないが，「一般的アフィン対応」する。このとき図形 A と C の頂点と辺は一対一対応し，辺の部分比が保存され，平行線は平行線に対応する。cf. F. Hohenberg, *Konstruktive Geometrie in der Technik*, Springer Verlag, (1956) 1966, S. 12. 増田祥三訳ホーエンベルグ『技術における構成幾何学』上巻，日本評論社，1968年18頁参照。図**3-30 b** では円 k_1 と円 k_{10} が一般的アフィン対応(この場合は相似)する。

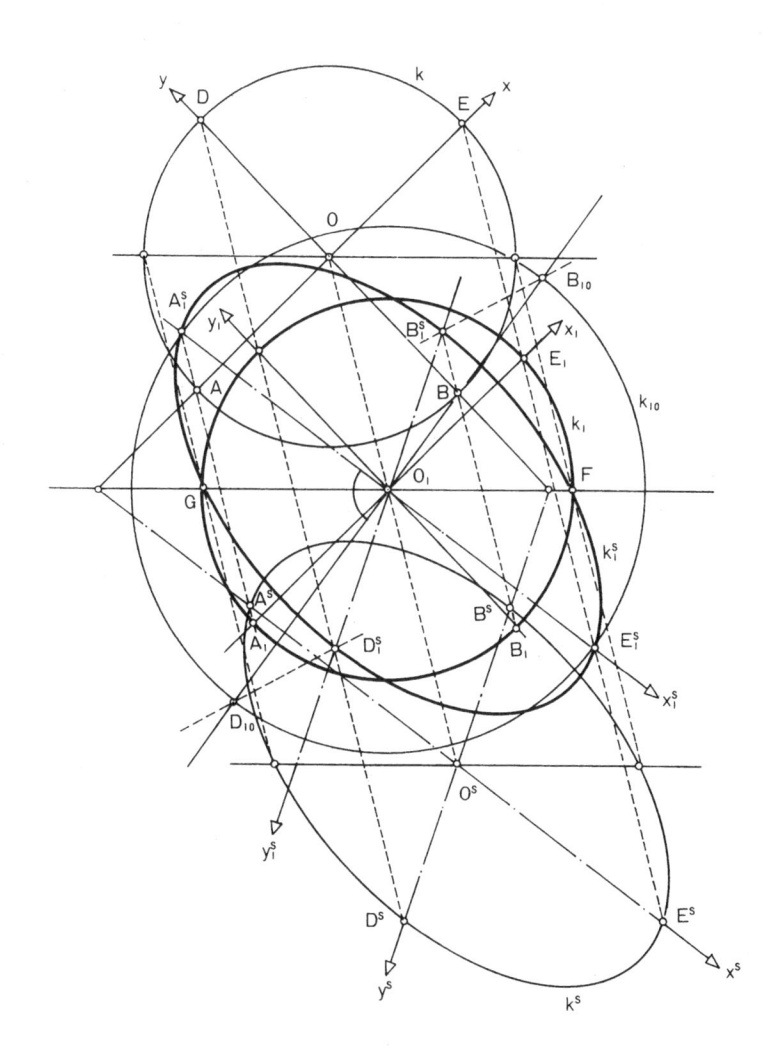

図3-30 b　回転した主軸面 *xy* とその投象図のホモロジー対応

図3-31は，上の方法を用いて xy 平面上に与えられた線分 PQ を一辺とする正三角形をつくり，$\overline{PQ}$ の高さの直正三角柱を作図したものである。目盛楕円 k^s の x^s 軸をアフィン軸とし，直径 $A^s E^s$ を同じくする円 k_0 をつくり，$A^s E^s$ に垂直な円の半径 $O^s D_0$ が楕円の半径 $O^s D^s$ に対応するアフィン対応(変換)Af $[x^s, //B^s B_0]$ を定義する。$Af(P^s Q^s) = P_0 Q_0$ なる $P_0 Q_0$ を求め，それを一辺とする正三角形($P_0 Q_0 R_0$)をつくる。そして逆に $Af(\triangle P_0 Q_0 R_0) = \triangle P^s Q^s R^s$ となる点 R^s を求める。こうして正三角形の斜投象図が得られた。

$\overline{PQ}$ の寸法を z^s 方向に変換するには目盛楕円 k^s を用いる。$P^s Q^s$ を平行移動して $O^s G^s$ をつくる。$\overline{OH} = \overline{OC}$ であるから，$\overline{OG} = \overline{OI}$ なる点 I^s が得られ，点 P^s, Q^s, R^s, の三点に高さ $\overline{O^s I^s}$ を z^s 方向に加えれば，直正三角柱の作図が完成する。

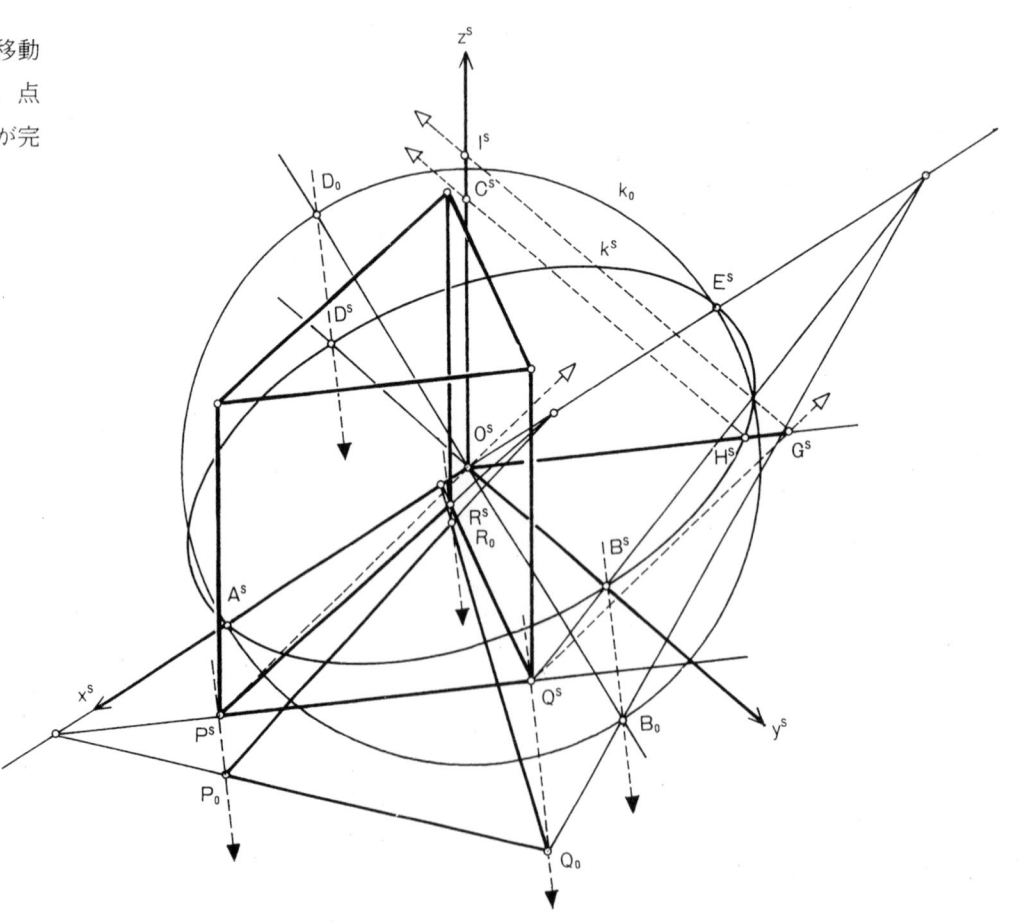

図3-31　xy 平面上の正三角形の作図

3-3-3 直角

図3-32のように与えられた直交等長三脚の斜投象図 $O^s(A^sB^sC^s)$ 系に直線 O^sD^s が与えられている。この直線 OD に垂直で xy 平面上の直線 OP の投象図 O^sP^s を，図形のアフィン的性質（特に直線上の単比と直線の平行関係）を手掛りに作図してみよう。

いま平面二脚 $O^s(A^sB^s)$ を共役二半径とする楕円 k^s を作図し，点 $R^s[O^sD^s \wedge k^s]$ とする。円 $k_0[O^s, \overline{O^sA^s}]$ を作り，円 k_0 上に $O^sA^s \perp O^sB_0$ なる点 B_0 をとる。平面配景的アフィン対応 $Af[A^sA_1^s, //B^sB_0]$ を定義すると，$Af(O^sR^s) = O^sR_0(R_0 \in k_0)$，また，$Af(r_0) = r^s$（ただし $r_0[R_0, \perp O^sR_0]$）であるから，$O^sP^s // r^s$ として O^sP^s の方向が得られる。

同じことは，図3-33 a に示される初等幾何的性質 $[\angle AOB = \angle R, \overline{OA} = \overline{OB}, \overline{AM} = \overline{MB}, \overline{AD} = \overline{BE}, OA // EF, \overline{EG} = \overline{FG}$ ならば $OD \perp OF]$ が，直線上の単比や直線の平行関係については平行投象において保存されることに注目すれば，軸測投象図においても作図可能である。図3-33 b にそれを示す。

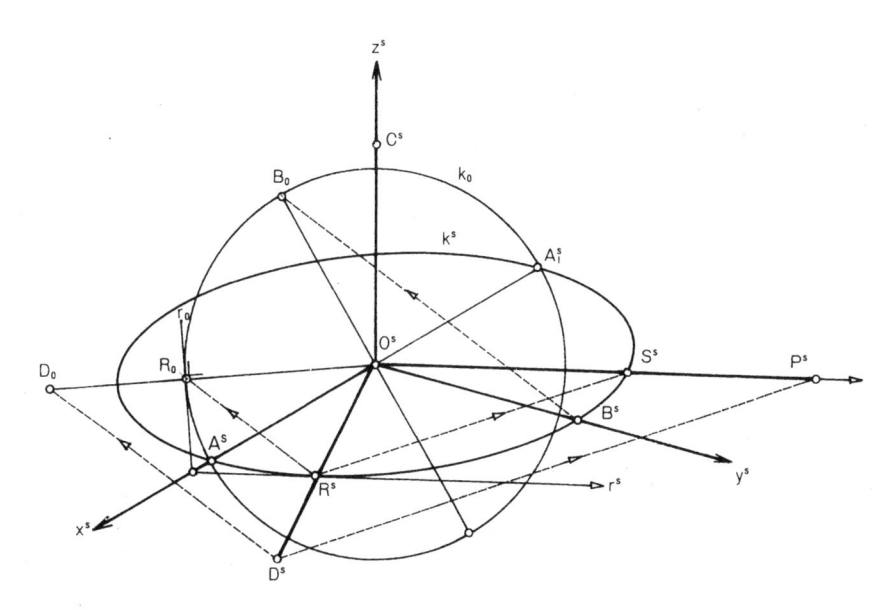

図3-32 直角の作図 (1)

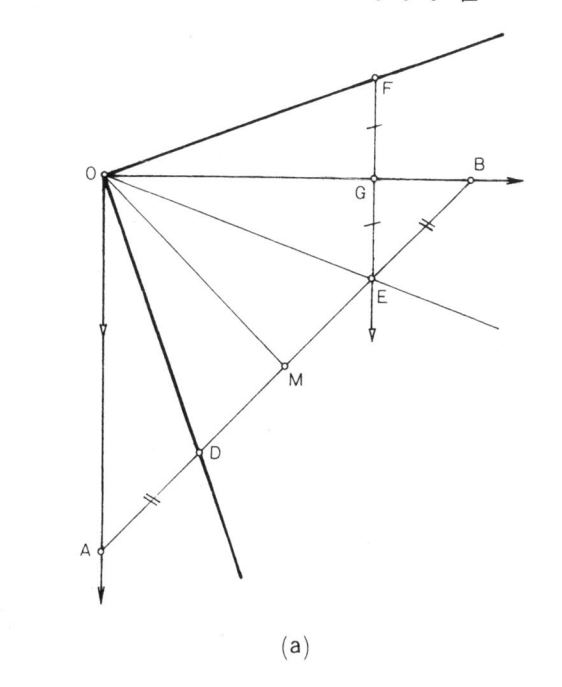

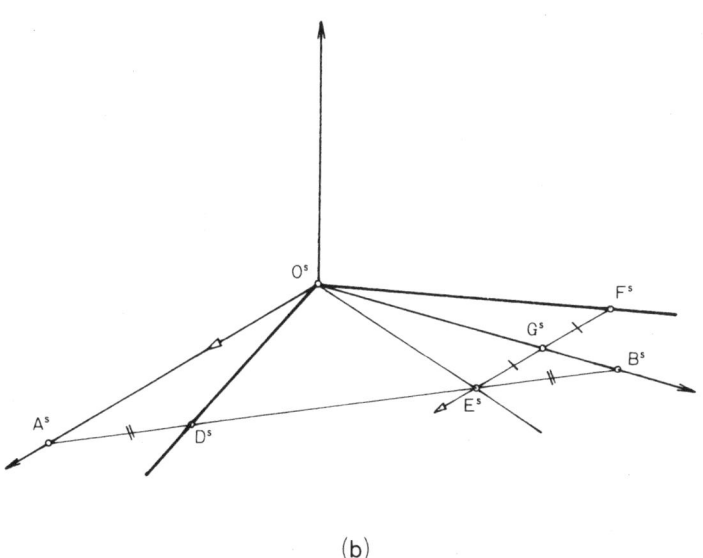

図3-33 直角の作図 (2)

72   3章 基本的作図法

3-3-4 垂　　線

　図3-34で与えられる $x^s y^s$ 平面上の直線 l^s [$L_x^s \vee L_y^s$] に原点 O^s から垂線を引いてみよう。図3-32同様直線 $O^s A^s$ をアフィン軸とし，円 k_0[$O^s, \overline{O^s A^s}$] 上の $O^s A^s \perp O^s B_0$ なる点 B_0 に点 B^s が対応する平面配景的アフィン対応 $\bm{Af}$ を考える。$\bm{Af}(L_y^s) = L_{y0}$ (ただし $B^s B_0 /\!/ L_y^s L_{y0}$) であるから，$\bm{Af}(l^s) = l_0$ (ただし l_0 [$L_x^s \vee L_{y0}$])。点 O^s から直線 l_0 に垂線を下ろしその足を H_0 とすると，$\bm{Af}(H_0)$ $= H^s$ [$\in l^s$] こうして直線 l への垂線 OH の投象図 $O^s H^s$ が引けた。

　同じことが図3-35 a に示される初等幾何学的性質 [OA=OB, AM=BM, DH$/\!/y$, L_xH$/\!/$AB として点 H (三角形 ODL_x の垂心) から，点 H_1[OH$\wedge l$, OH$_1 \perp l_0$] を得る。この作図の中で用いられた直線の平行関係は，平行投象図では保存されることより軸測投象図にも応用できる。図3-35 b のように垂線の足の投象図 H_1^s が作図される。

(a)

(b)

図3-34 直線への垂線の作図 (1)

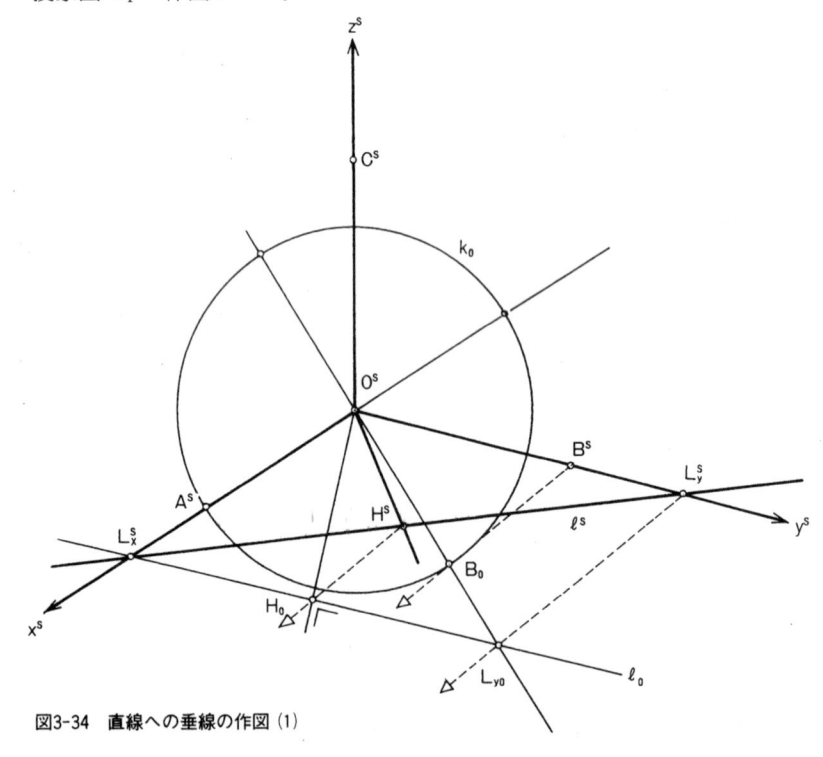

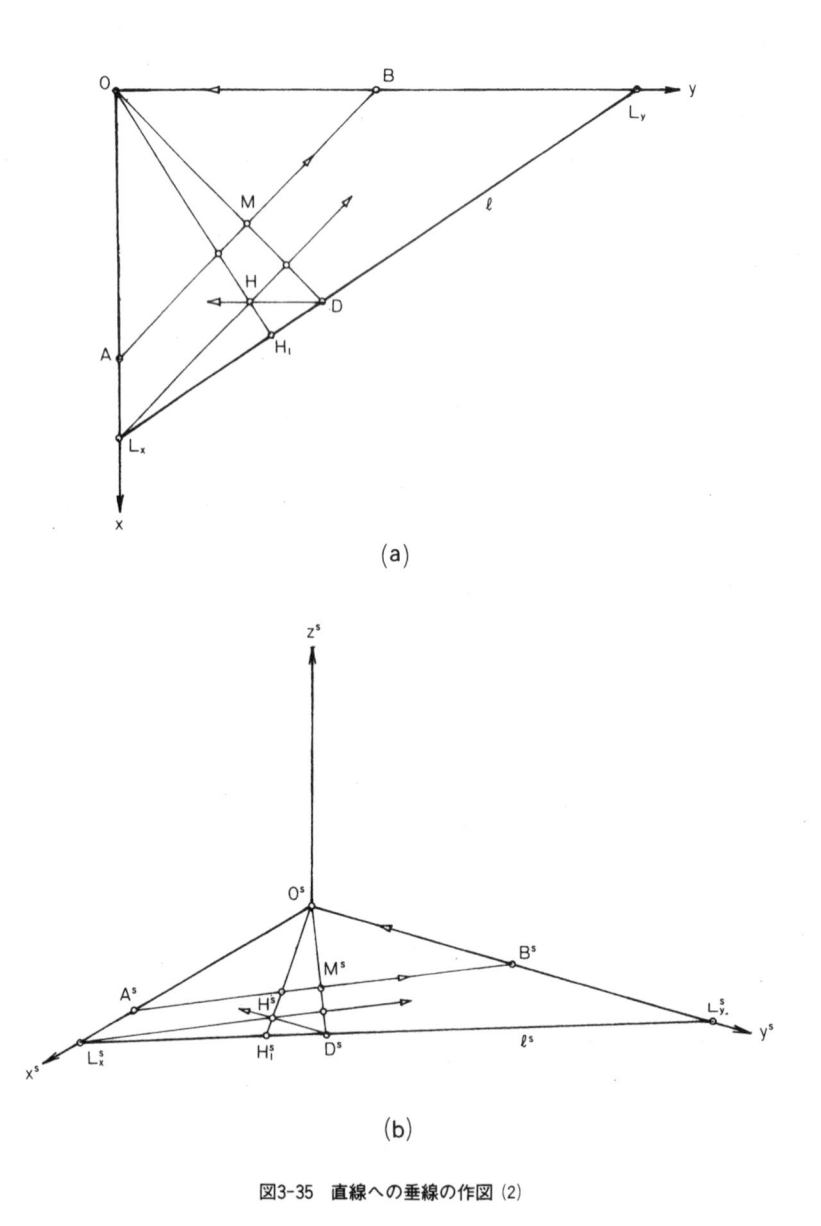

図3-35 直線への垂線の作図 (2)

3-3-5 応用作図

以上の基本的作図法を用いた応用例を数例示してみよう。

i) 平面への垂線 (図3-36 i)

平面 ε に原点 O から垂線を下ろすと，その足 H は跡線三角形の垂心である（2-2-1参照）。跡線三角形 ($E_x E_y E_z$) の二本の垂線を引くとその交点として垂心 H を与える。図3-34，3-35を参照して図3-36 i において，原点 O より跡線 XY に下した垂線 OH_1 を第1跡線とする第1投射平面 μ を作図する。直線 $E_z H_1 [μ∧ε]⊥e_1$ であるから，直線 $E_z H_1$ は三角形 ($E_x E_y E_z$) の垂線である。同様に点 O から e_3 へ垂線を下し，その足を H_3 とすると，直線 $E_x H_3$ が跡線三角形 ($E_x E_y E_z$) のもう一つの垂線である。跡三角形の垂心 $H=[E_z H_1 ∧ E_x H_3]$ であり，その投象図は点 H^s である。以下の応用例についても作図の方針のみ記すことにする。

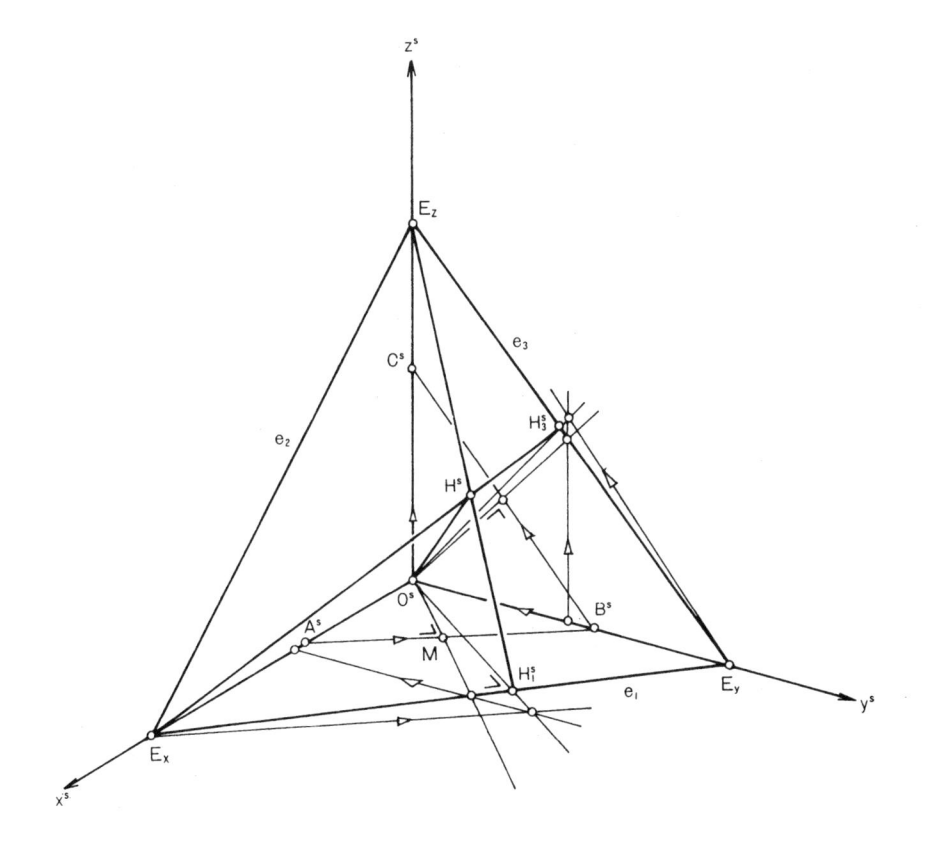

図3-36 i　平面への垂線

74　3章　基本的作図法

ⅱ) 正五角形の作図(1)(図3-36 ⅱ)

与平面 ε 上の線分を一辺とする正五角形を作図するためにⅱ) とⅲ) に分けて記すことにする。

　直交等長三脚の軸測図 $O^s(A^s B^s C^s)$ の与えられた軸測軸系において，与平面 ε 上の線分 PQ を，平面 ε の第1跡線 e_1 を回転軸として主軸面 xy 上に倒し $P^s Q_0$ を得る $(Af_1(PQ) = P^s Q_0)$[※1]。次に，$P^s Q_0$ を一辺とする正五角形 $P^s Q_0 RST$ をつくる。点 $D = [P^s Q_0 \wedge x^s]$，点 $E = [P^s Q_0 \wedge y^s]$ とし，線分 PQ_0 を一辺とする xy 平面上の正五角形の軸測投象図 $P^s Q_0^s R_0^s S_0^s T_0^s$ は，平面配景的アフィン対応 $Af_2[DE, //O^s O_0]$ から，$Af_2(\bigcirc P^s QRST) = \bigcirc P^s Q_0^s R_0^s S_0^s T_0^s$ として求めることができる[※2]。

[※1] 投象図上では，平面 ε 上の図形と回転位置の図形とは平面配景的アフィン対応する。アフィン軸は e_1 であるから，対応する一組の点を得れば，アフィン対応 Af_1 が定義できる。そこで，平面 ε の z 結点とその回転位置を目盛楕円を利用して求める。図3-36 ⅰ において，平面二脚 $O^s(A^s B^s)$ を共役軸とする目盛楕円をつくる。$O^s H_1^s$ 上の長さに変換した $\overline{E_z H_1^s}$ を点 H_1^s より取り点 E_{z0} を得れば，$Af_1[e_1, //E_z E_{z0}]$ が定義できる。目盛楕円を利用して $O^s H_1^s$ 上に $\overline{OE_z}$ を変換し，$\overline{O^s H_1^s}$ とで直角三角形を作図しその斜辺の長さをとり，点 H_1^s から $O^s H_1^s$ 上に移せば点 E_{z0} が得られる。従って，$Af_1(P^s Q^s) = P^s Q_0$ なる点 Q_0 が得られる。

[※2] 3-3-2 でみたように，アフィン軸 DE，三角形 $O^s DE$ と三角形 $O_0 DE$ の対応により定義されるアフィン対応 Af_2 において，三角形 $O_0 DE$ は実際の大きさを示すものではなく，それと相似形である。アフィン方向 $O^s O_0$ の求め方は，図3-28 のアフィン方向 $M_x^s M_{y0}$ と同様である。すなわち，$M = \overline{A^s B^s}/2$，$F[O^s M \wedge DE]$，$G[\in k, GK \perp DE]$ とすると，$\angle(AOM) = \Pi/4$ であるから，円周角 $(GO_0 D) =$ 円周角 $(GO_0 E) = \Pi/4$ なる点 O_0 が，$Af_2(O^s) = O_0$ として求められ，$Af_2[DE, //O^s O_0]$ が定義できる。

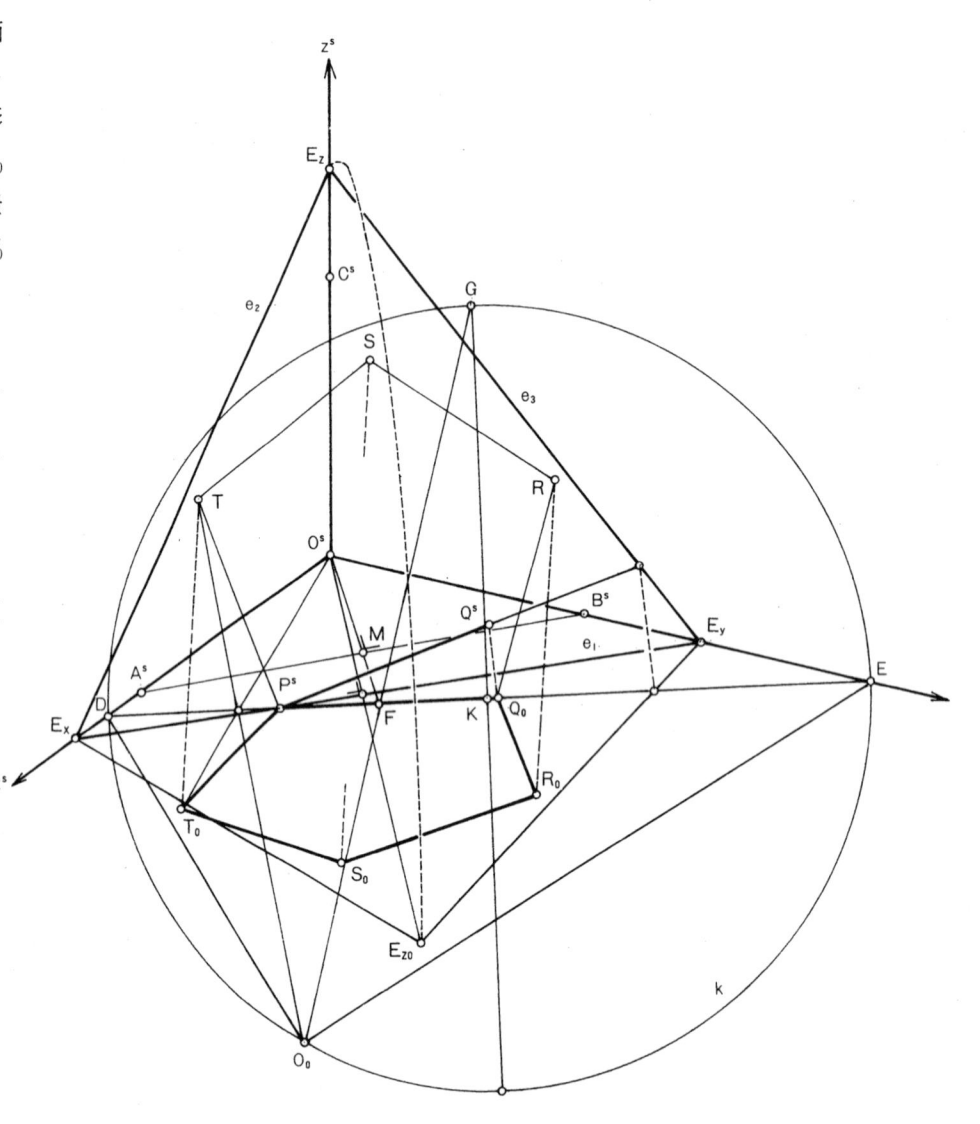

図3-36 ⅱ　正五角形の作図 (1)

ⅲ) 与平面 ε 上の正五角形の作図(2)(図3-36ⅲ)

ⅱ)で求めた xy 平面上の正五角形の軸測投象図($P^s Q_0^s R_0^s S_0^s T_0^s$)を,ⅱ)冒頭で定義したアフィン対応 Af_1 を逆に用いて,$Af_1(\triangle P^s Q_0^s R_0^s S_0^s T_0^s) = \triangle P^s Q^s R^s S^s T^s$ として求めることができる(ただし $Af_1[e_1, /\!/ E_z E_{z0}]$)。上記ⅱ),ⅲ)での平面の跡線を回転軸とする平面の主軸面への重ねあわせは,正投象におけるラバットメント(3-4-5参照)と同じ空間的事柄である。

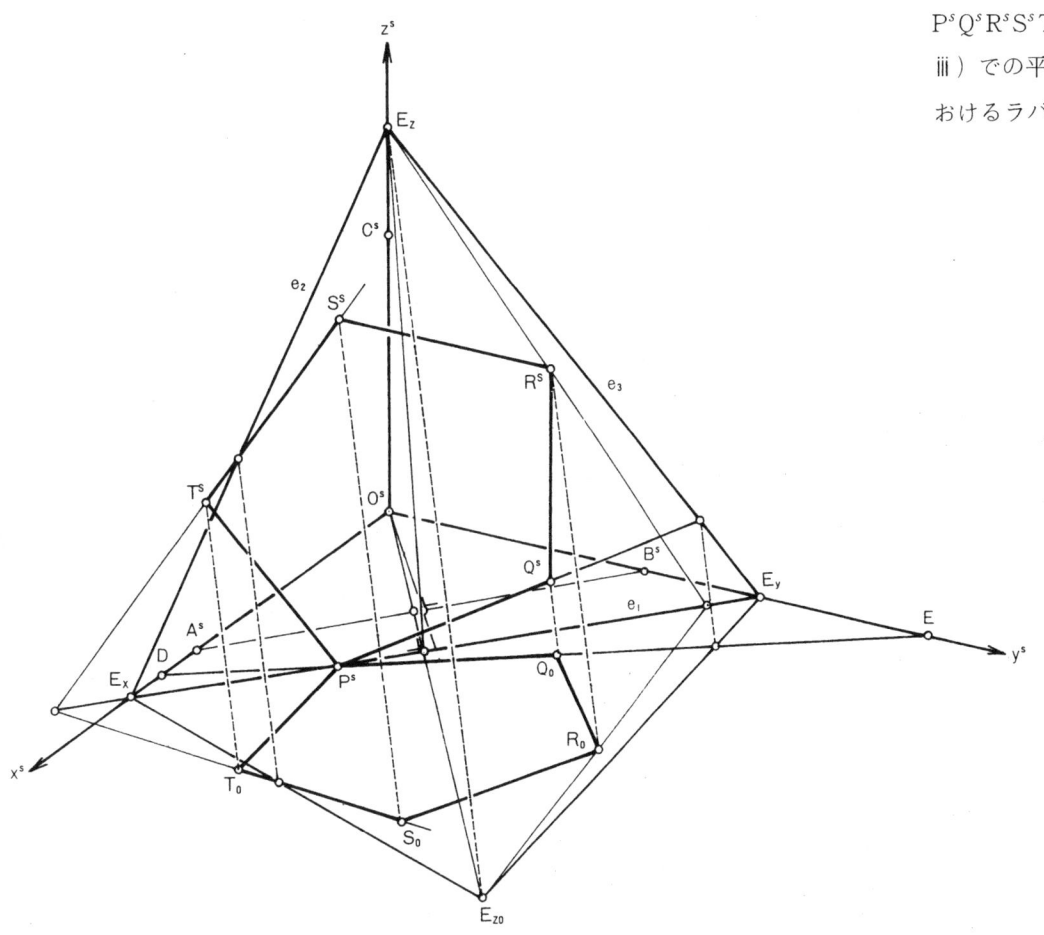

図3-36ⅲ 正五角形の作図 (2)

76　3章　基本的作図法

iv) 直線への垂線，点の回転の作図（図3-36 iv）

与点 P(P^s, P'^s) から与直線 l(l^s, l'^s) に垂線 PK を下ろし，点 P を直線 l のまわりに回転させ，その軸測投象図 k_p^s を作図してみよう（図3-36 iv はカヴァリエ透視図で作図してある）。

まず，直線 l を含む第1投射平面 μ を作り点 P より平面 μ へ垂線 PH を引くと点 H(H^s, H'^s)（点 H ∈ 平面 μ）を得る[*1]。

次に直線 l に平行で z 軸上の点 C を通る直線 l_0(l_0^s, $l_0'^s$) を作り，点 O より直線 l_0 に垂線 f^s を引くと[*2]，その垂線に対して，点 H(∈ μ) より直線 l(∈ μ) への垂線 HK は平行であるから，点 K が得られる。

点 P を直線 l のまわりに回転してできる円 k_p の投象図 k_p^s は楕円である。楕円 k_p^s はその共役二軸が分かれば作図できる（1-5 参照）。三角形（PHK）の斜辺 $\overline{PK}$ を直線 KH 上に移し点 Q を得，また同じく $\overline{PK}$ を直線 g [K, //PH] 上に移し点 R を得ると，二線分 $K^s Q^s$, $K^s R^s$ は楕円 k_p^s の二共役半径である（PH ⊥ KQ, PH // RK, ∴ KQ ⊥ RK）。こうして楕円 k_p^s を得る。

[*1] 直交等長三脚の軸測投象図 O^s($A^s B^s C^s$) が予め与えられている。点 O^s より直線 l^s に垂線を引けば，それは求めるべき直線 $P'^s H^s$ に平行である。垂線の作図 3-35 参照。

[*2] 点 A^s, B^s を通る目盛楕円 k^s とし，点 $D^s = [l_0^s \wedge k^s]$ とすると，O^s($C^s D^s$) は直交等長二脚 O(CD)[// μ] の投象図である。

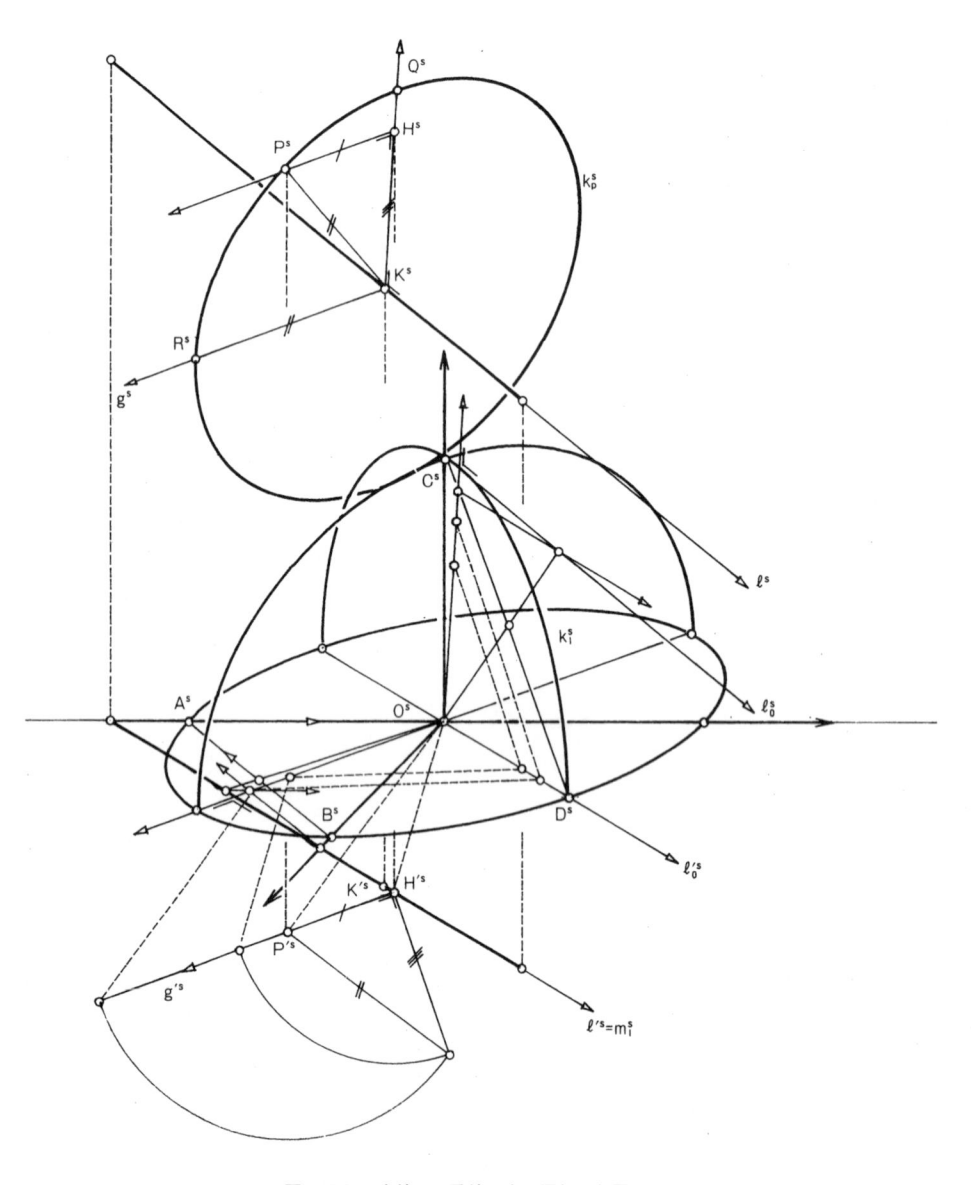

図3-36 iv　直線への垂線，点の回転の作図

ⅴ) 平面による球の切断の作図(図3-36ⅴ)

　与直交等長三脚 O(ABC) の点 O を中心とし，三点 A，B，C を通る球 Γ の投象図の作図は 2-1-4 に示した。いま与平面 ε によって球 Γ が切断されたとき，その断面の軸測投象図(カヴァリエ透視図)なる楕円 k_0^s を作図してみよう。

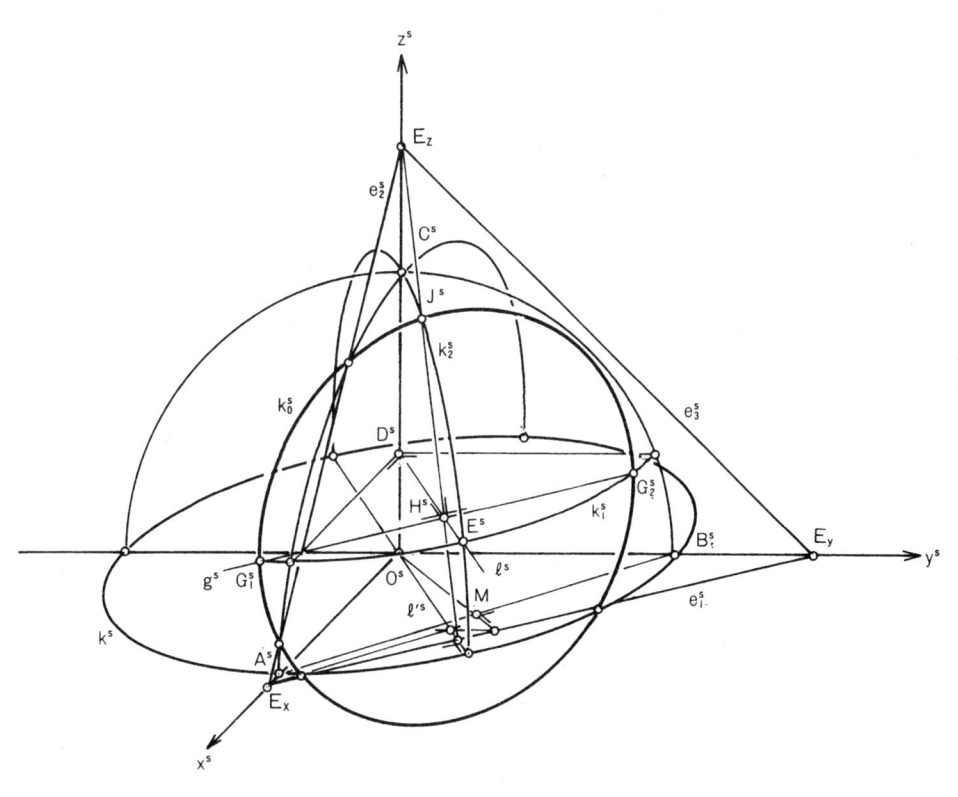

　前作図例でみたように，楕円 k_0^s は二共役半径から作図できる(1-5 参照)。楕円 k_0^s の中心 H^s は，跡線三角形 $(E_x E_y E_z)$ として与えられた平面 ε の垂心 H^s である(図3-36 ⅰ 参照)。点 H^s を通り，主軸面 xy に平行で，z 軸に点 D で交わる直線 l を作り，点 D を中心とし，主軸面 xy に平行な球 Γ の緯円 k_1^s を作る。先の直線 l と球の交点 E は，z 軸と点 H を含む第1投射平面による球 Γ の切断面なる楕円 k_2^s 上にある。いま直線 g [H，$\perp l$，$/\!/e_1$] を作り，二点 G_1，$G_2 = [g \wedge k_1]$ とすると，二点 G_1，G_2 は求める切断楕円 k_0^s 上にある。また，点 $J^s = [H^s E_z \wedge k_2^s]$ とすると，点 J^s も楕円 k_0^s 上の点であり，かつ $HJ \perp HG_1$ ($\because$ $G_1 G_2 /\!/ e_1$, $HE_z \perp e_1$) である。すなわち，二線分 $H^s J^s$，$H^s G_1^s$ は求める楕円 k_0^s の二共役半径である。よって楕円 k_0^s は作図できる(1-5 参照)。

図3-36 ⅴ　球の切断面の作図

3-4　正投象の量に係わる作図法

3-4-1　副　投　象

　空間図形の投象面 Π_1，Π_2 に対する位置によっては平面図や立面図から元の図形がわからない場合があり，また投象図から**構成的問題**を解くのに不都合な場合がある。そこで新しい第3，第4の投象面を導入し，これらを**副投象面**，その図を**副投象図**という。第3の投象面 Π_3 は基本的には二種類ある。一方は水平投象面 Π_1 に垂直な場合であり，他方は直立投象面 Π_2 に垂直な場合である。前者を**副直立投象面**(**第一投射平面**)，それへの直投象図を**副立面図**，後者を**副水平投象面**(**第二投射平面**)，それへの直投象図を**副平面図**という。前者ではこの副直立投象面と水平投象面 Π_1 とで新しく対となった直交投象面対をつくり(図**3-37**)，後者では副水平投象面と直立投象面 Π_2 とで直交投象面対をつくる(図**3-38**)。新たに対となった直交投象面の交線を**副基線**(前者を x_{13}，後者を x_{23} で表わす)といい，副立面図 P‴ と平面図 P′，立面図 P″ と副平面図 P‴ とを結ぶ配列線は副基線に対して垂直である。そしてこの副基線を回転軸として副投象面と対になっている投象面上に倒して表示する。回転の方向はその都度決めてそれを矢印で示す。そして副立面図では(図**3-37 a**)

$$\overline{PP'}=\overline{P''P_{12}}=\overline{P'''P_{13}}=z \tag{3.1}$$

副平面図では(図**3-38 a**)

$$\overline{PP''}=\overline{P'P_{12}}=\overline{P'''P_{23}}=y \tag{3.2}$$

ただし，P_{12}，P_{13}，P_{23} は対応線と基線 x_{12}，副基線 x_{13}，x_{23} との交点をさす。

　第4の投象面 Π_4 は副投象面 Π_3 に垂直な平面で，副投象面 Π_3 と Π_4 とで新しい直交投象面対を構成する。副投象面 Π_3 は副直立投象面と副水平投象面とがあるので，副投象面 Π_4 も二種類あり，前者と対となるのを副水平投象面 Π_4 といい(図**3-39**)，後者と対となるのを副直立投象面という。副水平投象面 Π_4 上の副平面図 P^{iv} の場合では(図**3-39 a**)。

図3-37　副直立投象面，副立面図

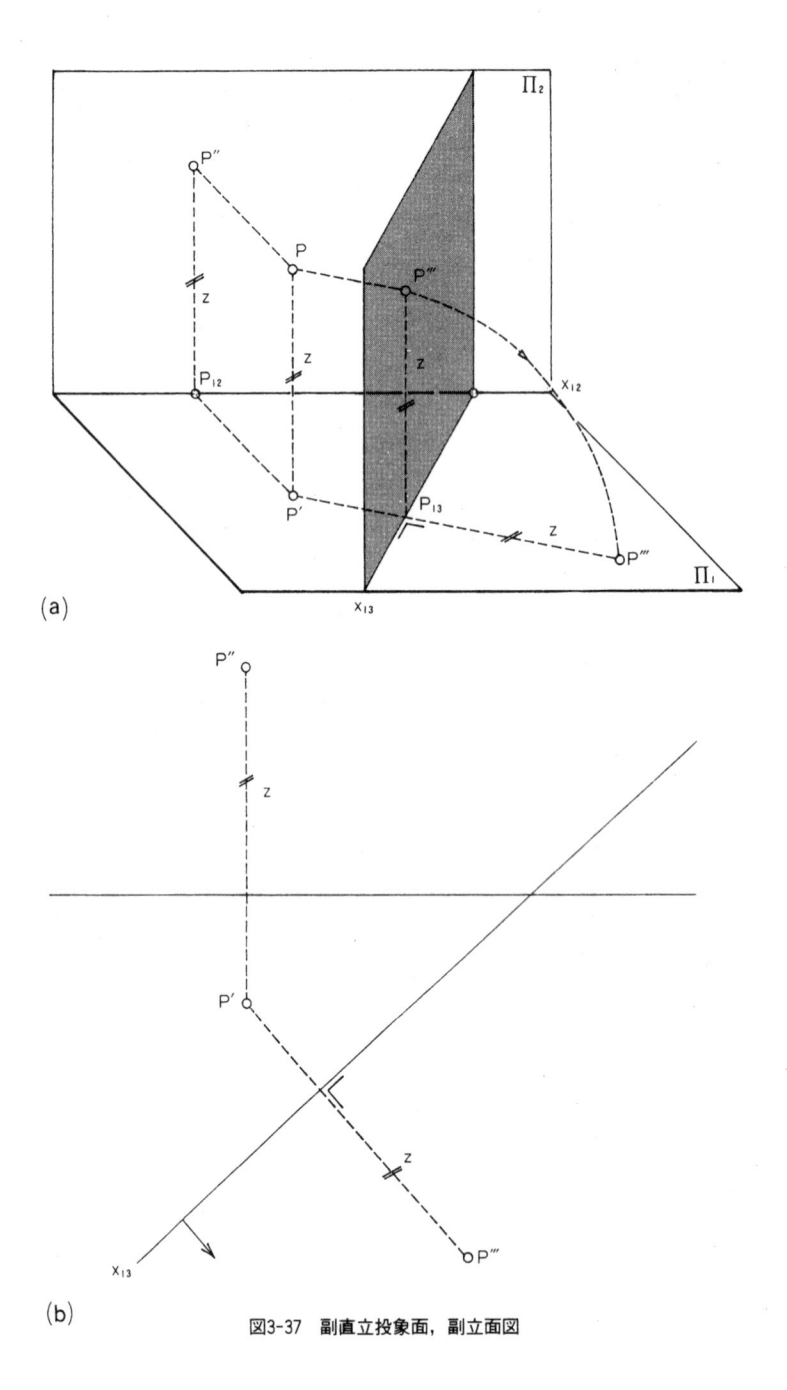

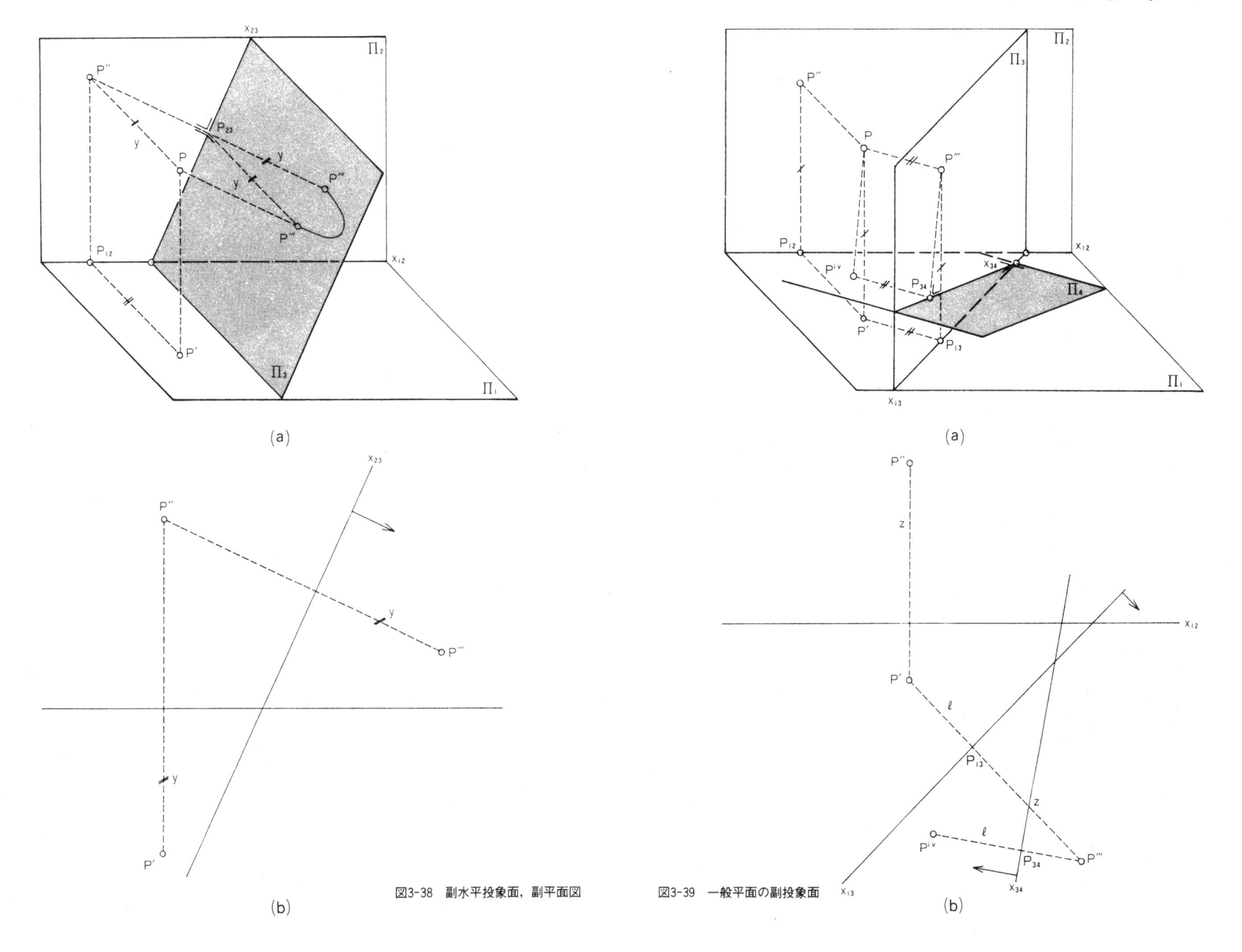

3-4-1 副投象　79

(a)

(a)

(b)

(b)

図3-38　副水平投象面，副平面図　　図3-39　一般平面の副投象面

$$\overline{PP'}=\overline{P''P_{12}}=\overline{P'''P_{13}}=z$$
$$\overline{PP'''}=\overline{P'P_{13}}=\overline{P_{34}P^{IV}}=l \qquad (3.3)$$

　副投象を使って直線の**実長**と**傾角**という量の問題を解いてみる。すでに2-3の直線の表示の項で述べたように，第1主線であれば平面図が，第2主線であれば立面図が実長および傾角を示すが，異なる二点A，Bを結ぶ一般の直線lを取り上げる（図**3-40**）。直線lに平行な副直立投象面Π_3を導入するが，作図を簡潔にするために，直線lを含む位置にとる。すなわち，$l'=x_{13}$とすれば，$\overline{A'''B'''}=l'''=AB=l$である。

　直線lと平面εのなす角度を傾角というが，それは平面$\tau\,[l,\perp\varepsilon]$と平面$\varepsilon$の交線$g$を考え，二直線$l$，$g$の夾角$\theta$をいう。平面$\varepsilon$が水平投象面$\Pi_1$であれば水平傾角，直立投象面$\Pi_2$であれば直立傾角という。それぞれ二直線$l$，$l'$の夾角，二直線$l$，$l''$の夾角に該当する。図**3-40**では水平傾角が示されているが，直線lに平行な副水平投象面Π_3上で直立傾角が示される。

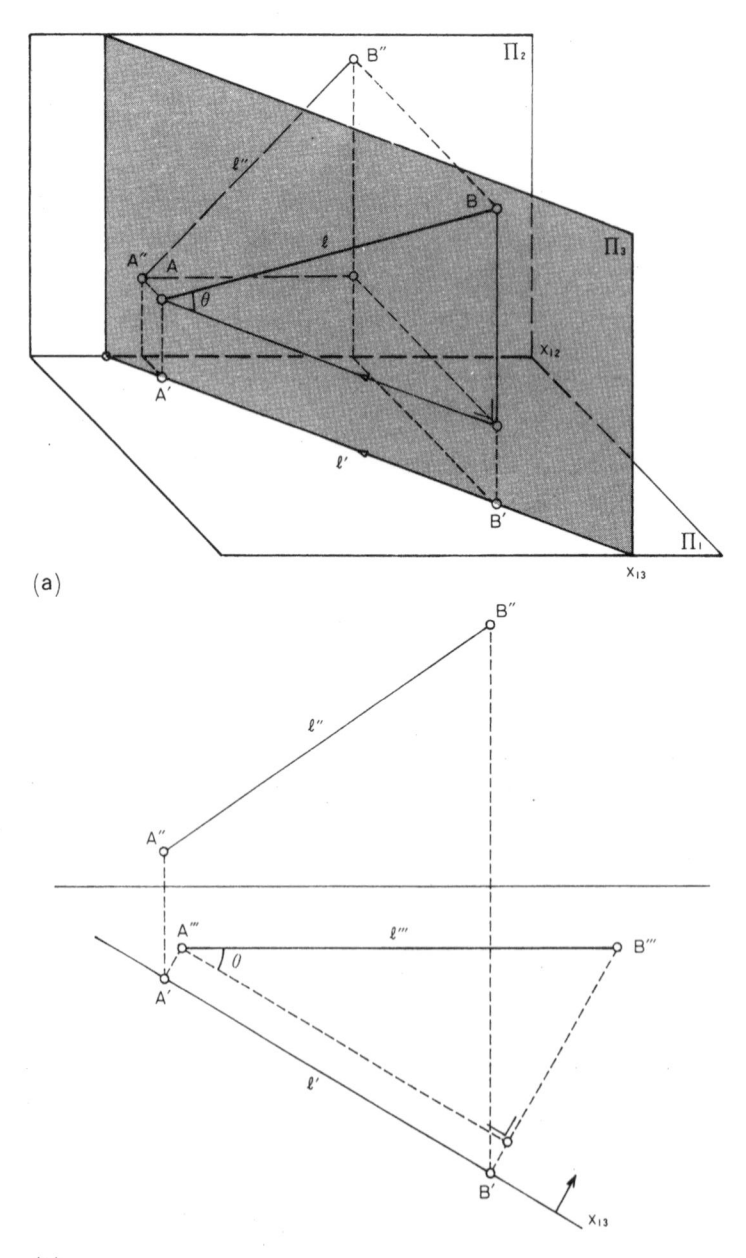

図3-40 副投象法による直線の実長と傾角

3-4-2 平面の副跡線

平面 ε と副投象面との交線を**副跡線**という．副直立投象面との交線を**副直立跡線**，副水平投象面との交線を**副水平跡線**という．副直立跡線 e_3 にのみ言及する（図**3-41**）．副直立跡線 $e_3 = [\mathrm{VH}]$，ただし，$\mathrm{H} = [x_{13} \wedge e_1]$，$\mathrm{V}' = [x_{13} \wedge x_{12}]$．したがって，矢印方向に回転して表示すると，$e_3 = [\mathrm{V}'''\mathrm{H}]$，ただし $\overline{\mathrm{VV}'} = \overline{\mathrm{V}'\mathrm{V}'''}$，$x_{13} \perp \overline{\mathrm{V}'\mathrm{V}'''}$．

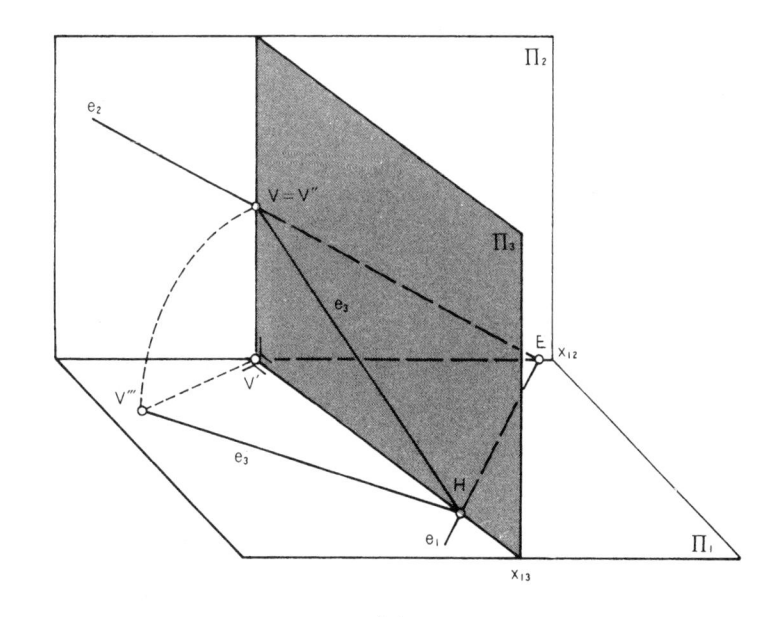

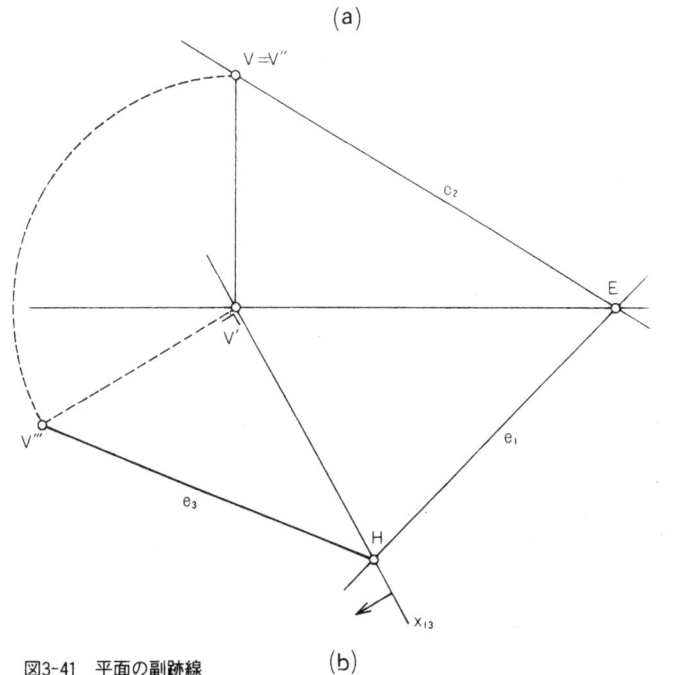

図3-41 平面の副跡線

つぎに，平面と投象面のなす角度の作図をしてみよう．平面 ε が水平投象面 Π_1 となす角(平面 ε の水平傾角)(図3-42)は，平面 ε に垂直な副直立投象面 Π_3 と平面 ε との交線，すなわち副直立跡線 e_3 が，副基線 x_{13} となす角である．$\Pi_3 \perp \Pi_1$ であるから $e_3 \perp e_1$，$x_{13} \perp e_1$ である．$\theta = \angle \mathrm{VHV}' = \mathrm{V}'''\mathrm{HV}'$ を得る．

つぎに，直線 g と平面 ε との交点 S の作図法として副跡線を用いる場合を考える(図3-43，なお図3-21と比較せよ)．平面 ε に垂直な副直立投象面 Π_3 を図3-42と同様に選ぶと，副基線 x_{13} は水平跡線 e_1 に直交し，平面 ε の副直立跡線 e_3 は平面 ε の水平跡垂線である．副基線 x_{13} に関して平面図 g' と副立面図 g'''，水平跡線 e_1 と副直立跡線 e_3 の関係から，交点の副立面図 $S''' = [e_3 \wedge g''']$ として求められる．

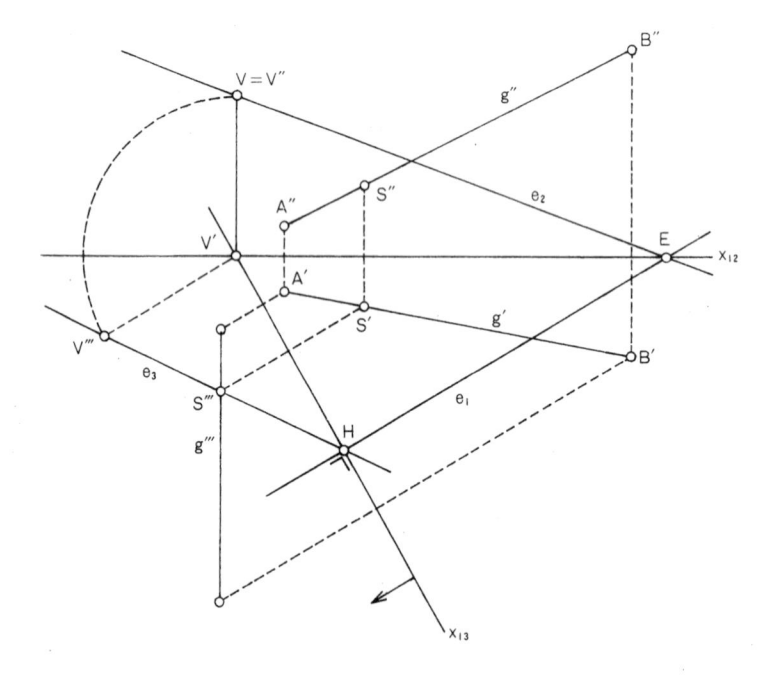

図3-42 平面の傾角

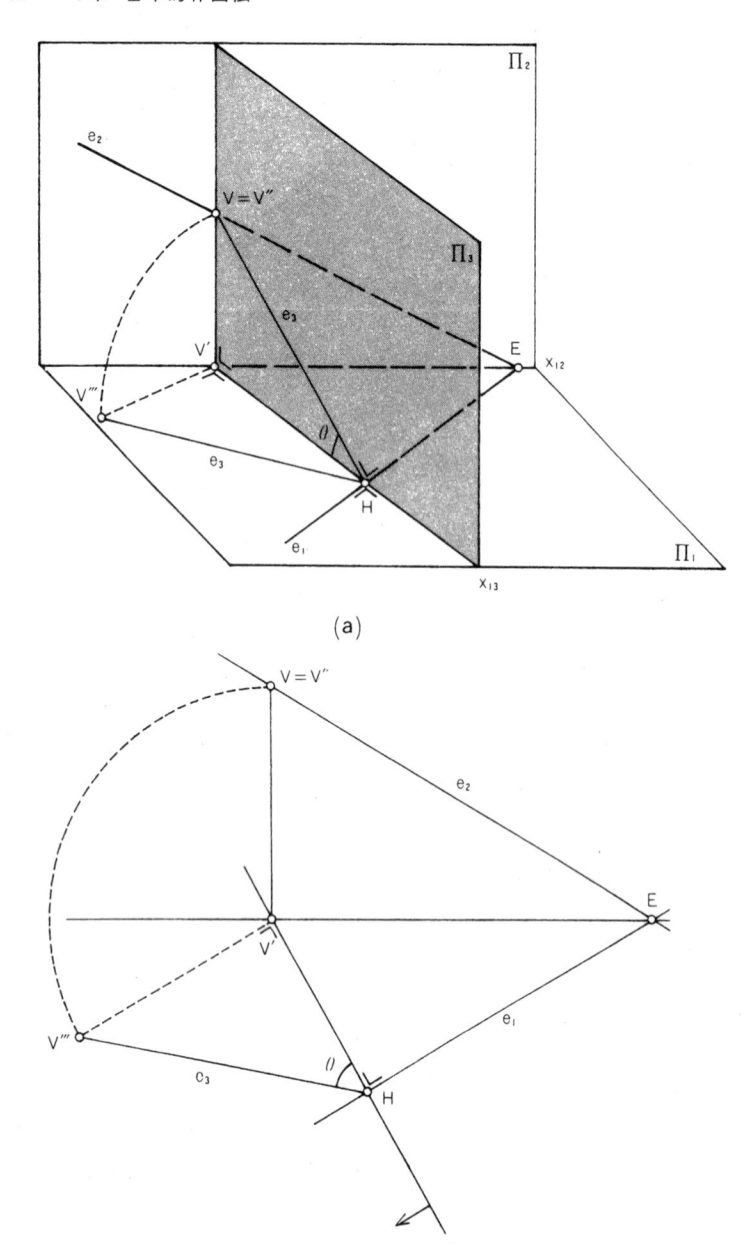

図3-43 副投象法による直線と平面の交点作図

3-4-3　モンジュの回転法

　回転法とは一般に回転によって構成的問題を解決しようとするものである。**モンジュの回転法**とは，直線 l [AB] の実長および傾角の作図法としてモンジュが用いた方法で，点 A ないし点 B の投射線を回転軸にして投象面に平行な位置にまで直線 l を回転する方法で，この投射線が第 1 投射線であれば直立投象面 Π_2 が，第 2 投射線であれば水平投象面 Π_1 がその投象面となる。第 1 投射線が回転軸となる場合をみてみる(図**3-44**)。その際，直線 AB を含む第 1 投射平面，具体的には三角形(ABC)を取り上げて，それが回転するとみた方がわかりやすいので，その方法で図示する。

　　円 k (C, $\overline{BC}$) ＝円 k' [C', $\overline{B'C'}$]

　　$B'_0 = k' \wedge l'_0$ [A', $// x_{12}$]

また円 k は水平投象面 Π_1 に平行であるので，円 k'' は直線で，基線 x_{12} に平行。従って，$B''_0 = p_{12}(B'_0) \wedge k''$ [B'', $// x_{12}$] で，直線 AB の実長は，$\overline{A''B''_0}$，水平傾角は $\angle A''B''_0C''$ で示される。

　　$\angle A''B''_0C'' = \theta$ (水平傾角)，$\overline{A''B''_0} = l$ (実長)

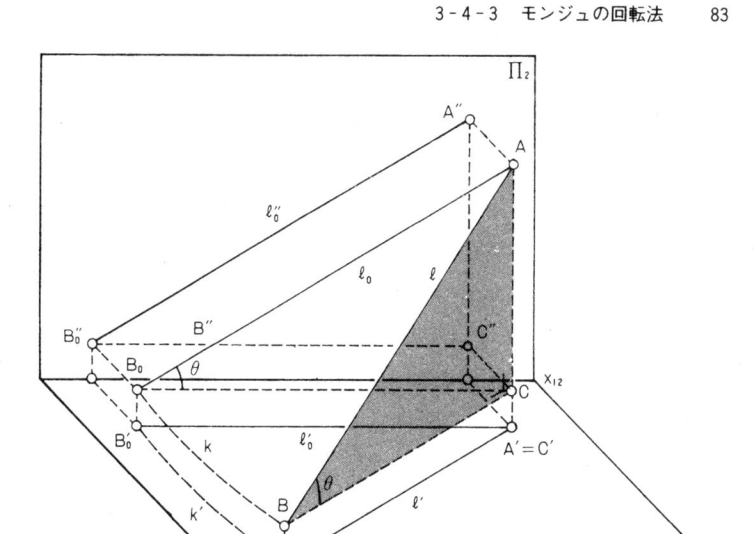

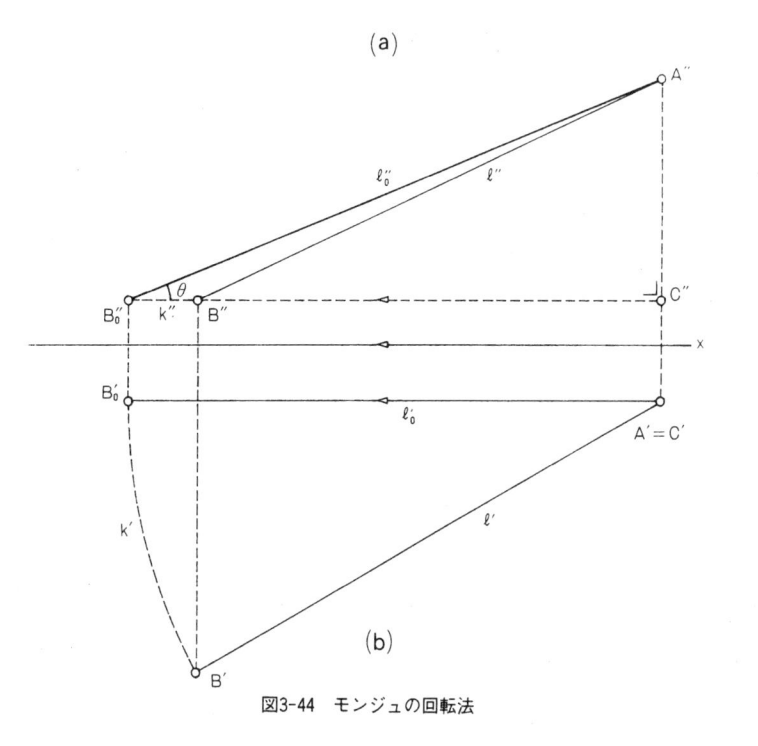

(a)

(b)

図3-44　モンジュの回転法

また，図3-42で求めた平面の水平傾角は，モンジュの回転法によっても求められる(図3-45 a)。平面 ε に垂直な任意なる副直立投象面 Π_3 を，VV' を回転軸にして回転し Π_2 に重ねる。$\angle VH_0V' = \theta_H$(水平傾角)である。ただし点 H_0 = [円 k [V', $\overline{V'H}$] $\wedge x_{12}$]

同様にして(図3-45 b)，平面 ε の直立傾角 $\theta_V = \angle HV_0H''$ を得る。ただし，点 V_0 = [円 k [H'', $\overline{VH''}$] $\wedge x_{12}$]

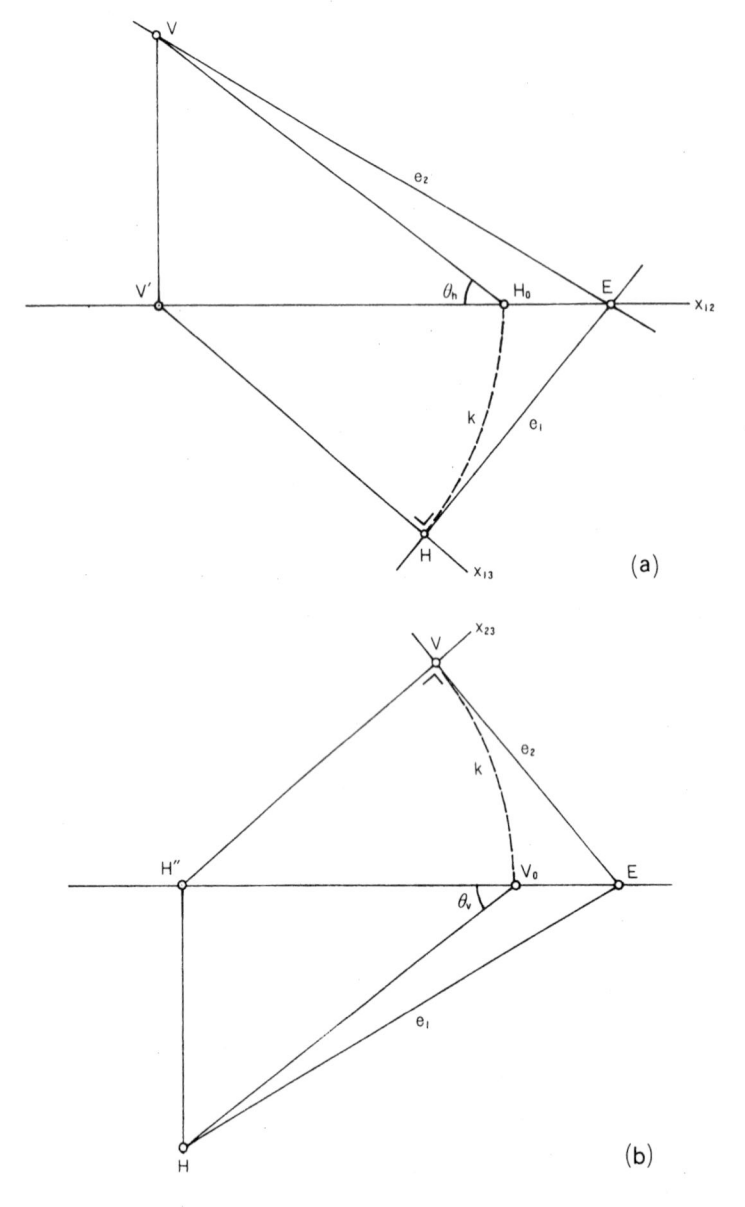

図3-45 平面の傾角(モンジュの回転法による)

3-4-4　一般的回転法(1)──副投象を併用する法

モンジュの回転法は投射平面を回転するとも考えられるが，一般の位置にある平面を回転によって投象面に平行な位置にまで移動することで平面上にある図形の量の問題，例えば，二直線の夾角とか図形の実形とかが求めうる。副投象を併用する方法と平面の性質を使って直接求める方法がある。まず，副投象を併用する方法で，二直線 a, b の夾角 θ を求めてみよう(図**3-46**)。

直線 a, b に交わって，水平投象面 Π_1 に平行な直線 g [AB] を回転軸にして三角形(ABP)を水平投象面 Π_1 に平行な位置にまで回転する。

△(ABP$_0$)≡△(A′B′P$_0'$)，従って，

夾角 θ = ∠APB = ∠A′P$_0'$B′ として求められる。

そこで，直線 a 上に一点 A をとる。直線 g の立面図 g'' [A″, $//x_{12}$] から点 B が定まる。すなわち B″[$g''\wedge b''$]である。つぎに副基線 x_{13}[P′, ⊥g']をとる。副直立投象面 Π_3 は直線 g に垂直である。従って三角形(ABP)の副立面図(A‴B‴P‴)は直線[A‴∨P‴](ただし A‴=B‴)となる。三角形(ABP)を投象面 Π_1 に平行にするとは，直線[A‴P‴]を副基線 x_{13} に平行にすることであり，点 A‴ を中心とする回転によって点 P‴ は点 P$_0'''$ にくる。もちろん $\overline{A'''P'''}=\overline{A'''P_0'''}$, P$_0'$=[$x_{13}\wedge p_{13}$(P$_0'''$)]，∠A′P$_0'$B′ が求める夾角 θ である。

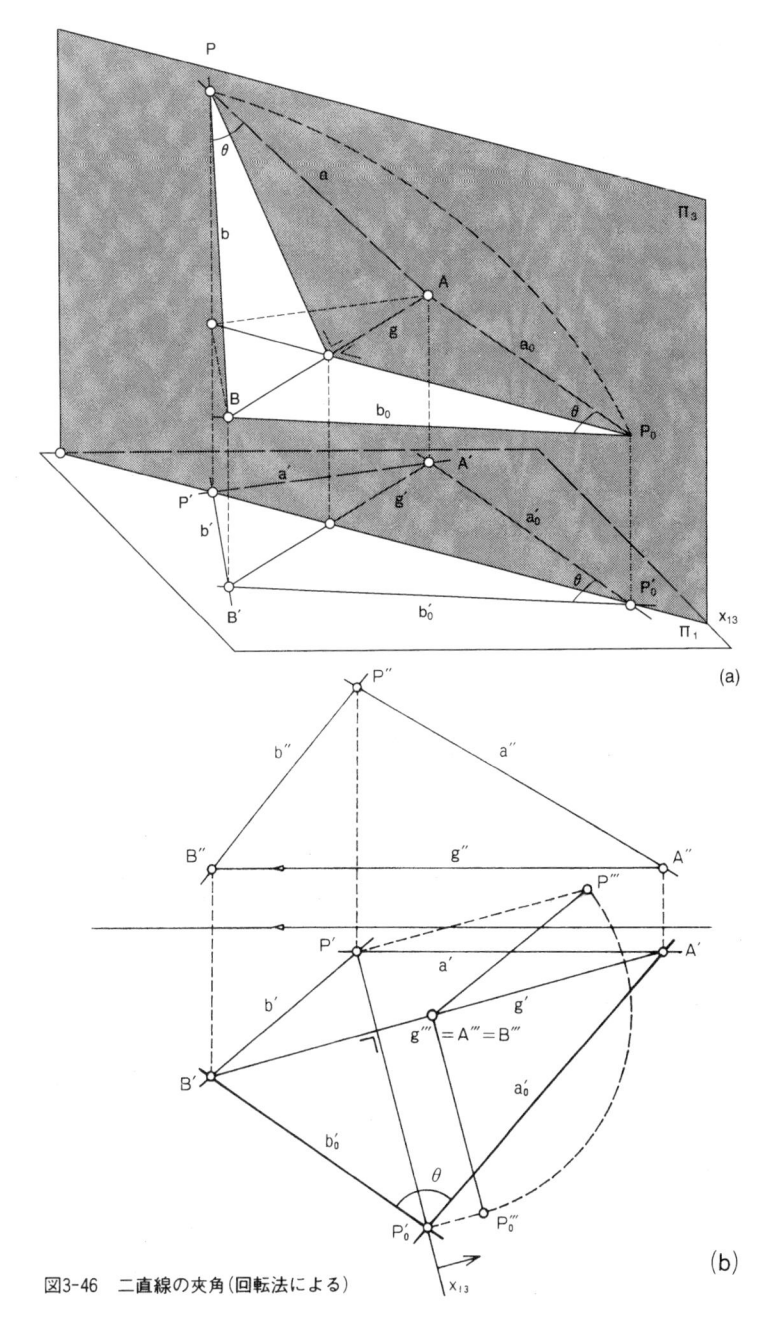

図3-46　二直線の夾角(回転法による)

86   3章　基本的作図法

つぎに二平面 ε, μ のなす角(**二面角** θ)を求めてみよう(図3-47)。二面角 θ は二平面の交線 $g(g', g'')$ に垂直な任意な平面 ν で両平面を切断したとき、交線 g 上の点 O で交わる二交線 $s_e [\varepsilon \wedge \nu]$, $s_m [\mu \wedge \nu]$ のなす角である。平面 ν の水平跡線 n_1、と s_e, s_m でできる三角形(OPQ)(O$\in g$, P$\in m_1$, Q$\in e_1$, n_1 = [P$\vee$Q])を直線 PQ($=n_1$)を軸として回転し投象面 Π_1 に重ね、三角形(O_0PQ)を得て、$\angle$PO_0Q なる二面角 θ を得る。

作図の順序は、任意に PQ$=n_1$(P$\in m_1$, Q$\in e_1$, PQ$\perp g'$)を決め、直線 g($\varepsilon \wedge \mu$)を含む副直立投象面 Π_3 を立て、$g'=x_{13}$ を回転軸にして Π_1 上に直線 g の副立面図 g''' と共に重ねる。点 K$=$[PQ$\wedge g'$]とすると、直線[K, $\perp g'''$]が平面 ν の副跡線 n_3 であり、点 O''' (点 O[$g \wedge \nu$]の副立面図)$=$[$n_3 \wedge g'''$]だから、点 O[$\in g$]の平面図 O'[$\in g'$]が定まる。三角形(OPQ)の Π_1 上への回転は副立面図において点 O''' が点 K を中心として $O_0 =$ [円 k(K, $\overline{\text{KO}'''}$)$\wedge g'$]まで回転して点 O_0[$\in g'$]が定まる。二平面の夾角 θ は $\angle$PO_0Q として作図できた。

(a)

(b)

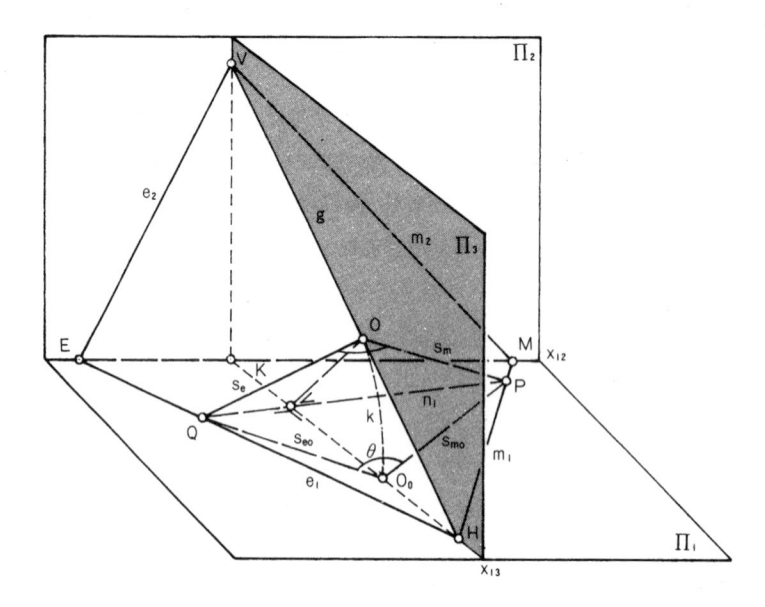

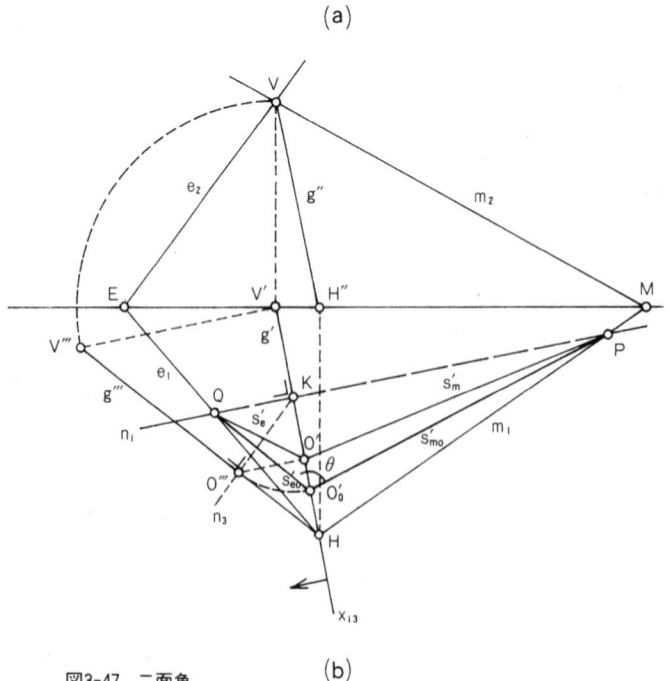

図3-47　二面角

3-4-5 一般的回転法(2)——ラバットメント

3-4-4で述べた副投象法併用の回転方法に対して平面の性質を使って直接求める方法とは，水平跡線 e_1 を回転軸にして平面 ε を水平投象面 Π_1 上に回転して重ね平面 ε 上の平面図形の問題を解決する方法で，これを**ラバットメント**という*。この方法では平面 ε 上の点 P のラバットメント P_0 を求めることが基本的であるので，その作図法をみてみよう（図3-48）。

点 P はその水平跡垂直線 f を半径として水平投象面 Π_1 上に回転するので（図3-48aにのみ f を示す，f については 2-3-3 参照），点 P_0 は $f_0[P', \perp e_1]$ 上で点 $R[f_0 \wedge e_1]$ より距離 $r = \overline{PR}$ にある。ラバットメントは距離 r を直接求める代わりに平面 ε 上の直線に着目して求める。

ⅰ) 水平跡平行線 h_1 で求める：h_1 の直立跡点 $A[\in e_2]$ は水平跡線 e_1 を回転軸にしてラバットされると点 A_0 にくるが，そのとき

$$\triangle(ACE) \equiv \triangle(A_0CE) \text{（ただし } C \in e_1, \ AC \perp e_1, \ A'C \perp e_1 \text{）}$$

従って，正投象図上で点 A_0 は直線 $A'C[\perp e_1]$ と円 $k_0[E, \overline{AE}]$ の交点として求められる。直線 h_{10}（h_1 の回転位置）は h_1', h_1, e_1 にそれぞれ平行である。従って，点 $P_0 = [h_{10} \wedge P'R]$。

ⅱ) 直立跡平行線 h_2 で求める：点 A は直立跡線 e_2 上にあるので，そのラバットメントである点 A_0 を含む直線 EA_0 は直立跡線 e_2 のラバットメント e_{20} である。従って，$h_{20} // e_{20}$，そこで点 $P_0 = [h_{20} \wedge P'R]$。

ⅲ) 一般直線 g で求める：直線 g の水平跡点 G_1 は回転軸 e_1 上にあるので，点 $G_1 = G_{10}$。直立跡点 G_2 のラバットメント G_{20} は，先の点 A_0 と同様な方法で求められる。従って，直線 $g_0[G_{20}G_1]$。そこで点 $P_0 = [g_0 \wedge P'R]$。

---

* 軸測投象によるラバットメントの作図は，**3-3-5** 応用例ⅰ)～ⅲ)参照

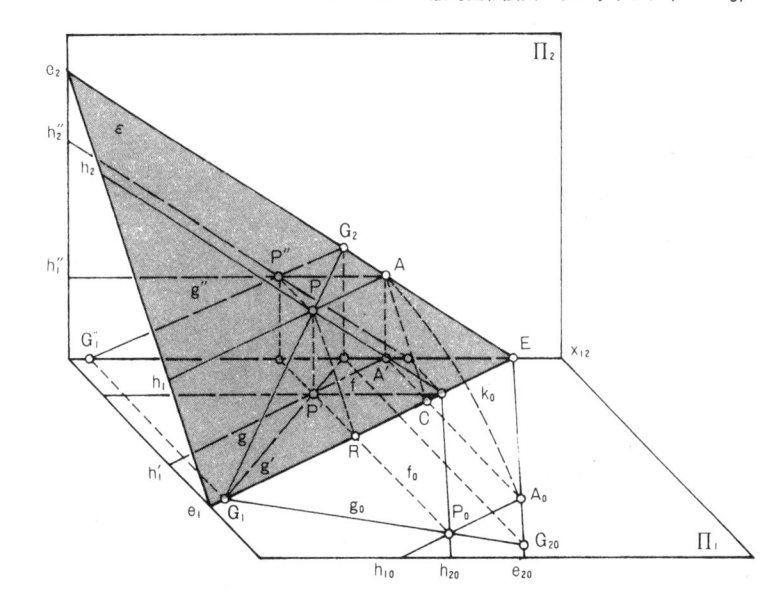

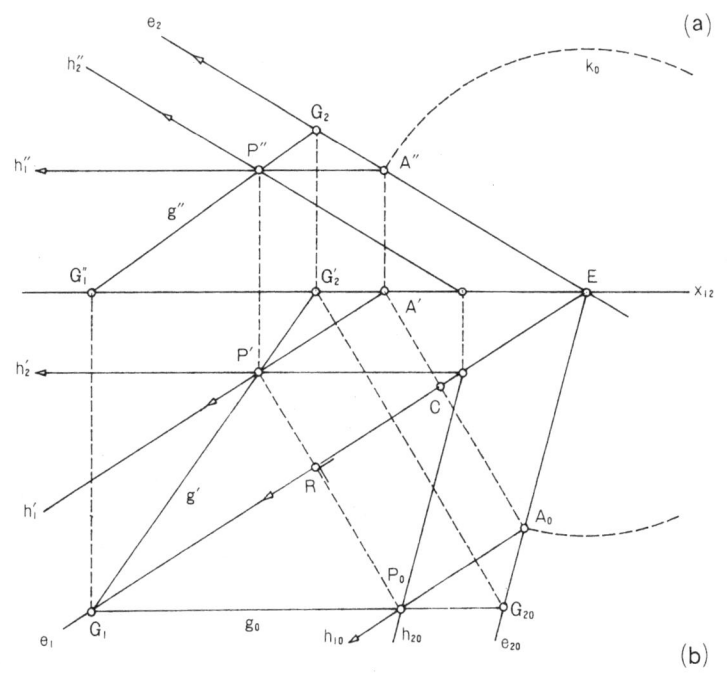

図3-48 ラバットメント

88   3章　基本的作図法

では平面 ε 上の円 $k(O, r)$ をラバットメントで求めてみよう（図3-49 a, b）。円の中心 O が与えられており，水平跡平行線 h_1 をラバットし点 O_0 を求める。そして水平投象面 Π_1 上で円 $k_0(O_0, r)$ をつくる。直線 $C_0D_0\,[k_0 \wedge h_{10}]$ の逆ラバットメント C′D′ は楕円 k' の長軸である。そこで点 A_0 より点 A′, A″ を求めることのみ取り上げる。まず直線 $l_0\,[A_0, //e_1]$ と直線 e_{20} の交点 V_0 を求める。つぎに点 V′ = $[x_{12} \wedge p_0]$，ただし $p_0\,[V_0, \perp e_1]$。また点 V″ = $[p_{12}(V') \wedge e_2]$。従って，$l' = [V', //e_1]$, $l'' = [V'', //x_{12}]$。点 A′ = $[l' \wedge A_0O_0]$，点 A″ = $[l'' \wedge p_{12}(A')]$ となる。

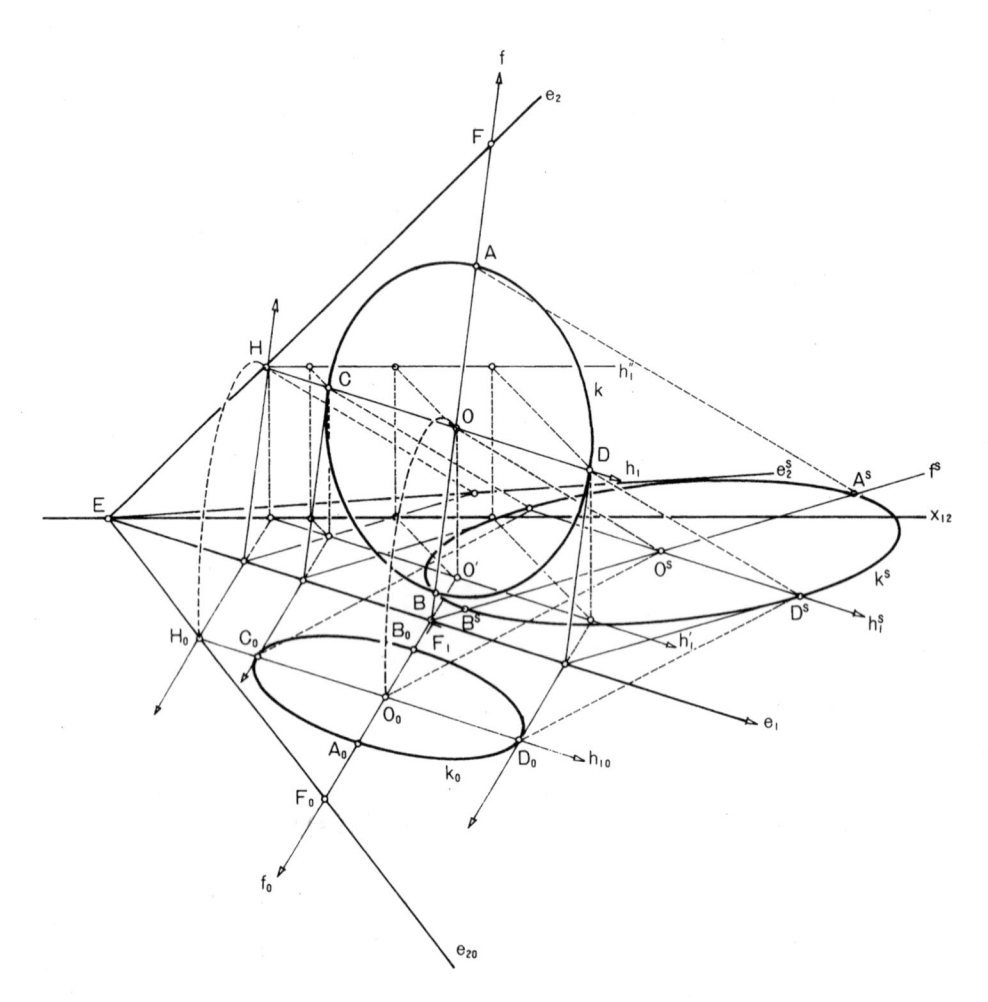

図3-49 a　円のラバットメント

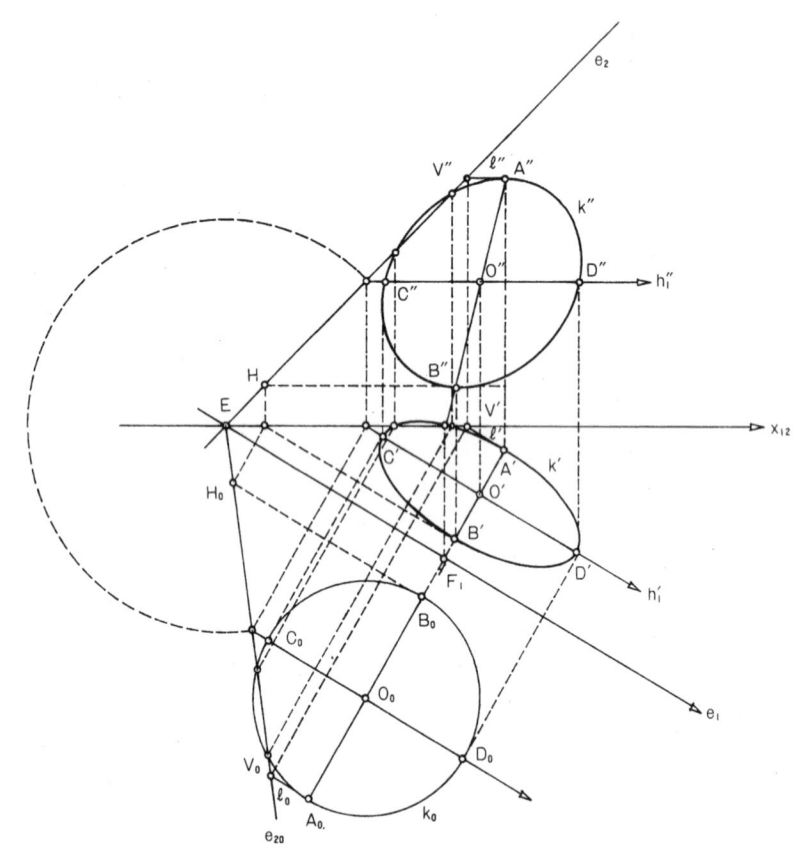

図3-49 b　円のラバットメント

3-4-5 一般的回転法(2)—ラバットメント

他にいくつかの円 k_0 上の点を逆ラバットし平面図 k'(楕円)を求め，それら k' 上の点の立面図をもとめ曲線でつなげば，楕円 k'' を得る。

このラバットメントを図形の配景的アフィン対応の観点からみてみよう。平面 ε 上の円 k と Π_1 上のラバット図形 k_0 とは配景的アフィン対応 $Af_1[e_1, //OO_0]$ しており，また Π_1 上で円 k_0 と楕円 k' は平面配景的アフィン対応 Af_1' $[e_1, //O_0O']$ している。もともと円 k と円 k' は直投象の対応関係にあり配景的アフィン対応 $Af_3[e_1, //OO']$ している。いま，平面図 k' の代わりに斜投象図 k^s (射線方向 OO^s)を導入すると (図 3-49 a)，Af_3 は $Af_3^s[e_1, //OO^s]$ ($Af_3^s(k)=k^s$) となり，新たに Π_1 上に次の二つの対応関係が生ずる。つまり，$Af_3'^s$ $[e_1, //O'O^s]$，$Af_3'^s(k')=k^s$ と $Af_2[e_1, //O_0O^s]$，$Af_2(k_0)=k^s$ とである。このとき $Af_1[e_1, //OO_0]$ は変わらないから，k' は k^s の特殊な場合と見做してよいことが分かる。この作図は，正投象における陰影 (光線方向 OO^s) 作図に応用される。

ラバットメント $Af_1[e_1, //OO_0]$ が成立しており，点 O^s が与えられたとき，楕円 k^s を作図してみよう (図 3-50)。二つのアフィン方向 $p_2[O_0O^s]$，$p_3^{'s}$ $[O'O^s]$ によって定義される二つの平面配景的アフィン対応 (共通アフィン軸：e_1) のどちらを用いても同一の k^s が得られる。つまり，$Af_2[e_1, //O_0O^s]$ (Af_2 $(k_0)=k^s$)，あるいは $Af_3'^s[e_1, //O'O^s]$ ($Af_3'^s(k')=k^s$) であるが，たとえば $Af_2(A_0B_0)=A^sB^s$，$Af_2(C_0D_0)=C^sD^s$ であり，この両者は楕円 k^s の共役二直径である。楕円の共役直径を知って楕円を作図する方法は 1-5，2-1-4 で述べた。

なお平面上の図形の正投象図において平面図と立面図は，一致直線 (図 2-46) をアフィン軸として，正投象の対応線方向をアフィン方向として，平面配景的アフィン対応をなす。図 3-50 の場合，一致直線 $i[E\vee(C'D'\wedge C''D'')]$ として得られ，k' と k'' は平面配景的アフィン対応 $Af_{12}[i, //p_{12}(\perp x_{12})]$ している。

さて，正投象における平面 ε 上の図形のラバットメントの一例として，2-1-2 で取扱った軸測投象における軸測軸と跡線三角形の関係を，跡線三角形の正投象のラバットメントを通じて検討してみよう。

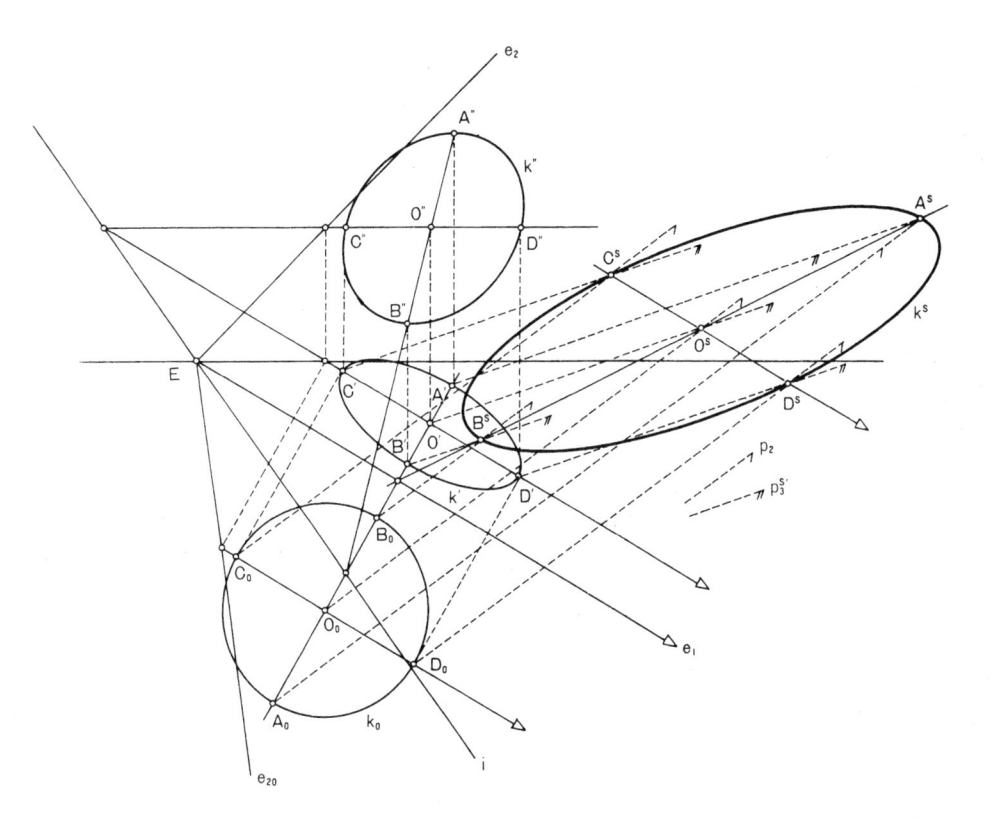

図3-50 円のラバットメントと斜投象

図3-51 a に示すように，直交三軸が投象面Π上に跡線三角形 XYZ を与えている斜軸測投象を考える。この跡線三角形の主軸面 xy, yz への正投象を図 3-51 b に与える。

跡線三角形 XYZ(平面 ε)上に任意に点 O の斜投象図 $O^s(O^{s\prime}, O^{s\prime\prime})$ を決める。点 $O^s \in \varepsilon$ であるから，点 O^s を通る XY に平行な跡線平行線を $h(h^\prime, h^{\prime\prime})$，ただし，$h^\prime // e_1$，$h^{\prime\prime} // y$，点 $D = [h \wedge e_3]$ とすると，$D^\prime = [p_{13}(D^{\prime\prime}) \wedge y]$ である。跡線三角形(平面 ε)を直線 XY($=e_1$)を回転軸として xy 平面上へラバットする。$D_0 = [p_0(D^\prime) \wedge$ 円 $k_1(Y, \overline{YD^{\prime\prime}})]$，従って跡線 $e_3(=YZ)$ を Π_1 上にラバットした $e_{30} = [YD_0]$ である。直線 h_0(跡線平行線 h のラバットメント)$// e_1 (=XY)$，よって点 $O_0^s = [p_0(O^{s\prime}) \wedge h_0]$ として点 O^s のラバットメント O_0^s を得る。$\overline{YZ} = \overline{YZ_0}$。($Z_0 = Z$ のラバットメント)であるから，図3-51 b のように跡線三角形の実形が求められる。

次にこの三角形 Z_0XY の垂心 O_0^n を求める。点 O_0^n を平面 ε 上へ逆にラバットして，点 O^n の平面図 $O^{n\prime}$ を得，立面図 $O^{n\prime\prime}$ も得る。いま OO^s 方向の斜投象の投射角 δ を求めてみよう。直線 $OO^n \perp$ 平面 ε，$\delta = \angle(OO^sO^n)$ である。三角形(OO^sO^n) は $\angle O^n = \angle R$ の直角三角形で，$\overline{O^nO^s}$ は三角形(Z^0XY) 上に既知である。$\overline{OO^s}$，$\overline{OO^n}$ を正投象図において，モンジュの回転法によって求める。$\overline{OO^s}$，$\overline{O^sO^n}$，$\overline{O^nO}$ を知って直角三角形 $(O_0O_0^sO_0^n)$ を作図し，投射角 $\angle(O_0O_0^sO_0^n) = \angle(OO^sO^n) = \delta$ を得る。

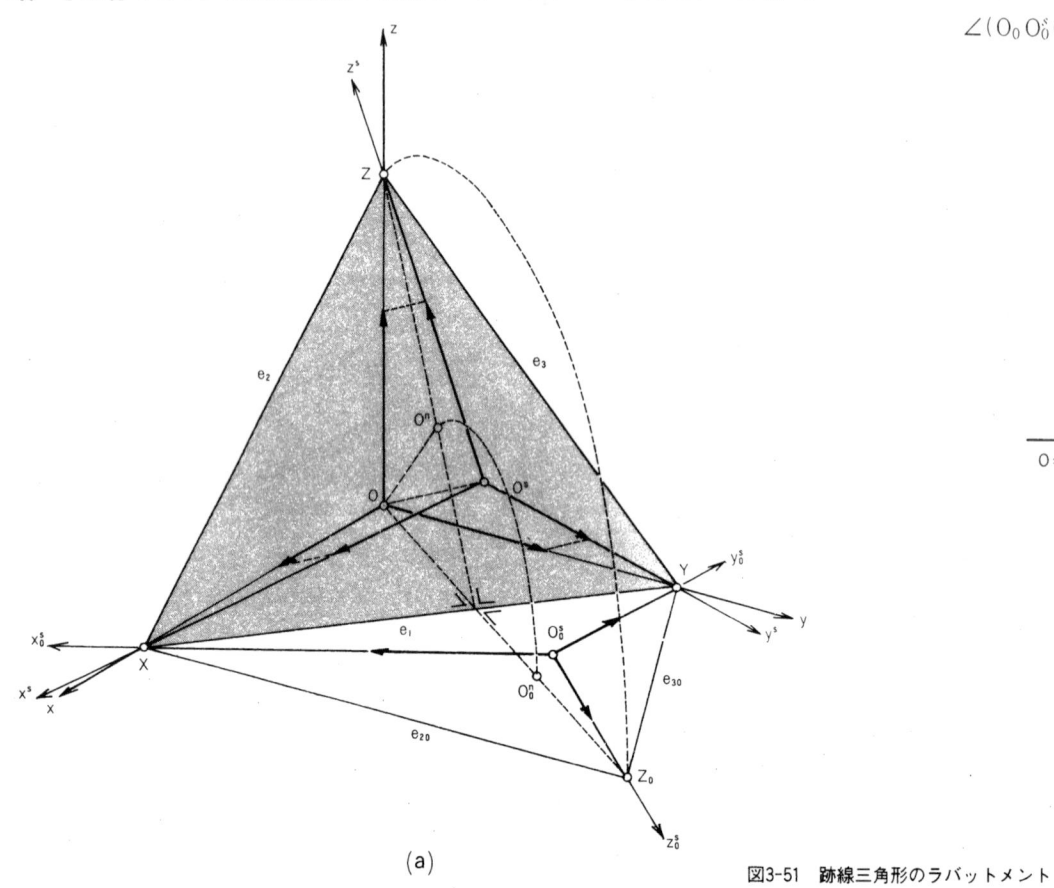

(a) 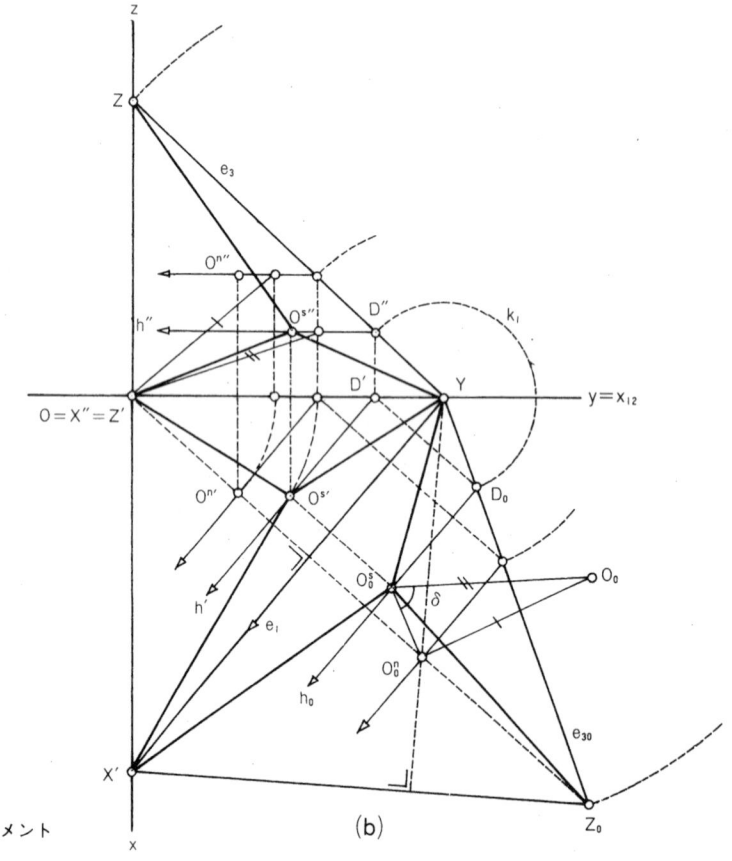　　　(b)

図3-51　跡線三角形のラバットメント

3-4-6 平面への距離

平面 ε の外に点 P があって，その点 P の平面 ε への距離とは，点 P から平面 ε への垂線 l の長さをいう。問題は点 P から平面 ε への垂線の方向であるが，その投象図 l'，l'' は

$$l' \perp e_1, \quad l'' \perp e_2 \tag{3.4}$$

なぜならば，直線 l の第1投射平面 μ を取り上げたとき，$\mu \perp \Pi_1$，平面 ε への垂線 l を平面 μ は含むから，$\mu \perp \varepsilon$，従って $e_1 \perp \mu$。ゆえに，平面 μ 上の直線 l の平面図 l' は e_1 と直交する。立面図 l'' についても同様に証明できる。

図3-52 b で，まず点 P'，P'' よりこのような方向の直線 l'，l'' を引き，平面 ε との交点 O を求め，つぎに直線 PO の実長を求めればよい。この図では交点 O は第一投射平面を補助平面に用いて交点 O を求め，実長はモンジュの回転法で求めてある。

図3-53は与直線 g [AB] の中点 M を通り，直線 g に垂直な平面 ε (**垂直二等分平面**) を求める作図である。点 M を通る平面 ε の水平跡平行線が $l(l', l'')$ ならば，$l' /\!/ e_1$，$l'' /\!/ x_{12}$，$g' \perp e_1$，よって $g' \perp l'$。点 S[$l \wedge \Pi_2$] とすると，平面図 S'[$l' \wedge x_{12}$]，立面図 S''[$l'' \wedge p_{12}$(S')] である。点 S∈平面 ε かつ S∈Π_2，よって S''∈e_2 (平面 ε の直立跡線)。すなわち e_2[S'',⊥A''B'']，結点 E[$e_2 \wedge x_{12}$]，e_1[E,⊥A'B']，$e_1 /\!/ l'$，こうして平面 ε(e_1, e_2) が作図される。

(a)　図3-52 平面への距離　(b)

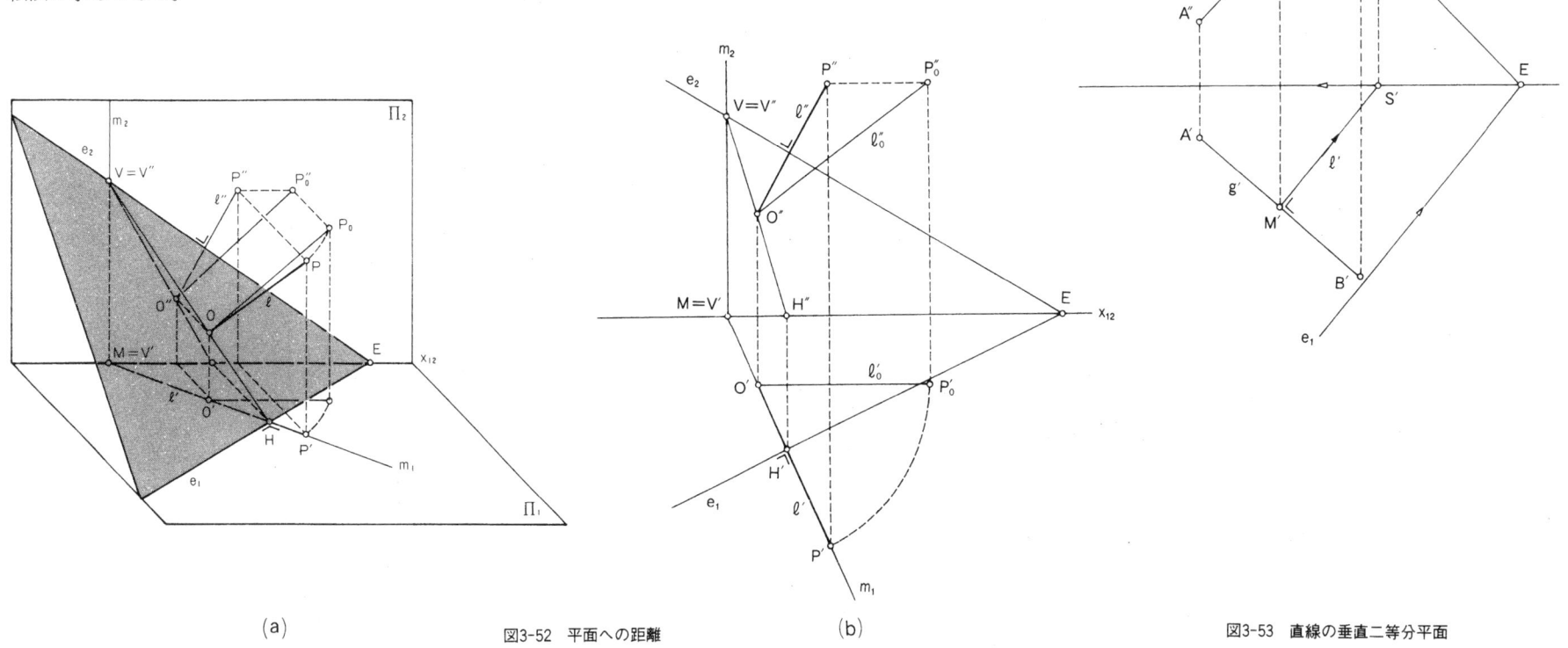

図3-53 直線の垂直二等分平面

3-4-7 一般の方向から見る作図

中心投象であれば，**一般方向から見る**作図法は透視図ということになるが，直投象の場合，その方向に垂直な平面 ε を投象面に選んでその面上に直投象を行う。図3-54において直線 l がこの方向とすると，平面 ε は式（3.4）より $e_1 \perp l'$, $e_2 \perp l''$ で定められる。しかしこの平面 ε は通常，投象面 Π_1, Π_2 に対して垂直ではないので，そのままでは副投象面として使えない。そこで直線 l を含む第1投射平面を副直立投象面 Π_3 と考えると（$x_{13}=l'$），$\Pi_3 \perp \varepsilon$ となって平面 ε は副水平投象図 Π_4 となり，副基線 x_{34} は平面 ε の副跡 $e_3[\Pi_3 \wedge \varepsilon]$ となる。また，$l''' \perp x_{34}$ で l^{iv} は点となる。以後の作図は図3-39の場合と同じである。

上の作図法を用いて，直線 g のまわりに g 上にない点 P を回転させてできる円 k の正投象図を作図してみよう（図3-55）。

まず副基線 x_{13} を直線 g' に重ねて，点 P および直線 g の副立面図 P''' および g''' を得る。さらに，直線 g''' が点に投象されるように副基線 x_{34} を点 P''' を通って直線 g''' に垂直にとり，点 P および直線 g の副平面図 P^{iv} および g^{iv} を得る。この副水平投象面 Π_4 上で点 P は直線 g（点 g^{iv}）のまわりに正円 k_0 を描く。円 k_0 上の適当な複数の点について副投象の逆の過程を経て平面図，立面図を得て，それぞれを結ぶと，円 k_0 の平面図 k'，立面図 k'' の二楕円を得る。

先の平面図形の実形を求める問題（3-4-4，3-4-5）についてもこの作図法が適用しうる。

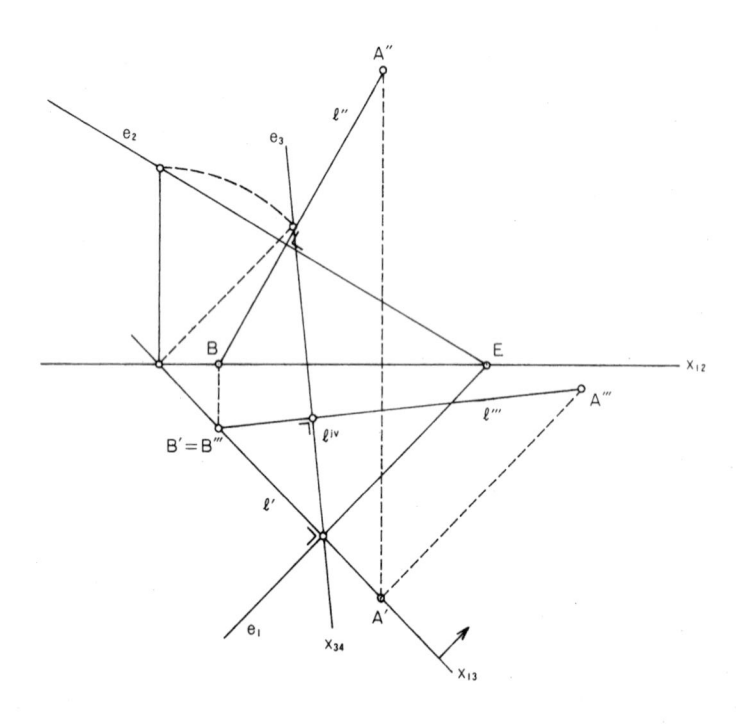

図3-54 直線の方向に垂直な平面

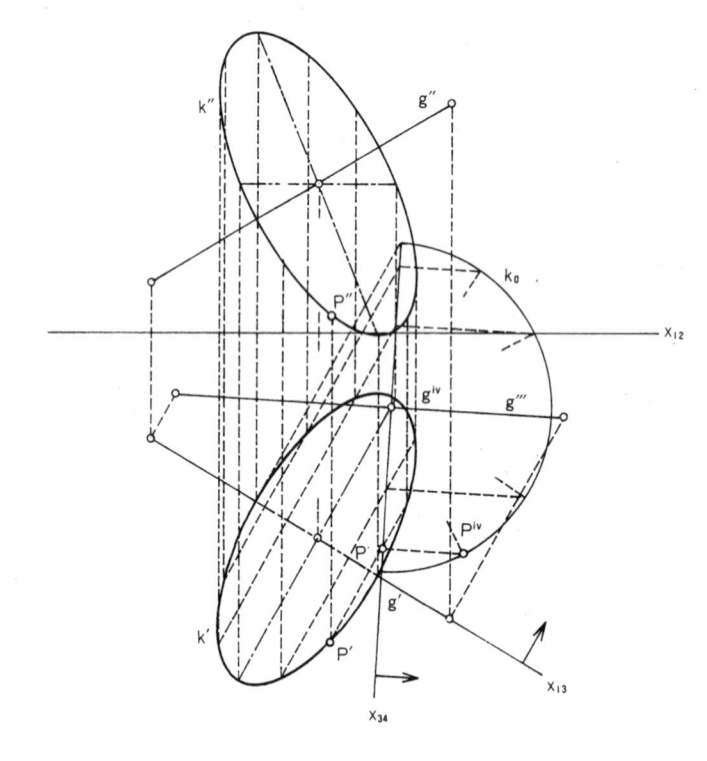

図3-55 点の回転

3-4-8 直線への距離

直線 g 外の一点 P から直線 g への距離とは点 P から直線 g への垂線 l の長さである。そこでまず，この垂線 l の方向を定めることから始める。

この垂線 l は点 P を含んで直線 g に垂直な平面 ε 上にあるから，この平面 ε を求め，平面 ε と直線 g の交点 S を求めれば，$l =$ PS として求めることができる(図3-56)。

また，直線 g が投象面に平行であれば，平面上の跡垂直線でみたように，図3-57の場合のように直線 g が直立投象面 Π_2 に平行であれば，$g' /\!/ x_{12}$, $l'' = [P'', \perp g'']$, $S'' = [l'' \wedge g'']$ と簡単に垂線 l が求められる。図3-58に示すような一般的な場合は，副基線 x_{23} を直線 g'' に一致してとると，副水平投象面 Π_3 は直線 g を含む(平行)ので，$l''' = [P''', \perp g''']$, $S''' = [l''' \wedge g''']$ として得られる。

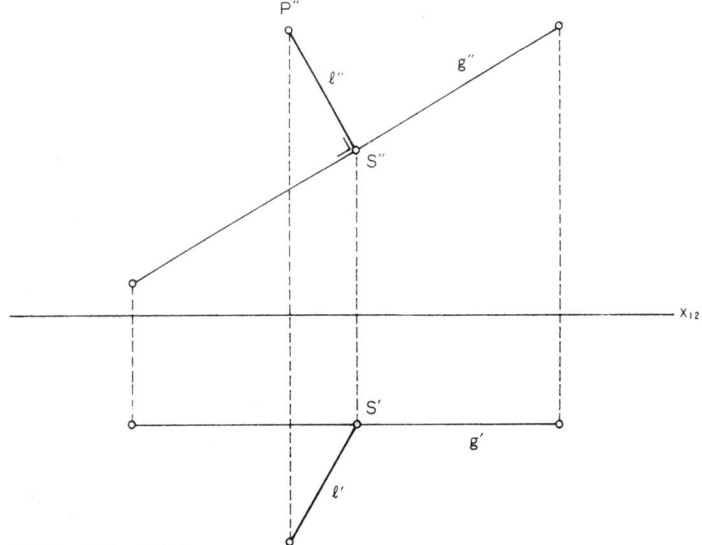

図3-57 直線への垂線

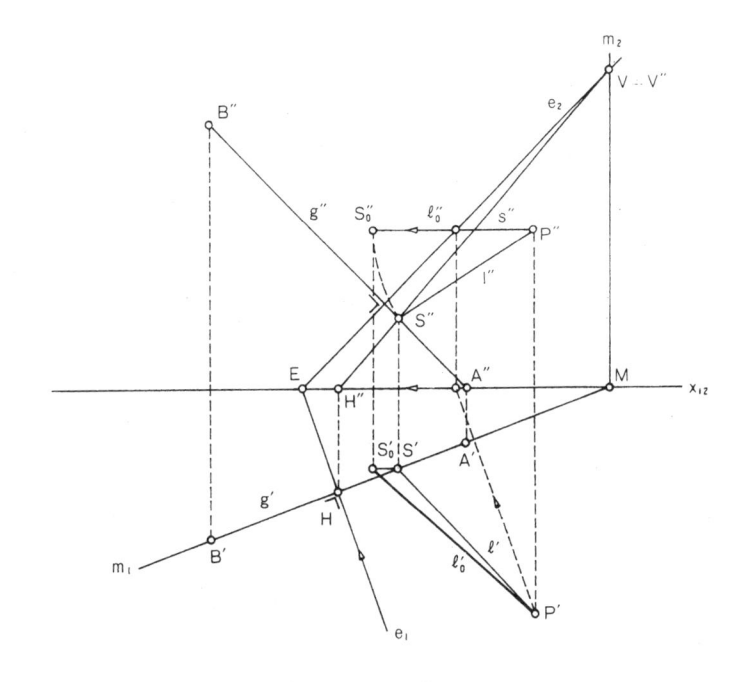

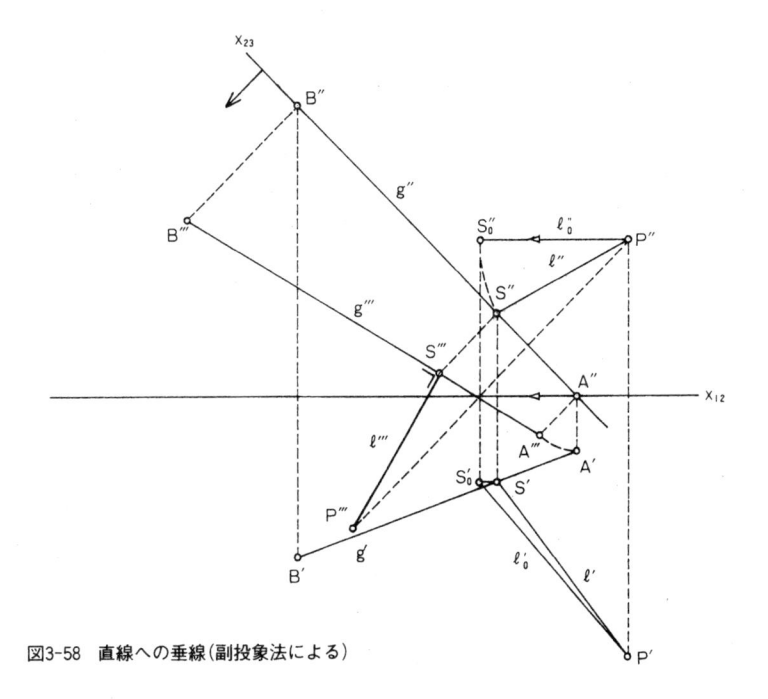

図3-56 直線への距離

図3-58 直線への垂線(副投象法による)

つぎに捩れの位置にある二直線 a, b の**共通垂線**の問題を取り上げる（図**3-59**）。まず直線 b に交わって直線 a の平行線 a_1 を考えると、垂線 l の方向は平面 $\varepsilon[a_1 b]$ に垂直である。また、この垂線 l は直線 b を含んで平面 ε に垂直な平面 μ 上にある。

平面 μ は次のように求める。直線 b 上の点 B_2（直立跡点）から平面 ε に垂直なる直線 c を引き、直線 c の水平跡点 C_1 を求め、結点 $M(\in x_{12}) = [B_1 C_1 \wedge x_{12}]$ より、$m_1 = B_1 C_1$, $m_2 = MB_2$。

従って直線 a と平面 μ の交点 G が求める垂線 l の一端である。直線 b 上のもう一方の端点は直線 $l[G, \perp \varepsilon]$ と平面 ε との交点 J として求められる。

この問題は、図**3-60**に示したように、一方の直線が投象面に垂直であれば、簡単に解くことができる。副投象によって投象面に一方の直線を垂直にすることで求める方法が考えられる（図**3-54**参照）。各自試みられよ。

図3-59 共通垂線 (1)

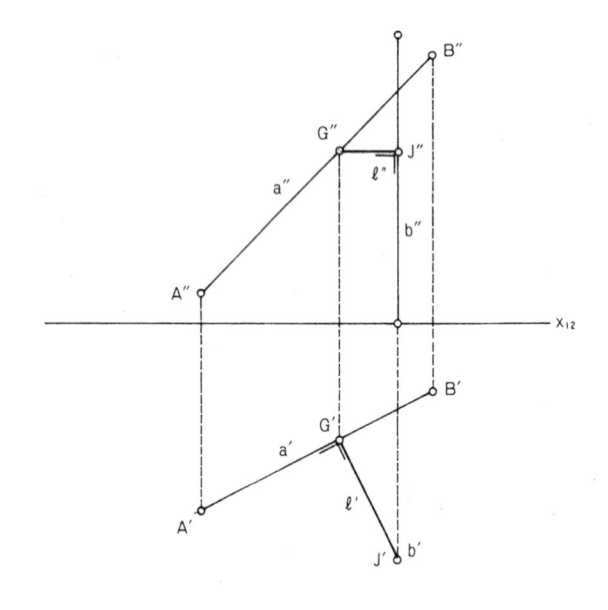

図3-60 共通垂線 (2)

4章　立体の基本的な作図

本章では，柱体や錐体のような簡単な立体について，軸測投象と正投象との両作図法により，立体上の点，直線と立体の交点，立体の切断といった作図，そして「まちがった作図」などを取り扱う。これらの作図は，立体どうしの相互貫入，即ち「相貫」作図の準備をなすものであるが，相貫については下巻第7章で扱う。また，円柱・円錐についての計量的作図（正投象）については，下巻第6章で扱う。本章では，立体についての位置に関わる作図が中心となる。

4-1　立体と点・直線

4-1-1　立体上の点

平面上の点を定義するには，平面上の任意な直線に一旦のせる仕方で条件付ける必要があった（ 2-3-3 ， 3-1-4 ）。立体においても同様である。図4-1（斜軸測投象）において，角錐・角柱・円錐・円柱の側面上の点Pを定義するには，その点を通る立体面上の任意の直線 l をつくり軸測平面図 l^s を定め，その上に P^s に対する平面図 P'^s を得る。円錐・円柱面上の直線とは，円錐の**面素**（頂点を通る直線）であり，円柱面の面素（円柱の軸に平行な直線）である。

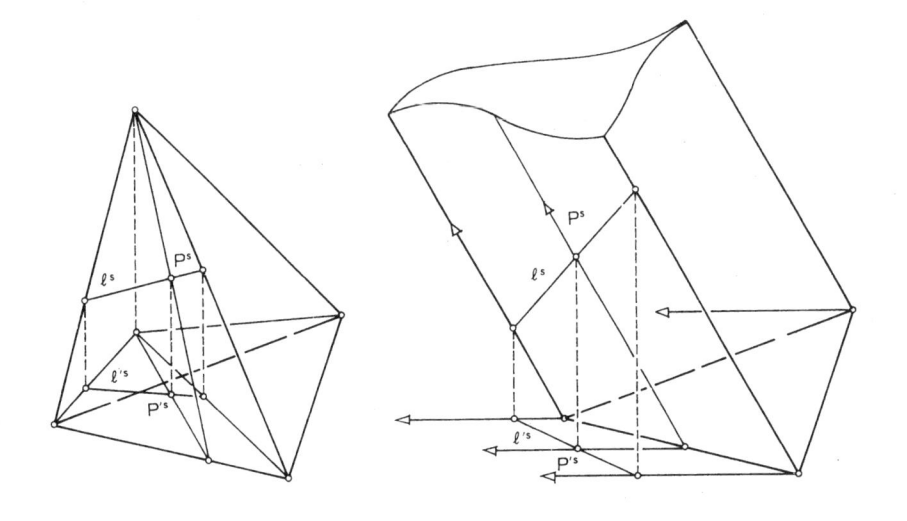

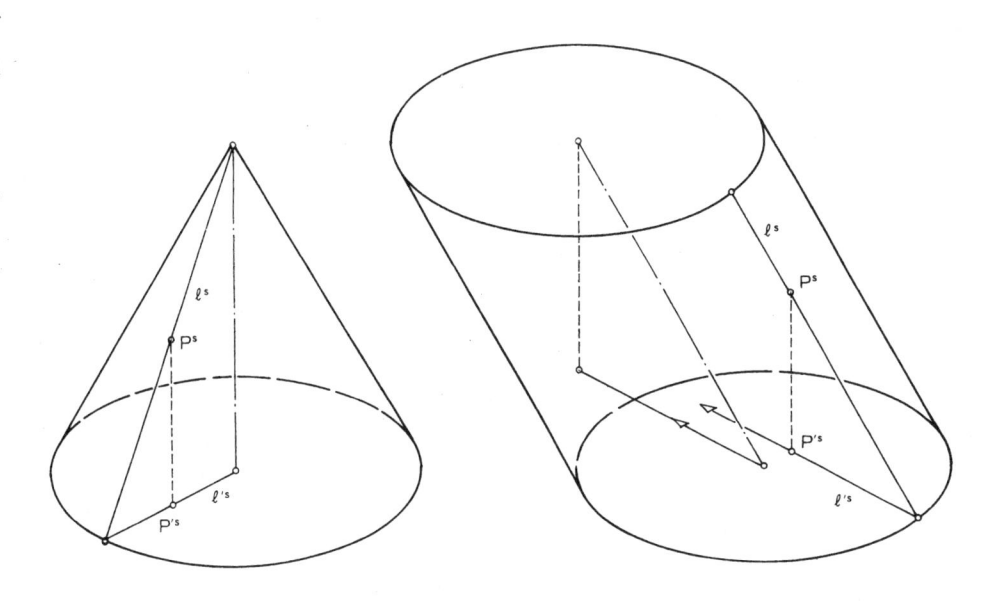

図4-1　立体上の点（軸測投象）

図4-2は正投象により同様の作図を行っている。a 図において点 P の立面図 P″ が与えられ，その平面図 P′ を求めるものとする。なお，任意に定めた直線 $l(\in \triangle \text{VAB})$ と稜 VB との交点 Q の平面図 Q′ の作図は，V′B′ が垂直に近いので不正確になる。そこで，点 Q を通る側面 VBC 上の跡平行線 $h_1(//\text{BC})$ をつくり，Q′ の作図に正確を期している。

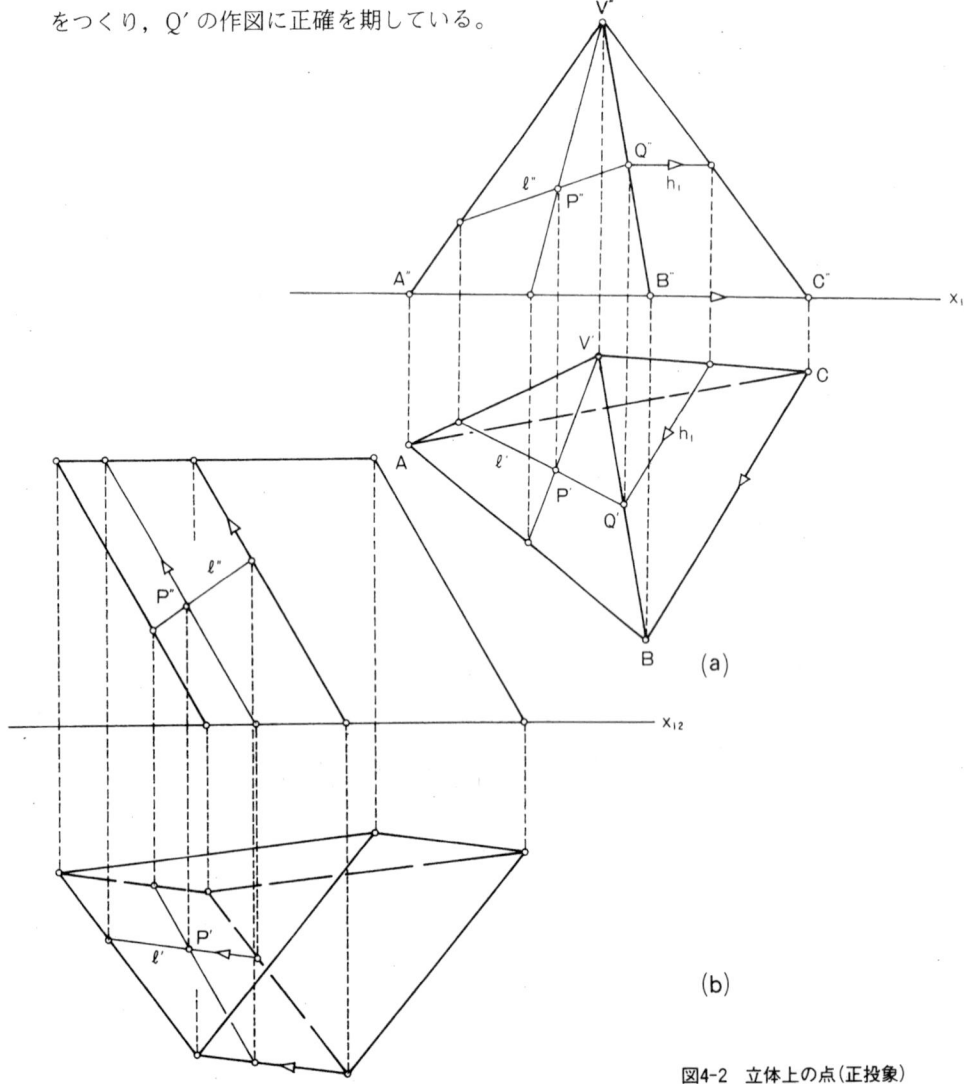

図4-2 立体上の点（正投象）

4-1-2　直線と平面の交点

平面が集ってできている立体と直線の交点を考える場合，直線が交わるのは，その立体を構成する2面であるから，問題は限定された平面と直線との交点を求める作図に還元される。跡が示された平面と直線の交点の作図は 3-1-6，3-2-3 でみたから，ここでは平面が三角形で示される場合を検討しよう（図4-3）。

直線 l を第1投射平面 μ にのせ与平面との交線 s をつくるのは既に見た場合と同様だが，ここでは平面どうしの跡の交点に注目せず，次のような単純な事実に注目する。すなわち，与直線 l の平面図 l' が三角形の平面図 A′B′C′ を横切っている点 P′，Q′ に注目し，その2点が平面上にある場合の軸測投象図 P，Q を求めると，線分 PQ は交線 s の一部分である。従って，直線と平面との交点 S は S＝$[l \wedge s]$（ただし，s＝PQ）。

これを二つの三角形平面の交線の作図に応用したのが図4-4である。一方の三角形の辺の3直線と他方の三角形平面の交点が成立するか否かを吟味し，次に直線と三角形を交代して都合最大6回吟味すれば，二つの三角形の交切状態が分かる。ここでは，辺 EF が平面 ABC に点 S_1 で交わり，辺 AC が平面 DEF に S_2 で交わることは容易に予測されるだろう。こうして2平面の交点 g $[S_1S_2]$ を得る。

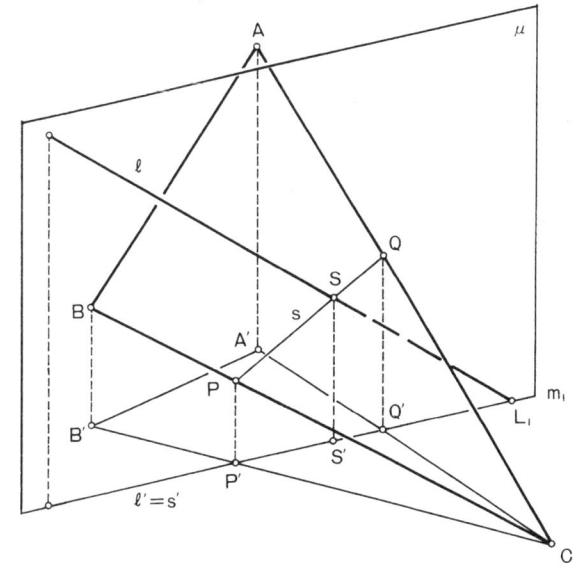

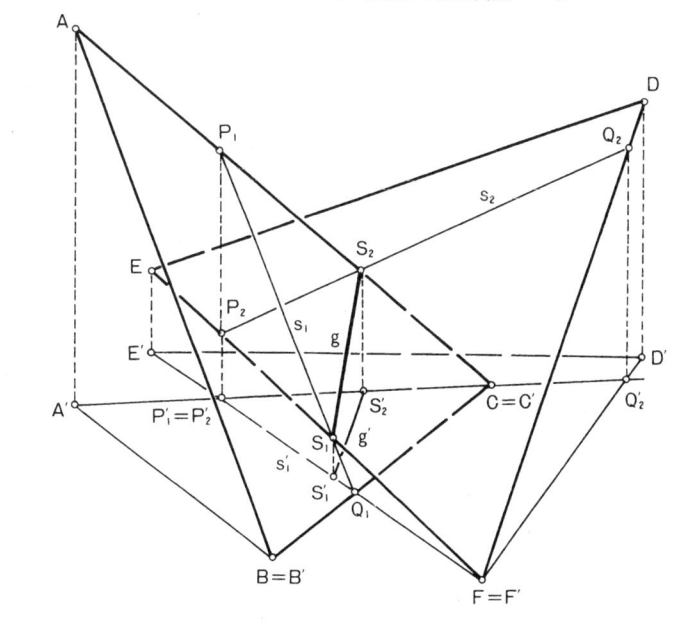

4-1-2 直線と平面の交点　97

図4-3a　三角形平面と直線の交点(軸測投象)

図4-4a　三角形平面の交線(軸測投象)

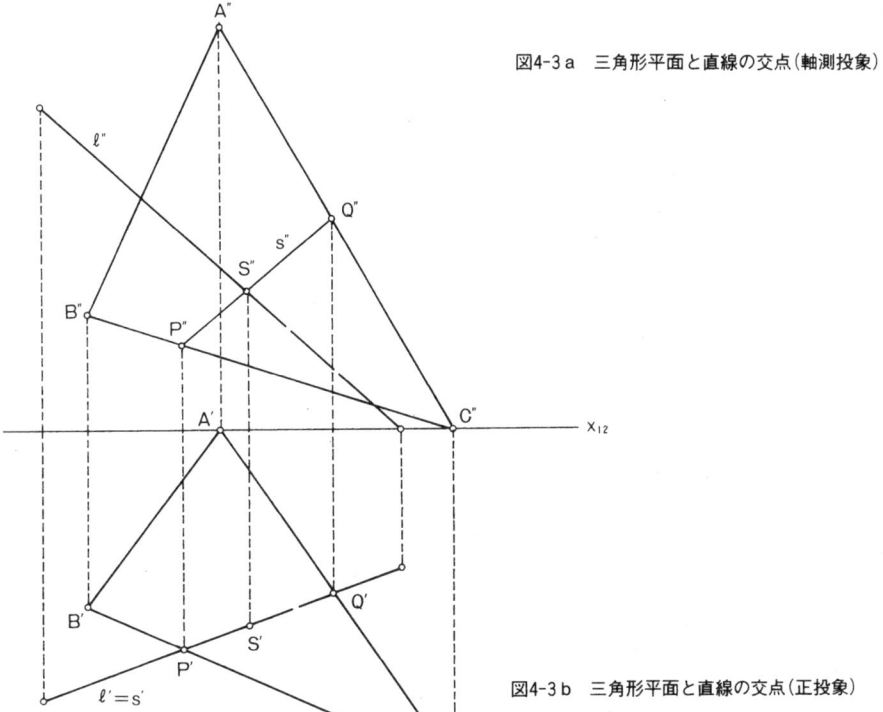

図4-3b　三角形平面と直線の交点(正投象)

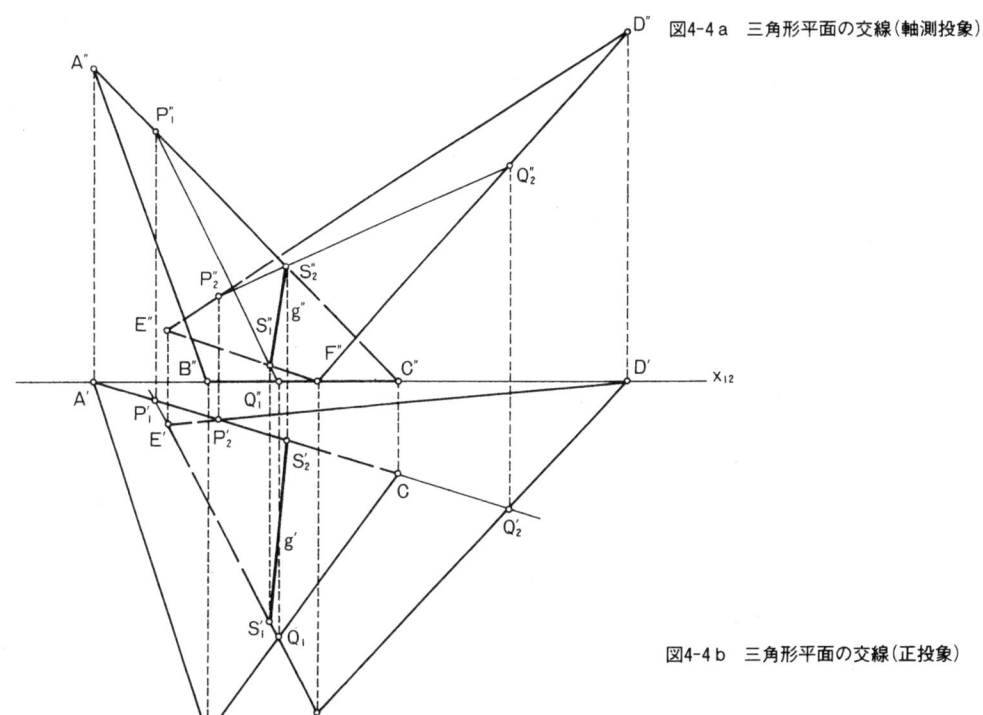

図4-4b　三角形平面の交線(正投象)

4-1-3　直線と立体の交点

　直線と多面体の交点の作図は，基本的には前項の方法で作図できる。しかし，直線の交わっているとおぼしき平面との交点を求める作図を繰り返すよりは，作図しやすい補助平面(第1または第2投射平面)に直線をのせ，その平面で立体を切断し，切断多角形と与直線との交点として一挙に求める方法を検討してみよう。なお，切断の作図一般については次の **4-2** で詳しく触れる。

　図4-5は，三角錐(V-ABC)に直線 l が交わり，直線 g が交わらない場合を示す。いずれの場合も直線を第1投射平面 μ にのせ，錐体を切断する。直線の平面図 l' が錐体の稜の平面図を横切る点 P′，Q′，R に注目すると，それらに対応する稜上の点 P，Q，R が切断位置である。交点 S_1，$S_2 = [\triangle PQR \wedge l]$ である。直線 g の場合は切断線と直線が交わらないから，交点が存在しない。

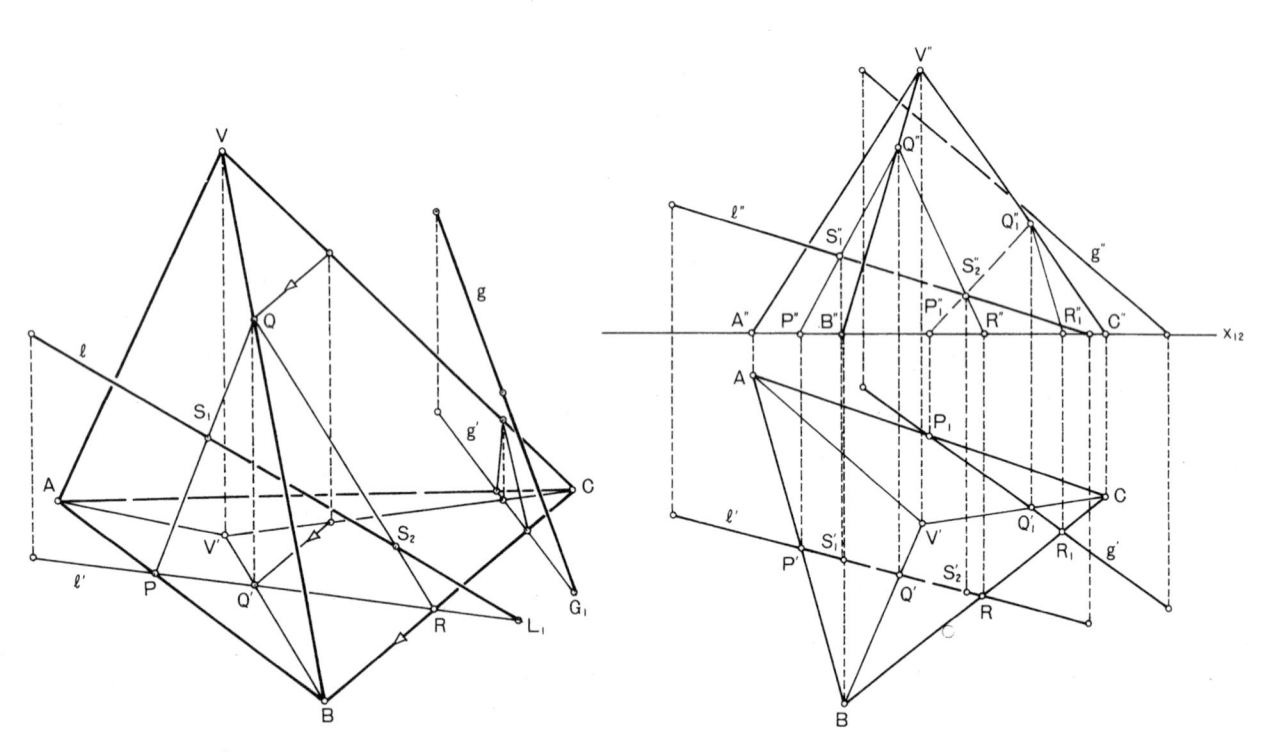

図4-5a　三角錐と直線の交点(軸測投象)

図4-5b　三角錐と直線の交点(正投象)

図4-6　三角柱と直線の交点(正投象)

図 **4-6**(正投象図)では，斜三角柱(ABC - A₀B₀C₀)と直線 l との交点について，直線 l を含む第 2 投射平面 μ で切断して切断三角形 PQR をつくり，交点 S₁，S₂＝[△PQR∧l] を得る。

図 **4-7 a**(軸測投象)は以上の作図の応用例である。三角錐(V-ABC)に三角形平面(LMN)がどのように交わっているかを求めたものである。三角形の 3 辺のそれぞれについて，上の作図を繰り返し，交切状態を確認する。辺 LM，MN は交わるが(交点 S₁，S₂，S₃，S₄)，辺 LN は交点を持たない。次に三角錐の稜と三角形平面との交切状態を確認する。稜 VC のみが交点 S₅ をもつ。

図 **4-7 b**(正投象)は状態が若干違うが，交点 S₁，S₂，S₃，S₄ をもつ。

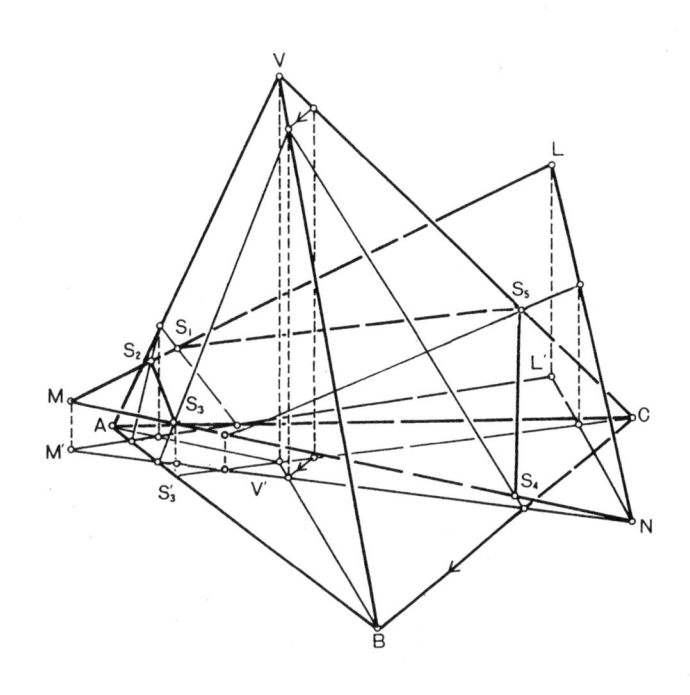

図4-7a　三角錐と三角形平面の交切(軸測投象)

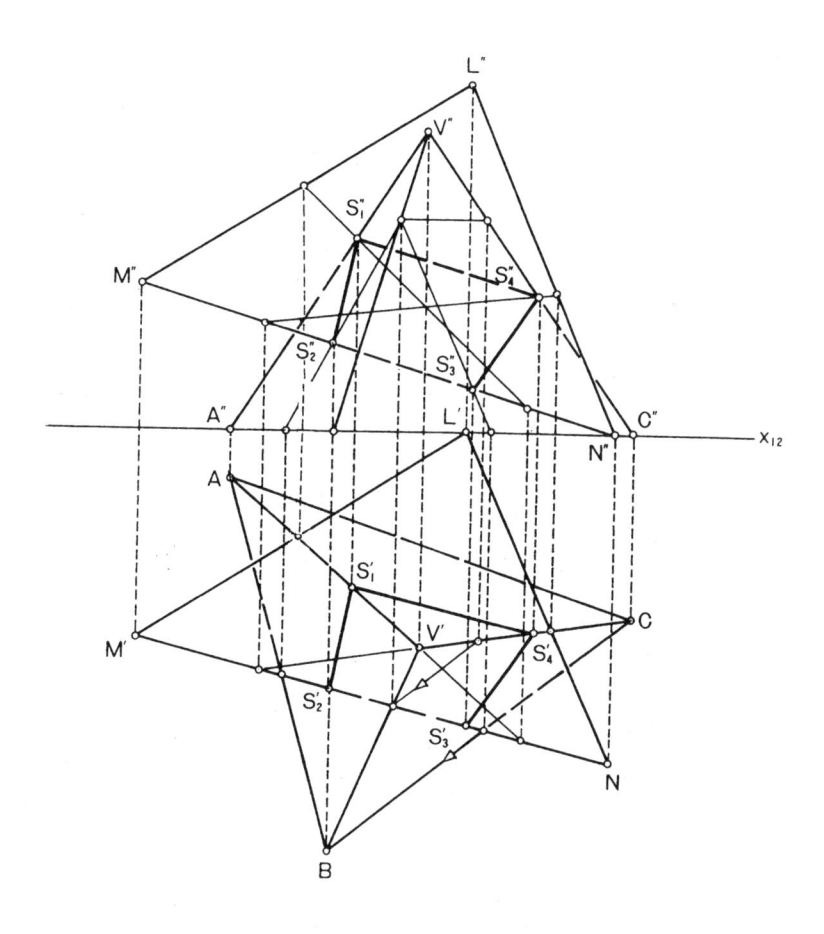

図4-7b　三角錐と三角形平面の交切(正投象)

円錐(図4-8)と円柱(図4-9)の場合には，直線をのせる平面が第1・第2投射平面であると，切断線が一般的には二次曲線になってしまう(下巻第6章参照，楕円になる場合は **4-2** で取り扱う)。そこで補助平面として，円錐の場合には直線と円錐の頂点を含む平面，円柱の場合には直線を含み円柱の軸に平行な平面をそれぞれ採用すると，切断線は，円錐の場合に頂点を含む三角形，円柱の場合には軸に平行な円柱面の面素となり都合がよい。

図**4-8**の点 L は任意の点で，平面 μ [$l \vee$ VL]をつくり，第1跡 m_1 [M$\vee$L$_1$]と円錐の底 k との交点 J，K から切断線 VJ，VK が分かる。交点 S_1 [$l \wedge$ VJ]，S_2 [$l \wedge$ VK]を得る。

また，図**4-9**中の点 L は任意の点で，平面 μ [$l \vee$ LM](ただし LM//OO$_0$)をつくり，第1跡 m_1 [M$\vee$L$_1$]と円柱の下底 k_0 との交点 J$_0$，K$_0$ から切断線 J$_0$J，K$_0$K が分かる。交点 S_1 [$l \wedge$ J$_0$J]，S_2 [$l \wedge$ K$_0$K]を得る。

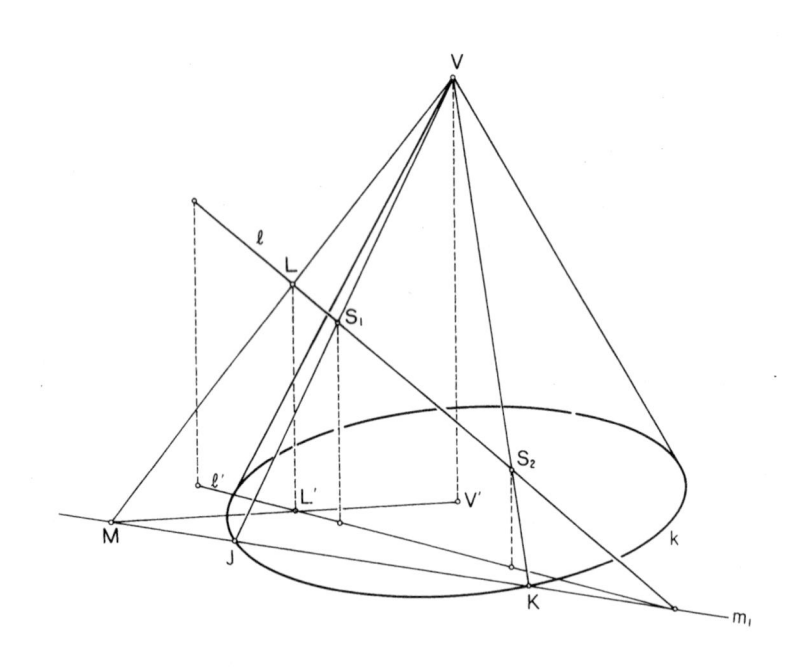

図4-8 円錐と直線の交点(軸測投象)

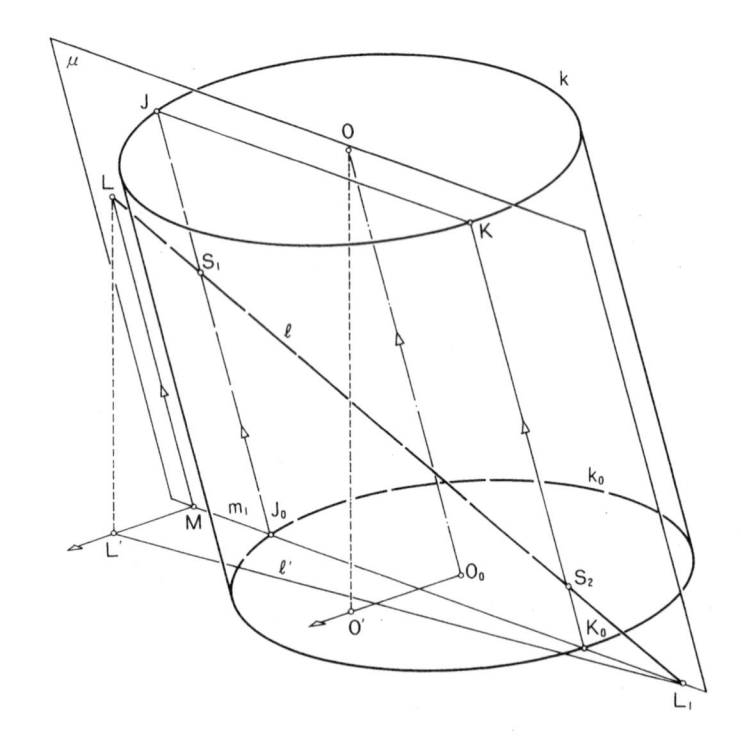

図4-9 斜円柱と直線の交点(軸測投象)

4-2　立体の切断：切断面と底の配景的共線対応と配景的アフィン対応

すでに1-3において**配景的共線対応**と**配景的アフィン対応**とについてみたが，それが立体の切断図形と立体の底面との対応関係の原理でもある。角錐や円錐など頂点をもつ立体の切断図形と底の図形は，配景的共線対応をなす(図**1-13**)。稜が互いに平行な円柱・角柱の切断図形と底の図形は，配景的アフィン対応をなす(図**1-15**)。

しかし，図1-13や図1-15の図自体は，空間的に対応する図形全体を，さらに平行投象して成立する2次元平面上の図形の対応関係で成り立っている。それを**平面配景的共線対応**，**平面配景的アフィン対応**と呼んだ。すなわち，私達がノートの上に描く図形(投象図)は，それが立体の構成的な(空間的な)性質を表現していても，図自体としては2次元の図なのである。

平面配景的共線対応は，次のいずれかの仕方で定義される(図**4-10**)。
1) 一対の点の対応関係($Ko(A)=A^c$)が共線対応の中心Sを通る**対応射線** p 上に与えられ，かつ**配景的共線軸** s (軸上の点は自己対応する)が定義されている場合(図**a**)。これを，$Ko[s, S]$と表現しよう。2) 対応中心Sが与えられていて，共線でない3点の3対の対応 $[Ko(A)=A^c, Ko(B)=B^c, Ko(C)=C^c]$ が中心を通る射線上に定義されている場合(図**b**)。実はこの二つの場合は同義なのである。b図の場合，2点を結んで3対の対応する直線(例えばABとA^cB^c)をつくってみると(図**c**)，それらの交点は一直線上にあり(このことを共線という)，その直線が共線軸なのである(デザルグの一般定理)。

従って，空間的な配景的共線対応においては，図**4-10 c**の三角形ABCと三角形$A^cB^cC^c$とは互いに異った平面上(図**1-13**のσ, Π)にあり，2平面の交線が共線軸となる。共線対応の中心を角錐の頂点とし，平面σ上の三角形ABCを底とし平面Πによって角錐を切断すれば，切断図形$A^cB^cC^c$が得られる。

紙の上の投象図の作図としては，共線軸(切断平面の水平跡)が既知，切断図形の三角形$A^cB^cC^c$の頂点のうち一つ(例えばA^c)と底の一頂点Aの対応$Ko(A)=A^c$が与えられれば，配景的共線対応が定義されたことになり，切断面は一意的に定まる。

(a)

(b)

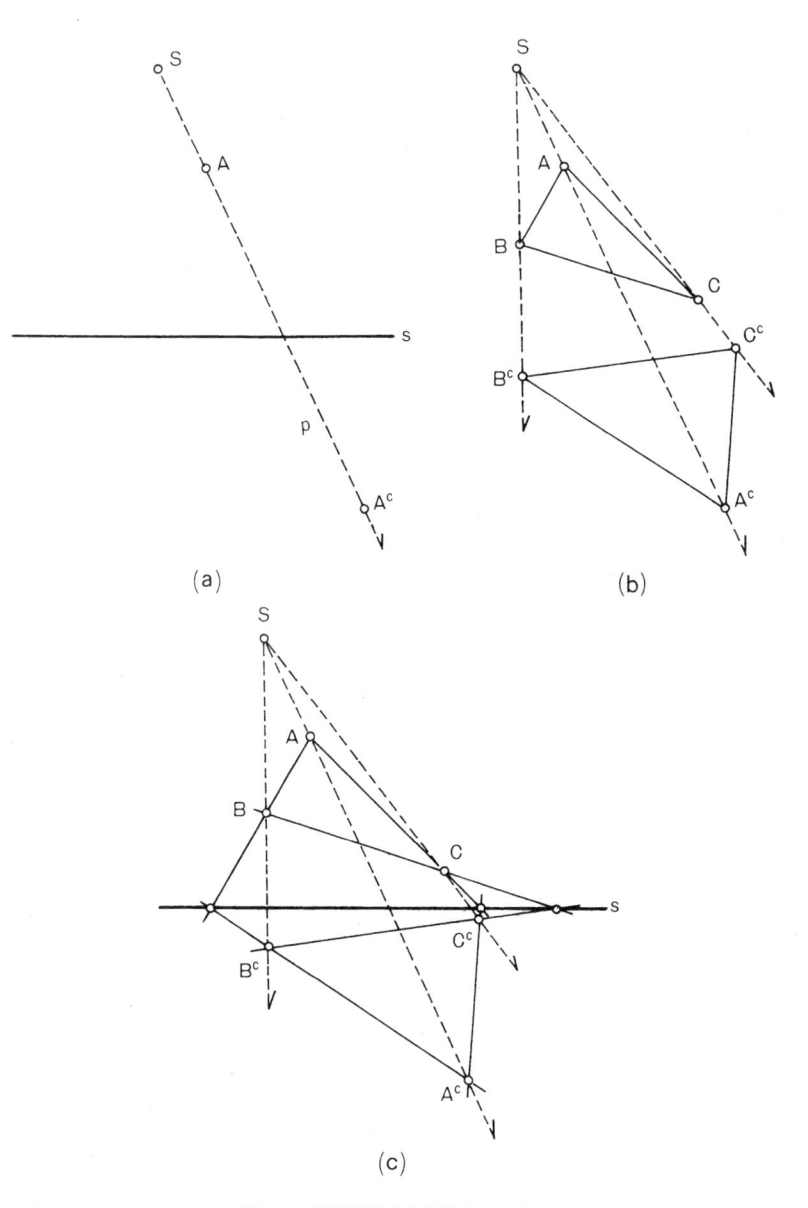

(c)

図4-10　平面配景的共線対応の定義

平面配景的アフィン対応は次のいずれかの仕方で定義される（図4-11）。1）一対の点の対応関係（$\boldsymbol{Af}(A)=A^s$）が**アフィン射線**p方向とともに与えられ，かつ**アフィン軸**s（軸上の点は自己対応する）が定義されている場合（図a）。既に**3-3**で使用したように，$\boldsymbol{Af}[s,\ //P]$と表記しよう。2）アフィン射線の方向が与えられ，同一直線上にない3点の3対応$[\boldsymbol{Af}(A)=A^s,\ \boldsymbol{Af}(B)=B^s,\ \boldsymbol{Af}(C)=C^s]$が定義されている場合（図b）。実はこの二つの場合は同義である。後者の場合，2点を結んで3対の対応する直線（例えばABとA^sB^s）をつくってみると（図c），それらの交点は一直線上にあり，その直線がアフィン軸なのである（デザルグの一般定理）。

空間的な配景的アフィン対応においては，図**4-11c**の三角形ABCと三角形$A^sB^sC^s$とは互いに異なった平面上（図1-15のσ，Π）にあり，2平面の交線がアフィン軸となる。アフィン射線の方向pを斜三角柱の稜方向とし，平面σ上の三角形ABCを底とし平面Πによって角錐を切断すれば，切断図形$A^sB^sC^s$が得られる。

紙の上の投象図の作図としては，アフィン軸（切断平面の水平跡）が既知，切断図形の三角形$A^sB^sC^s$の頂点のうち一つと底の一頂点Aの対応が与えられれば，（例えば$\boldsymbol{Af}(A)=A^s$），アフィン対応が定義されたことになるから，切断面は一意的に定まる。

これらのことを踏まえて，錐体と柱体の切断を順に作図してみよう。

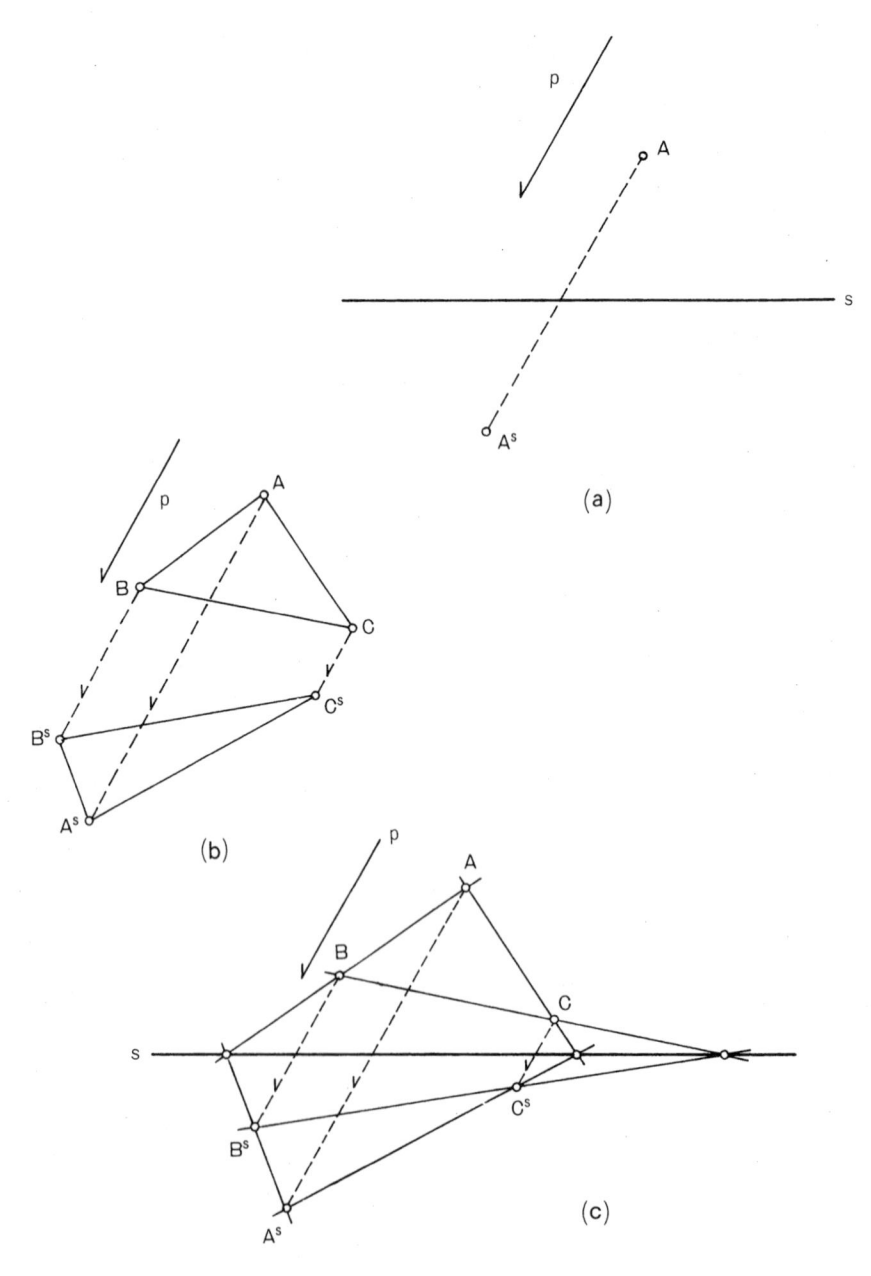

図4-11 平面配景的アフィン対応の定義

4-2-1 角錐・円錐の切断

1) 斜三角錐の切断 (1)(図4-12)

三角錐(V-ABC)の稜 VC 上の点 R を通り水平跡が e_1 であるような平面 ε で三角錐を切断してみよう。配景的共線対応 **Ko** [e_1, V]は，共線軸 e_1 と点の一対の対応 **Ko**(C)=R が与えられると定義されるから，作図は可能である。点 M[BC∧e_1]とすると，**Ko**(BC)=QR なる点 Q[VB∧MR]を得る。同様に点 L[AC∧e_1]とすると，**Ko**(AC)=PR なる点 P[VA∧LR]を得る。点 L，M，N は共線である。

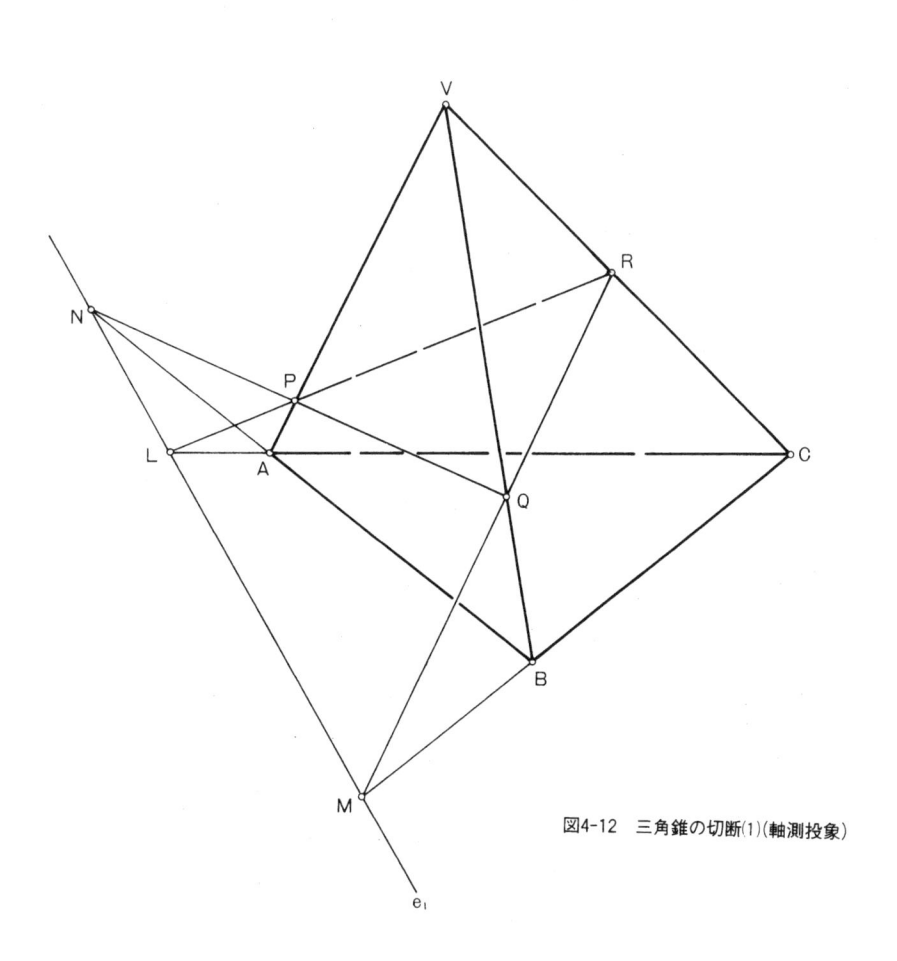

2) 斜三角錐の切断 (2)(図4-13)

次に，切断条件が三角錐の側面上の3点 P，Q，R で与えられる場合(e_1 は予め与えられていない)。頂点 V と3点を通る側面上の直線をつくり，底との交点をそれぞれ P_0，Q_0，R_0 とすると，これは配景的共線対応が3対の点の対応によって定義された場合であることがわかる。作図の目的は，平面 PQR (= ε)が三角錐の3稜を切断する位置を求めることである。まず，三角錐(V-$P_0Q_0R_0$)を平面 PQR が切断しているものと見なして前図同様，平面 ε の水平跡 e_1 をつくる。以下，図4-12と同様にして(図4-14)，切断三角形(ABC)を得る。

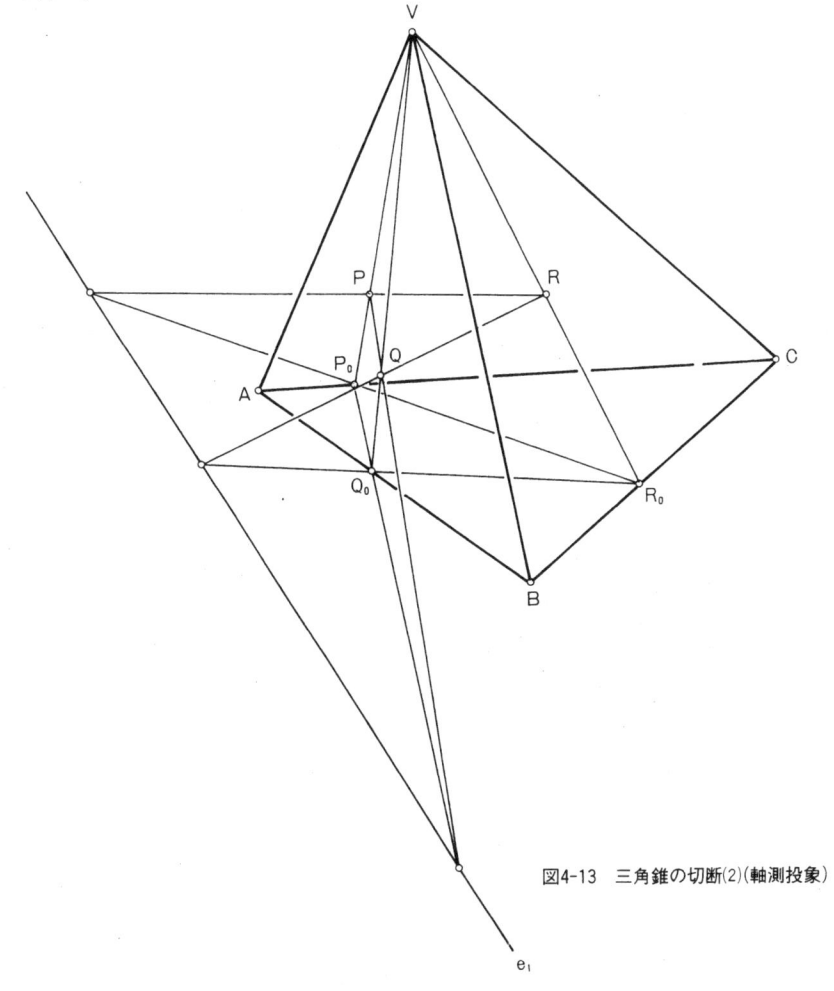

図4-12 三角錐の切断(1)(軸測投象)

図4-13 三角錐の切断(2)(軸測投象)

3）斜三角錐の切断線の底面への平行投象（図4-15）

三角錐の切断線を平行射線 p により底面へ平行投象してみよう。図4-12と同様切断面 PQR が得られているものとする。このとき，切断面 PQR とその斜投象図 $P^sQ^sR^s$ とは，後に角柱の切断に見るように配景的アフィン対応 $Af\,[e_1,$ $//p\,]$（ただし $p//VV^s$）している。さらに，三角錐の頂点の投象図 V^s は，三角形 $P^sQ^sR^s$ と底 ABC との共線対応の中心となっている。つまり，$Ko^s(\triangle P^sQ^sR^s)=\triangle ABC$，ただし $Ko^s\,[e_1,\,V^s\,]$。図4-15の中には，共線軸を共有し対応中心の異なる二つの平面配景的共線対応 $Ko(\triangle PQR)=\triangle ABC$ と $Ko^s(\triangle P^sQ^sR^s)=\triangle ABC$，そして平面配景的アフィン対応 $Af(\triangle PQR)=\triangle P^sQ^sR^s$ の三者が共存していることになる。これら3者の対応は軸 e_1 を共有しているから，3三角形の対応する辺の延長線の交点は，e_1 上の点 L，M，N でそれぞれ交わる。

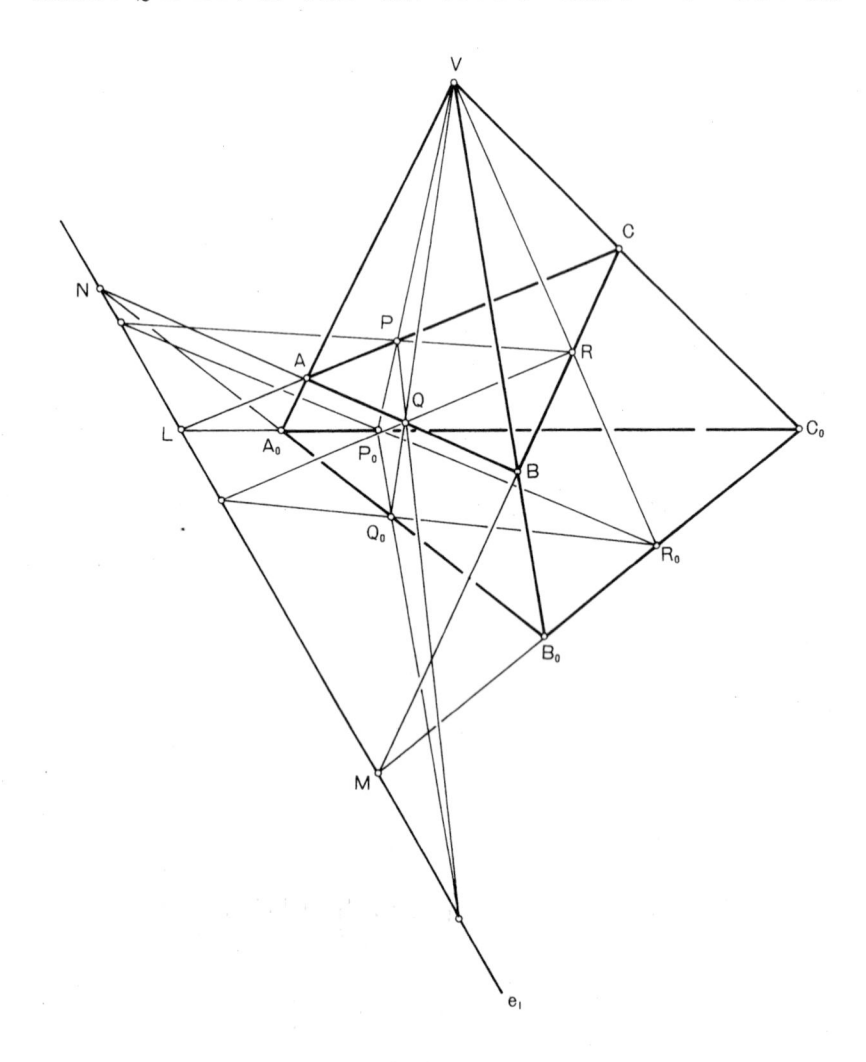

図4-14　三角錐の切断(3)（軸測投象）

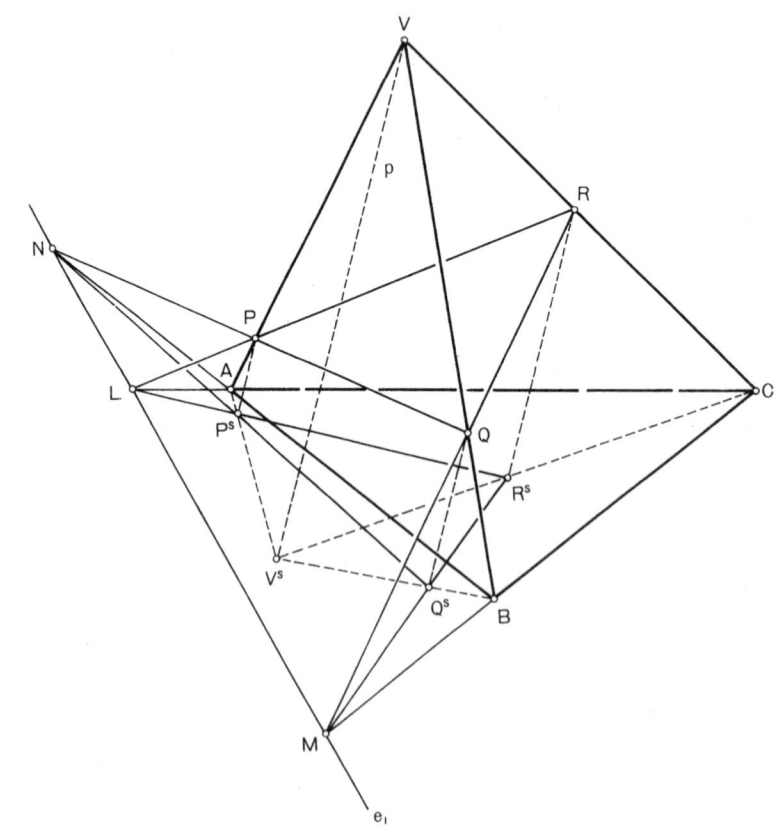

図4-15　三角錐の切断面の平行投象によって生ずる平面配景的共線対応（軸測投象）

4) 斜円錐の切断(図4-16)

円錐面上の点Pと水平跡 e_1 で決定される平面 ε により斜円錐を切断してみよう。このとき e_1 に平行な底 k_0 の直径 AB と，それに共役な直径 C_0D_0 は既に分かっているものとする(図2-10参照)。切断点Pを通る円錐の面素 VP をつくり底との交点を P_0 とすると，点Pと P_0 との一対の対応と共線軸 e_1 とで $\boldsymbol{Ko}\,[e_1,\,\mathrm{V}]$ なる平面配景的共線対応が定義され，求める切断線は $k^c = \boldsymbol{Ko}\,(k_0)$ なる楕円となる。k^c の共役2直径を求めよう。

共線対応においては線分の部分比は保存されないから(1-2参照)，底の楕円中心 $O(C_0D_0$ の中点)に対応する点 $T(\in CD)$ は，求める楕円 k^c の中心ではない。そこで点 $L\,[C_0P_0 \wedge e_1]$ とし $\boldsymbol{Ko}\,[C_0L] = CL$ なる点Cをつくり，$\boldsymbol{Ko}\,(C_0M) = CM$ なる CM 上に点 $D\,[\boldsymbol{Ko}\,(D_0) = D]$ を得る。$\overline{CD}$ の中点 M^c をつくり，直線 $l\,[M^c,\,/\!/e_1]$ を引く。次に $\boldsymbol{Ko}\,(M^c) = M_0$ なる点 $M_0(\in C_0D_0)$ を通る $l_0\,[M_0,\,/\!/\,e_1]$ なる直線をつくる。底 k_0 との交点を E_0F_0 とすると，$\boldsymbol{Ko}\,(E_0F_0) = EF$ なる線分 $EF(\in l)$ を得る。こうして切断楕円 k^c は共役2直径 CD，EF から作図できる(図1-19, 2-10参照)。なお，円錐切断の計量的な正投象による作図は下巻第6章で取り扱う。

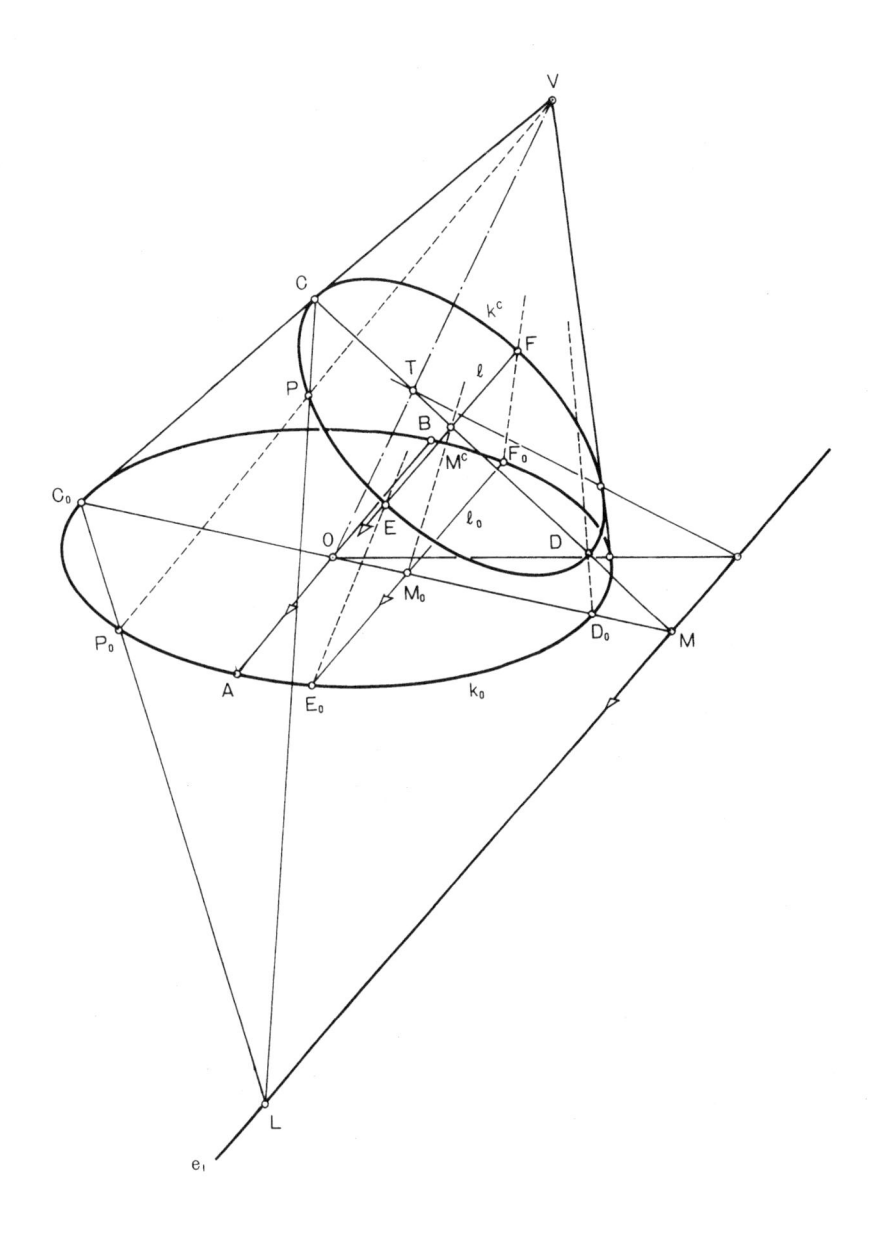

図4-16 斜円錐の切断(軸測投象)

5) 正投象による角錐の切断（図4-17）

斜三角錐（V-ABC）を平面 ε（e_1, e_2）で切断してみる（ただし A∈e_1）。このとき平面図においては，すでにみた軸測投象図と同様，**Ko**（△ABC）＝△AP'Q'（ただし **Ko** [e_1, V']）という平面配景的共線対応が成立する。と同時に，切断三角形 APQ の平面図と立面図の間には，平面 ε の一致直線 i（**2-3-3** 図2-46参照）をアフィン軸とする平面配景的アフィン対応 **Af** [i, //p_{12}]が成立している。この正投象図における平面上の配景的共線対応と配景的アフィン対応を抜き出して示したものが図**4-18**である。

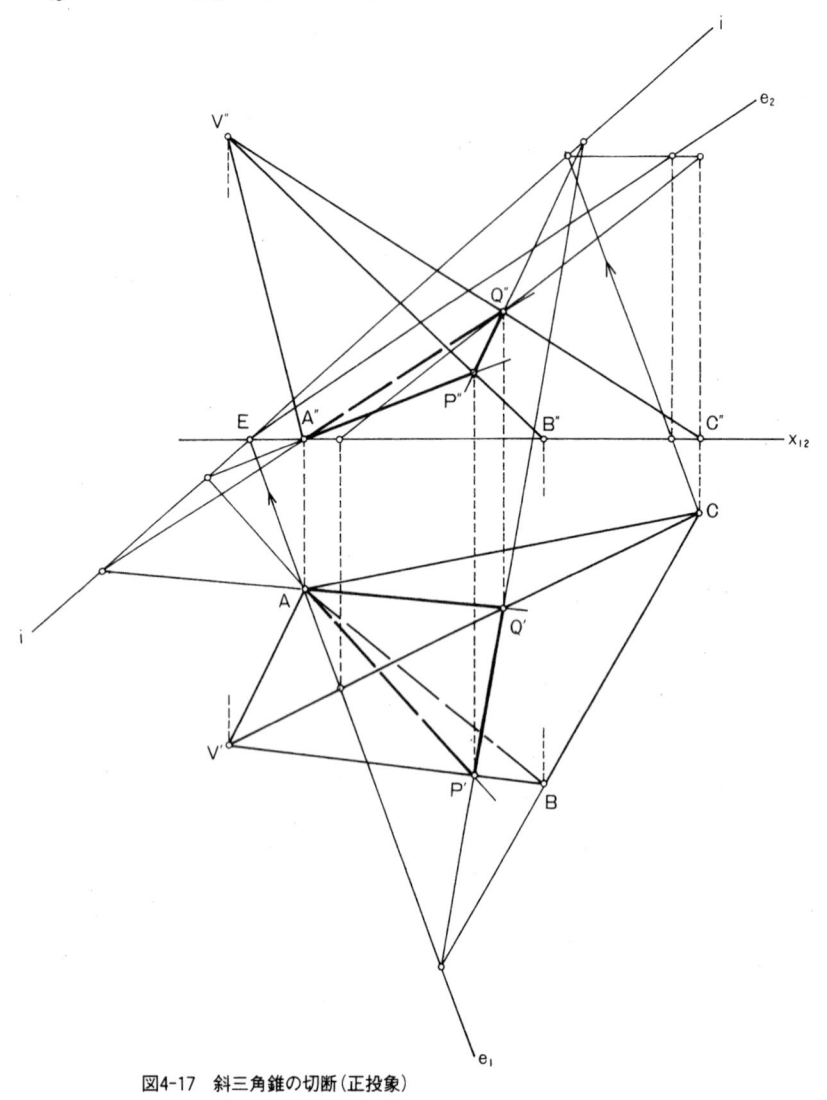

図4-17　斜三角錐の切断（正投象）

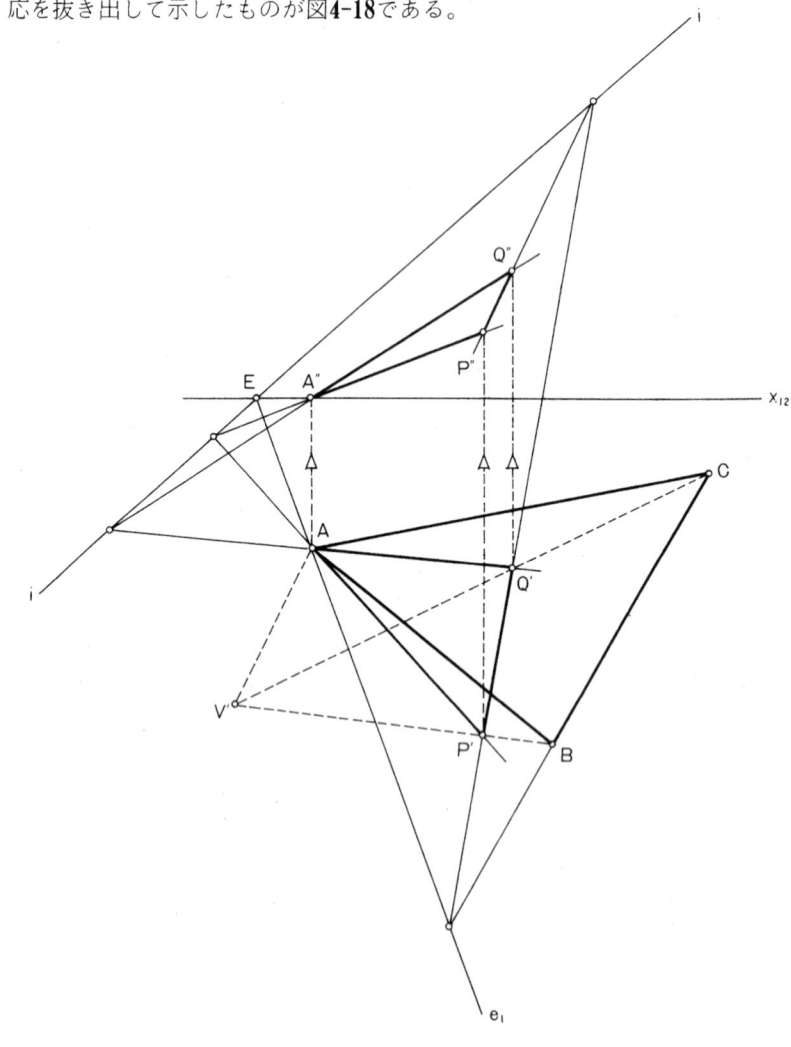

図4-18　斜三角錐の切断線作図に成立している平面配景的共線対応と平面配景的アフィン対応

4-2-2　角柱・円柱の切断

　柱体の切断においては，投象図としての平面配景的アフィン対応が定義される条件が揃えば，作図ができる。

1）斜三角柱の切断（図4-19）

　斜三角柱 ABC を，稜 c 上の一点 P と水平跡 e_1 によって切断する場合，点 P と点 C との対応，アフィン軸としての e_1 が与えられているから，平面配景的アフィン対応 $\boldsymbol{Af}[e_1, \mathbin{/\mkern-5mu/} \mathrm{PC}]$ が定義される。点 L($\in e_1$)[BC∧e_1]とすると，$\boldsymbol{Af}(\mathrm{BC})=\mathrm{RP}$ なる点 R[b∧PL]を得る。同様にして点 Q[a∧PM]を得る。3 点 L，M，N[AB∧e_1]は共線である。こうして，切断三角形 PQR と底 ABC との対応△PQR＝$\boldsymbol{Af}$(△ABC)を得る。

2）斜三角柱の切断線の底面への平行投象（図4-20）

　切断図形を底面に平行投象してみよう。平行投象の射線方向(p, p^s)が決定されれば，切断三角形 PQR と平行投象図 $\mathrm{P}^s\mathrm{Q}^s\mathrm{R}^s$ との対応が同様に作図できる。ただし，このとき二つの異なった配景的アフィン対応 $\boldsymbol{Af}_p$，$\boldsymbol{Af}_p^s$ が生じている。$\boldsymbol{Af}_p(\triangle \mathrm{PQR})=\triangle \mathrm{P}^s\mathrm{Q}^s\mathrm{R}^s$，$\boldsymbol{Af}_p[e_1, \mathbin{/\mkern-5mu/} p]$ と $\boldsymbol{Af}_p^s(\triangle \mathrm{ABC})=\triangle \mathrm{P}^s\mathrm{Q}^s\mathrm{R}^s$，$\boldsymbol{Af}_p^s[e_1, \mathbin{/\mkern-5mu/} p^s]$。アフィン軸 e_1 が共通であるから，三対の三角形の辺の延長線は，e_1 上の点 L，M，N で交わる。

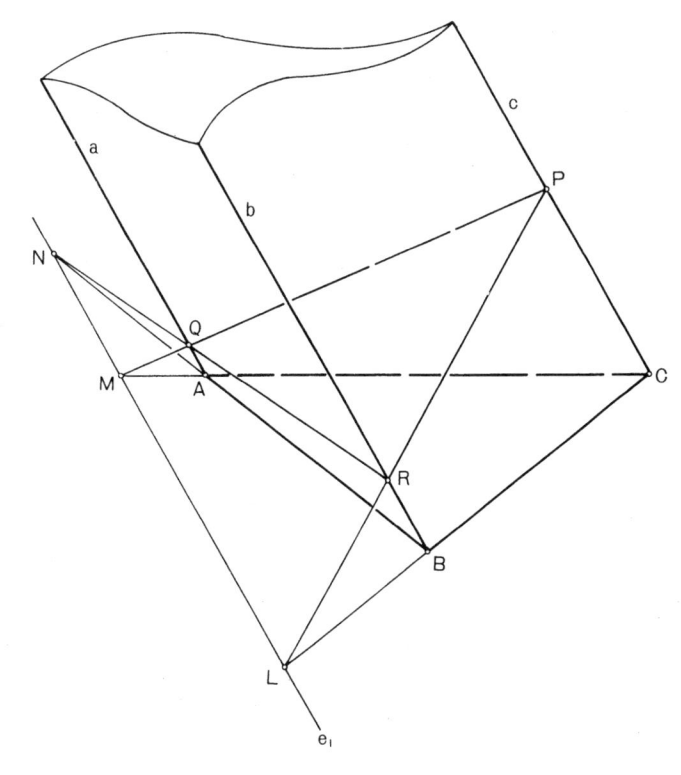

図4-19　斜三角柱の切断（軸測投象）

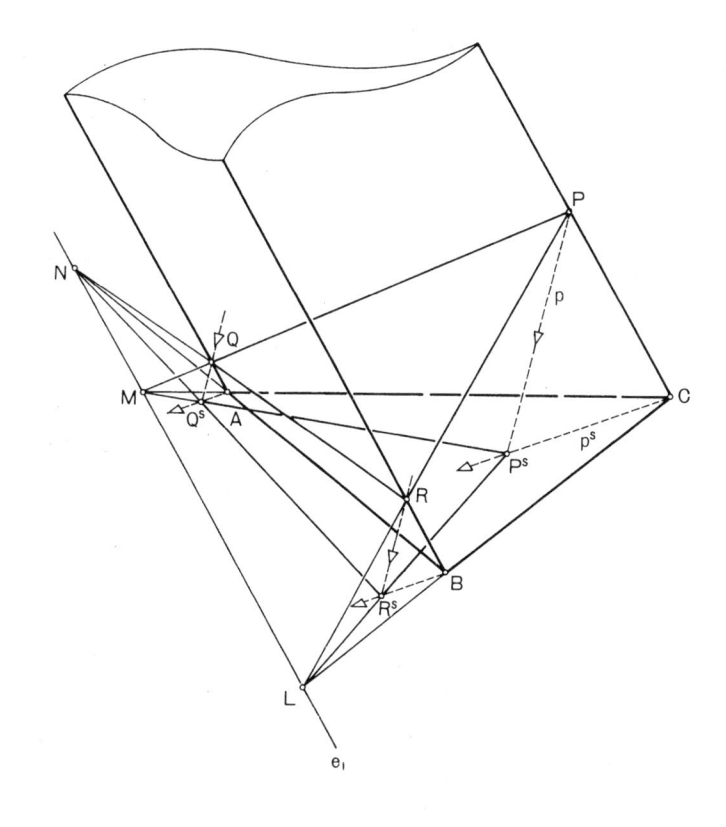

図4-20　三角柱の切断面の平行投象によって生ずる平面配景的アフィン対応（軸測投象）

3) 斜円柱の切断（図4-21）

円柱面上の点Pと水平跡 e_1 で決定される平面 ε により斜円柱を切断してみよう。このとき円柱の底 k_0 の e_1 に平行な直径 A_0B_0 と，それに共役な直径 C_0D_0 は既知とする（作図は図2-10参照）。切断点Pを通る円柱の面素をつくり底との交点を P_0 とすると，点Pと P_0 との一対の対応とアフィン軸 e_1 とで $\boldsymbol{Af}[e_1, /\!/ PP_0]$ なる平面配景的アフィン対応が定義され，求める切断線は $k=\boldsymbol{Ko}(k_0)$ なる楕円となる。

k の共役2直径は，k_0 の既知の A_0B_0，C_0D_0 の2直径をアフィン対応させれば簡単に得られる。つまり，点 $L[P_0D_0 \wedge e_1]$ をつくり，$\boldsymbol{Af}(P_0L)=PL$ から $PP_0 /\!/ DD_0$ なる点 $D(\in PL)$ を得る。次に，点 $N[C_0D_0 \wedge e_1]$ をつくり，$\boldsymbol{Af}(C_0N)=CN$ なる点Cにより直径CDを得る。$\boldsymbol{Af}(O)=M$ なる点Mが楕円 k の中心で，Mを通るCDに共役な直径は，$\boldsymbol{Af}(A_0B_0)=AB$ なる e_1 に平行な線分ABである。これらの共役直径から楕円 k が作図できる（図1-19，2-10参照）。

ところで，投象図上の二つの楕円 k_0，k の対応関係において，円柱面の輪郭線を与えている直線 q，r は，両楕円の共通接線である。接線 q は点 Q_0 とQにおいて両楕円に接し，接線 r は点 R_0 とRにおいて両楕円に接す。

4) 正投象による角柱の切断（図4-22）

斜三角柱（ABC-$A_0B_0C_0$）を平面 ε (e_1, e_2) で切断する。稜と平面の交点の作図を3回行なえば切断線は得られるが，交点を一つ作図し，以下の平面配景的アフィン対応を利用すれば作図が簡潔にできる。このとき平面図においては，すでにみた軸測投象図と同様，$\boldsymbol{Af}(\triangle A_0B_0C_0)=\triangle P'Q'R'$（ただし $\boldsymbol{Af}[e_1, /\!/ A'A_0]$）という平面配景的アフィン対応が成立している。と同時に，切断三角形PQRの平面図と立面図の間には，平面 ε の一致直線 i（**2-3-3** 図2-46参照）をアフィン軸とする平面配景的アフィン対応 $\boldsymbol{Af}_{12}[i, /\!/ p_{12}]$ が成立している。この正投象図内に成立している平面配景的アフィン対応を抜き出して示したものが図**4-23**である。

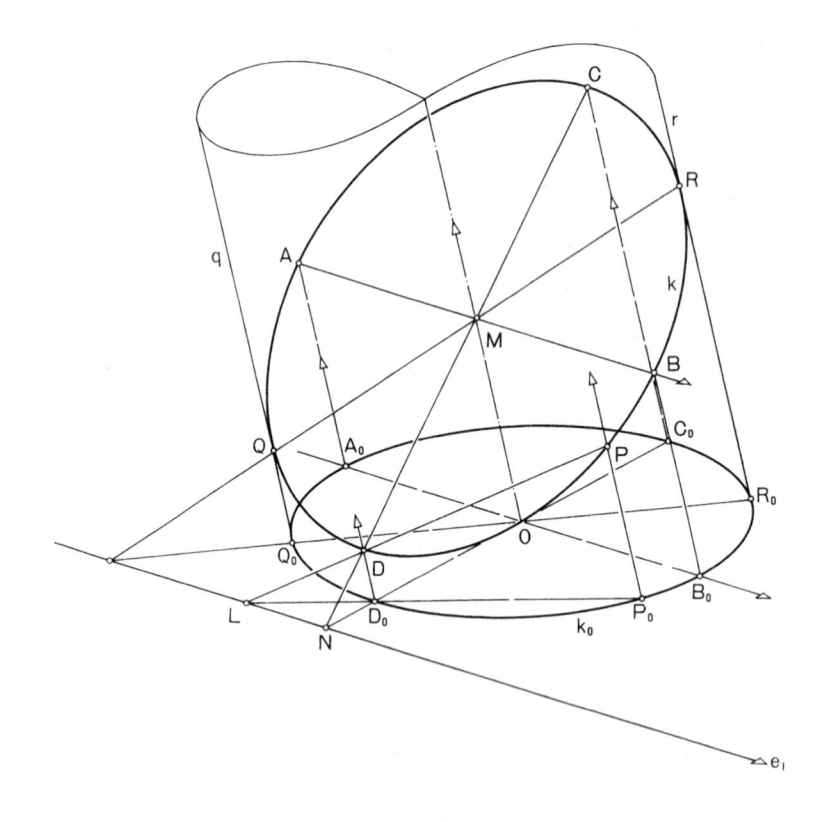

図4-21 斜円柱の切断（軸測投象）

4-2-2 角柱・円柱の切断　109

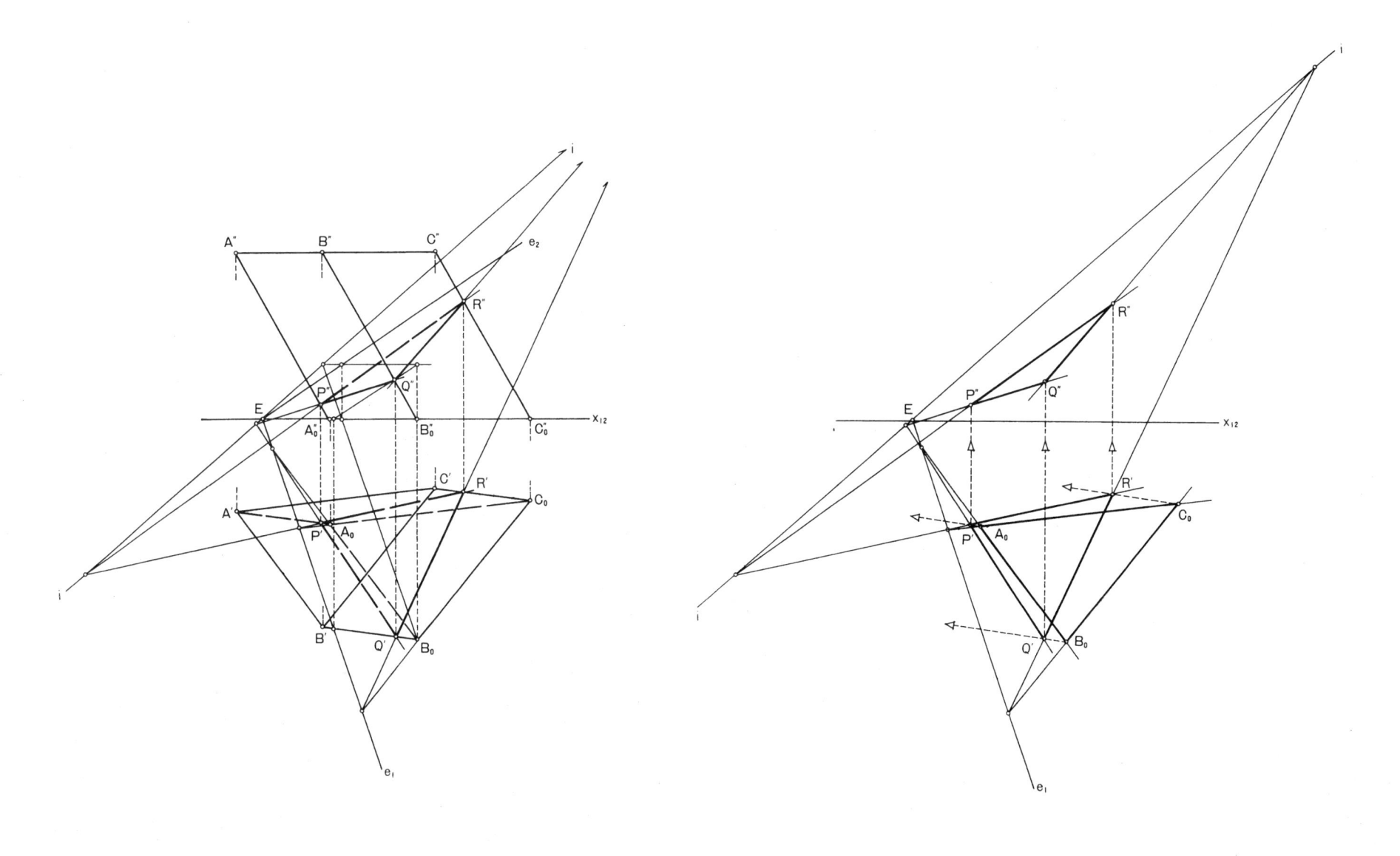

図4-22　斜三角柱の切断（正投象）

図4-23　斜三角柱の切断線作図に成立している平面配景的アフィン対応

4-3　まちがった作図

　前節で検討した投象図上の平面配景的対応関係は，投象図が立体の投象図（描図）であるかぎり満たさなければならない条件と考えることができる。そこで，描図に図法的な誤りがあるかいなかを判定する基準として，平面配景的性質を吟味することが考えられる[*]。

　ところで，前節の軸測投象図の多くにおいて，直線や点の軸測投象図と軸測平面図が対で示されておらず，図形の空間内の位置が一意的に定義されていない，と読者には見えた筈である。日常的には，本書の 2-1，2-2，そして 3-1，3-3 で作図したように軸測軸や軸上の縮率を厳密に決めずに，自由に（軸測投象図であることを意識せずに）スケッチする場合が多い。そのようなとき，作図の誤りが生ずる可能性がある。それを正すために，描図の平面配景的性質を検討してみることが有用である。数例を示そう。

　図4-24 は 5 面体(ABC-DEF)の図で，問題はないように見えるが，実はまちがった図である。この図が 5 面体の平行投象図であるとすれば，5 面体の面の描図が平面配景的共線対応の性質を満たしていなくてはならない。例えば，三角形 ABC と三角形 DEF とが平面配景的共線対応していなくてはならない。それを調べてみよう(図4-25)。

　二つの三角形の対応する辺を延長してみると，点 P，Q，R で交わる。これら 3 点は共線ではない。ということは，三角形 ABC と三角形 DEF は平面配景的共線対応していないのである。さらに，三角形の対応する頂点を結んでみる。点 S，T を得る。ということは，共線対応の中心が存在しないから，やはり，二つの三角形は平面配景的な関係にないのである。

　この図を正すには，対応中心を点 S か点 T になるように，稜 AD もしくは FC を修正すればよい。

---

[*]　この項は，グーリエヴィッチ『射影幾何学』(東京図書，1962年)下巻第23節「完全な描図と完全でない描図」に引用されるチェトヴェルヒンの方法を参照している。

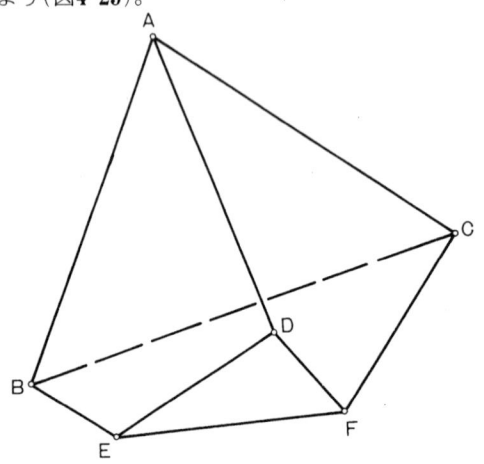

図4-24　5 面体のまちがった作図

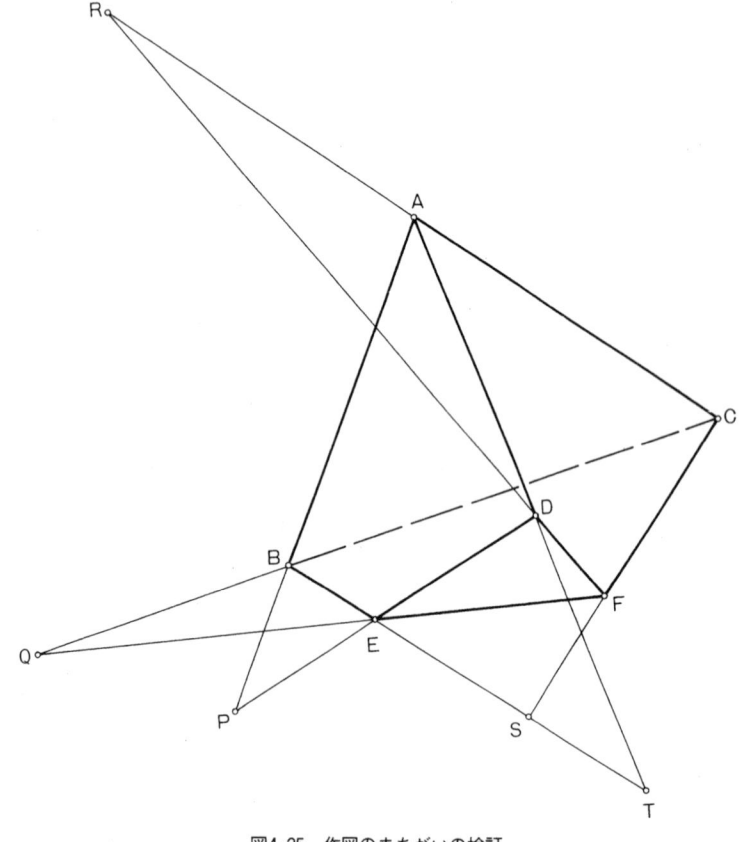

図4-25　作図のまちがいの検証

図4-26は，立方体(直方体)上の直線 l を含む切断線を正しく示しているようであるが，作図はまちがっている。検証してみよう(図4-27)。

切断面(PQRST)を直線 l を含む3つの三角形(PQT)，(PRT)，(PST)に分けてみる。それぞれの平面図とこれらの三角形が配景的アフィン対応している場合のアフィン軸を作図してみる。例えば，三角形(PRT)とその平面図(P′R′T′)(ただし，B′＝R′)が配景的関係にあれば，アフィン軸はML(ただしL[PR∧P′R′]，M[TR∧T′R′])である。他の二つの三角形について同様の作図をしてみると，それぞれ点K，Nを通り直線 l に平行な，別のアフィン軸ができる。ということは，これら三種の三角形は同一平面をなしていないことが分かるのである。つまり，作図はまちがっていたのである。

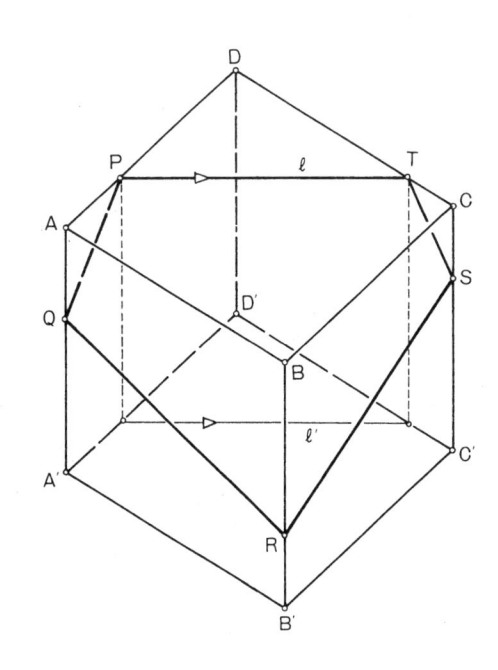

図4-26 立方体の切断のまちがった作図

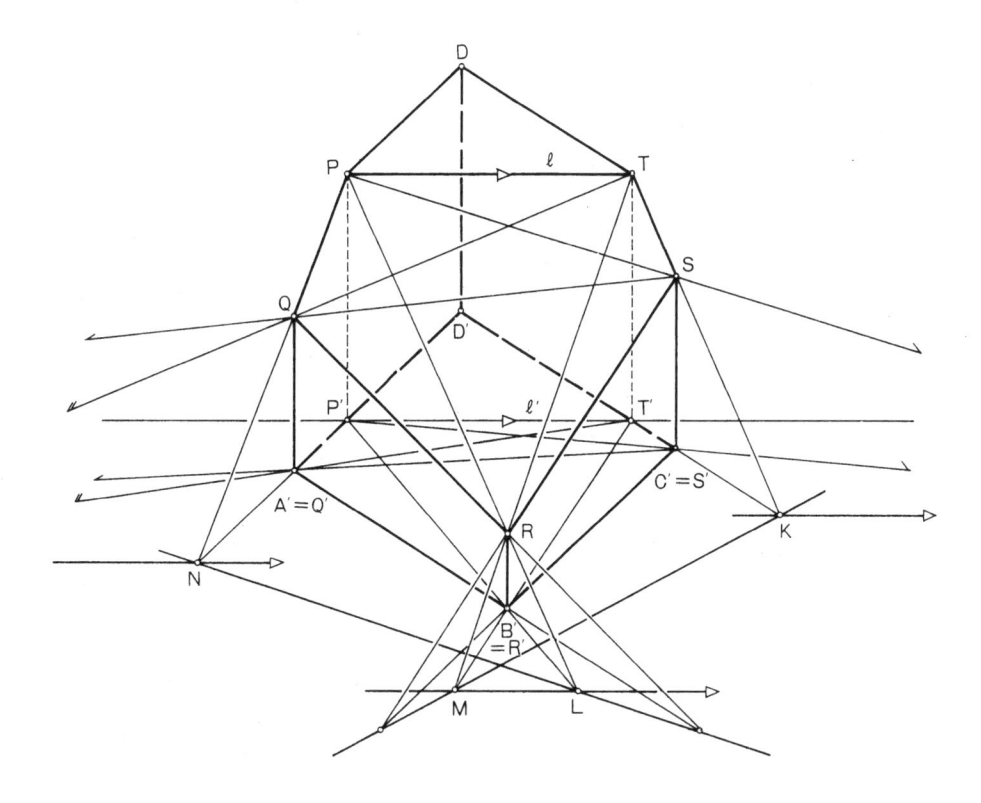

図4-27 立方体の切断作図のまちがいの検証

この図を修正してみよう(図**4-28**)。上の三種の三角形のアフィン軸を一つに統一しなくてはならない。直線 l は正しい作図とし，切断平面 ε の跡 e_1 が与えられている状態から作図を開始する(あるいは，立方体上の3点を通る切断として問題を設定してもよい)。まず線分 PQ, TS を求める。切断面と立方体の底との配景的アフィン対応は，点 P と点 P′ との対応(あるいは直線 l 上の点 F [F, F′] でもよい)と跡 e_1 で定義される($\boldsymbol{Af}[e_1,\ /\!/ PP']$)。点 K_1 [A′D′∧e_1] とすると，Q [AA′∧PK_1] なる点 Q を得る。このとき $\boldsymbol{Af}$(P′A′)=PQ。次に求めるべき三角形(PQR)は，平面図(P′Q′R′)を配景的アフィン対応させた三角形であるはずであるから，点 L_2 [A′B′(=Q′R′)∧e_1] をつくり，[QL_2∧BB′]=R なる点 R を得，三角形が確定する。点 S についても同様に作図し，最終的に切断5角形(PQRST)を得る。

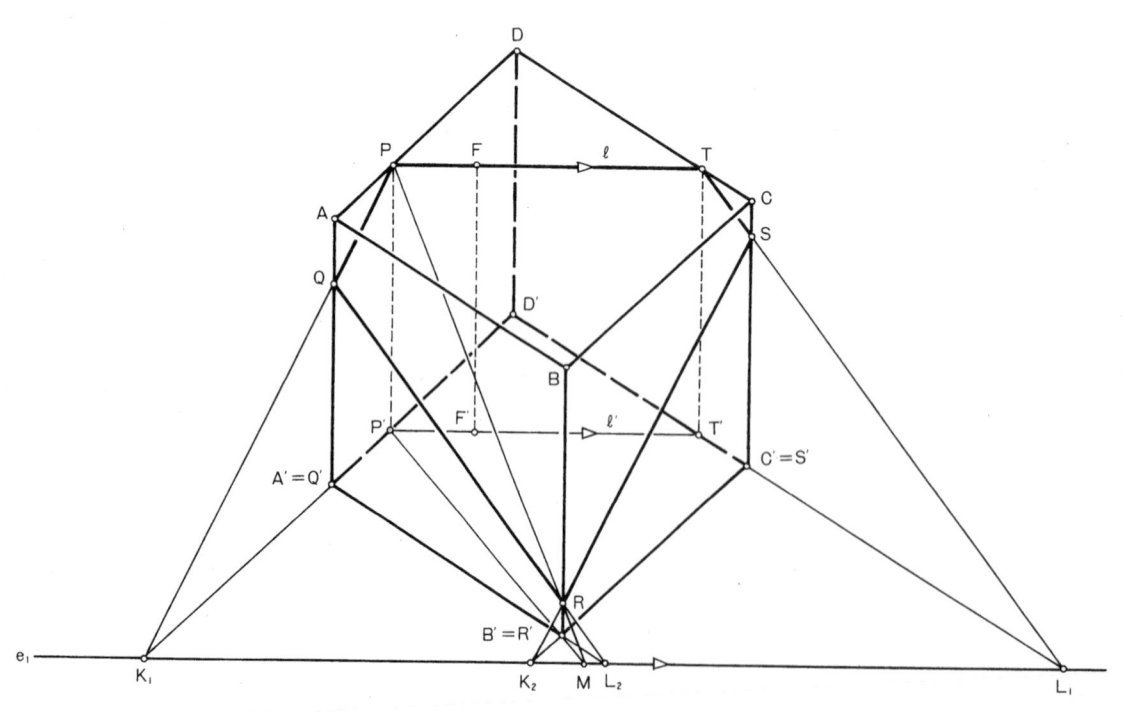

図4-28 立方体の切断：正しい作図

5章　多面体[*]

有限個の平面多角形によって限られた立体を**多面体**という。ただし，その各辺はかならず2つの平面多角形に属していなければならない。この平面多角形を**多面体の面**という。それは多面体のなかの位置によって側面，底面（上底面，下底面）といわれる場合もある。面と面の交線，すなわち面を構成する平面多角形の辺を**多面体の稜**という。また，稜と稜の交点を**頂点**という。多面体は，この頂点を求めることで表示される。

多面体の対角線とは同一面上にない二頂点を結ぶ直線である。そのうち，すべての頂点が点対称となる点（対称の中心点）を通る対角線を**主対角線**という。対角線のすべてが多面体の内部にある多面体を凸多面体といい，それ以外のものを凹多面体という。ここでは，凸多面体のみを取扱う。

5-1　正多面体

5-1-1　正多面体の基本

すべての面が合同な正多角形で，且つすべての頂点の**多面角**が等しい多面体を**正多面体**またはプラトンの立体という。

頂点に集まる面の**平面角**は等しいので，この面と，その稜の端を結んで出来る正多角形によって正多角錐が出来る。正多面体の面の辺の数 p とこの正多角錐の底面の辺の数 q の組 (p, q) によって正多面体を表現出来る。(p, q) を**シュレーフリの記号**という（図5-1）。

正多面体の種類は5種類である。その証明はオイラーの多面体定理によっても，シュレーフリの記号を使っても出来る。

---

[*] この章を書くにあたって下記の著書を参照した。
一松信『正多面体を解く』1983，宮崎興二『かたちと空間』1983, H.S.M. コクセター，銀林浩訳『幾何学入門』1975, K. Critchlow, *Order in Space*, 1971.

証明：シュレーフリの記号を使って証明する。一頂点の平面角の合計は4直角より小である。面の正多角形の内角は $\pi \cdot (p-2)/p$ であるから，

$$\frac{\pi \cdot (p-2)}{p} \cdot q < 2\pi \quad \therefore \quad \frac{1}{p} + \frac{1}{q} > \frac{1}{2}$$

これを満す (p, q) は以下の場合のみである。但し $p, q \geq 3$。

(3, 3), (4, 3), (3, 4), (5, 3), (3, 5)　　　　（証明終了）

正多面体の一覧表をかかげる（図5-2）。右欄に正多面体の相互関係が示してある。表中の面心，稜心は面の中心，稜の中心を頂点にすることを意味している。双対については後述する。

正多面体の図形的性質を知るために，正多面体を回転によって自分自身に重ねる変換をとりあげる。その変換は次の場合に限られる。

a) 相対する面の中心を結ぶ直線を回転軸とする場合。$2\pi/p$ 回転すると重なる。

b) 相対する頂点を結ぶ直線を回転軸にとる場合。$2\pi/q$ 回転すると重なる。

c) 相対する辺の中点を通る直線を回転軸にとる場合。$2\pi/2$ 回転すると重なる。

ただし，p, q はシュレーフリの記号の p, q。

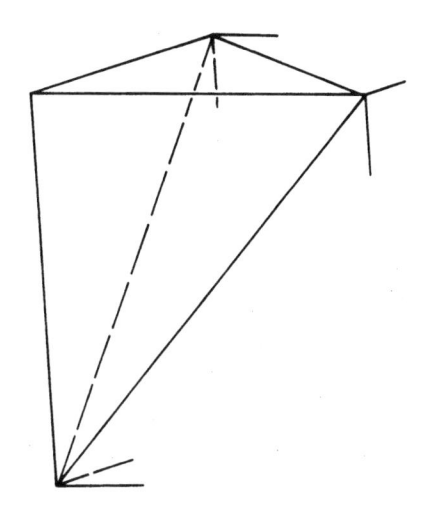

図5-1　シュレーフリの記号――正6面体の場合 (4, 3)

図5-2 正多面体一覧

正多面体の名称 （シュレーフリ記号）	面の数 F	頂点の数 V	稜の数 E	外接球の半径 （稜の長さ a）	正多面体の形	正4面体	正6面体	正8面体	正12面体	正20面体
正4面体 regular tetrahedron (3, 3)	4	4	6	$\dfrac{\sqrt{6}}{4}a$	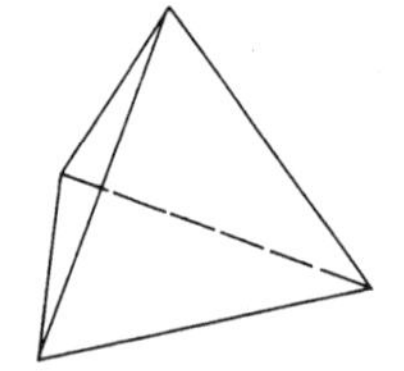	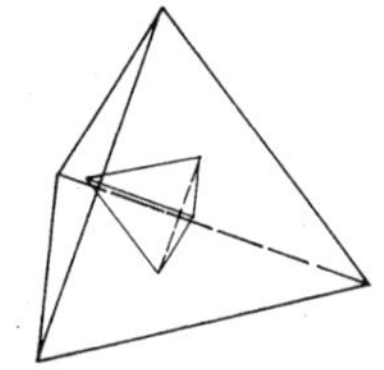 双対	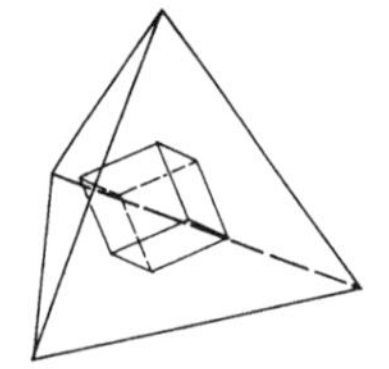 面心	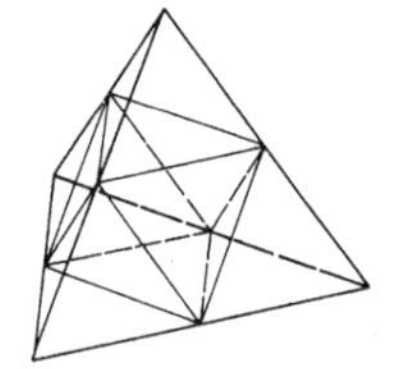 稜心	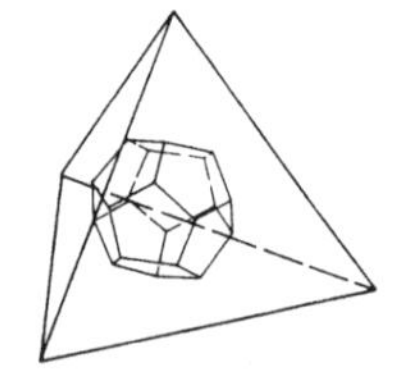 面心	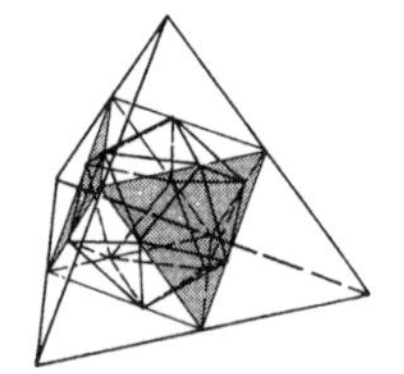 面上に面
正6面体（立方体） regular hexahedron (4, 3)	6	8	12	$\dfrac{\sqrt{3}}{2}a$	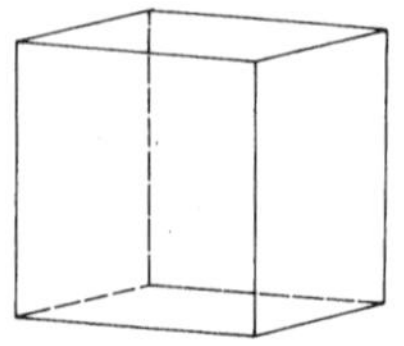	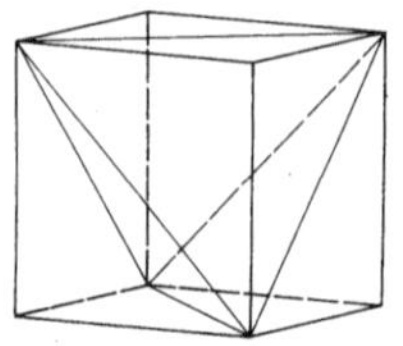	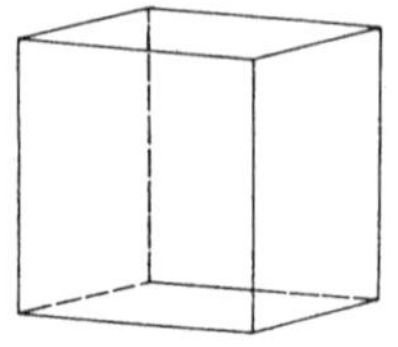	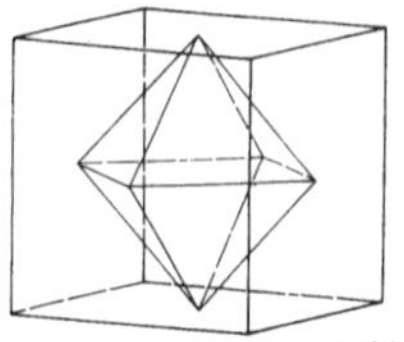 双対	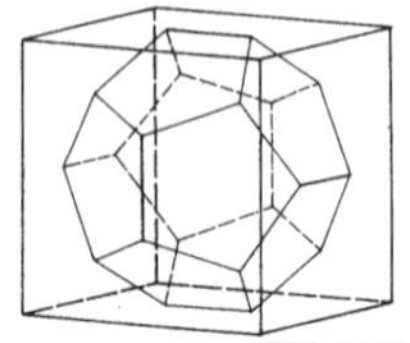 面上に稜	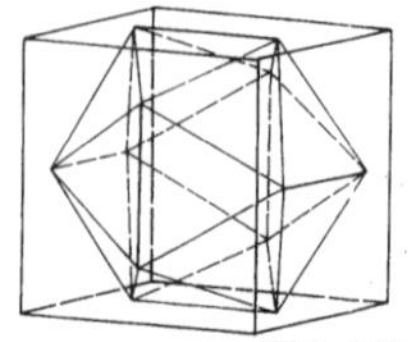 面上に稜
正8面体 regular octahedron (3, 4)	8	6	12	$\dfrac{\sqrt{2}}{2}a$	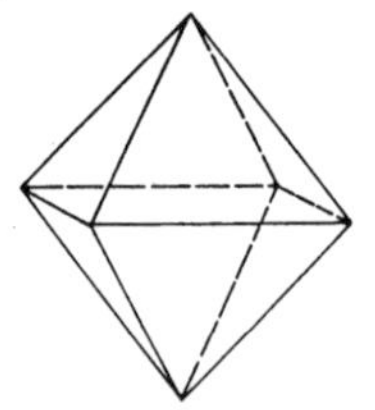	 面心	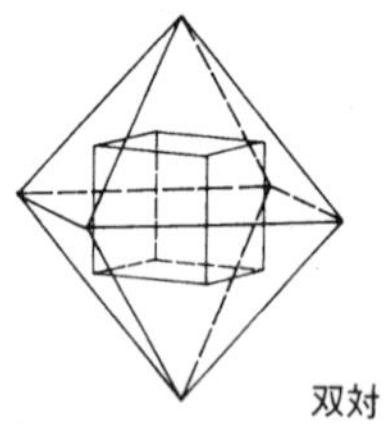 双対	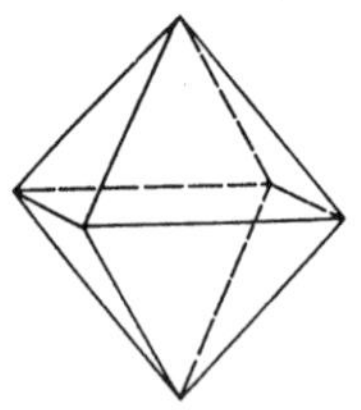	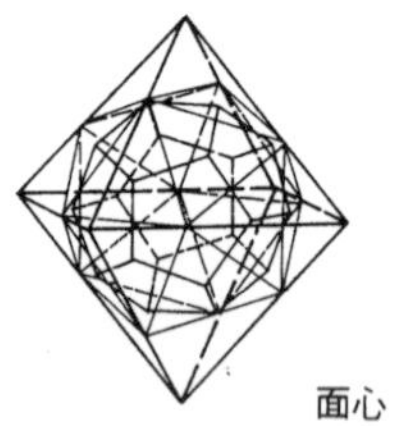 面心	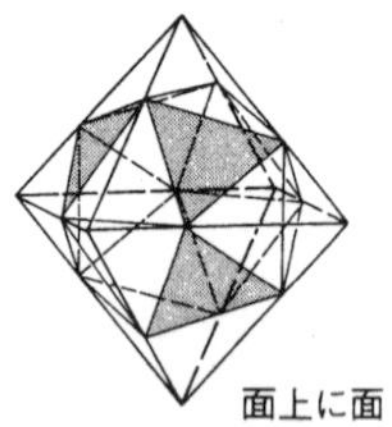 面上に面
正12面体 regular dodecahedron (5, 3)	12	20	30	$\dfrac{\sqrt{15}+\sqrt{3}}{4}a$					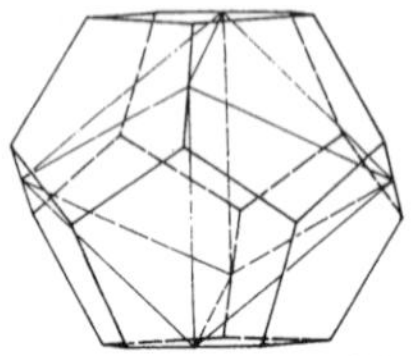 稜心	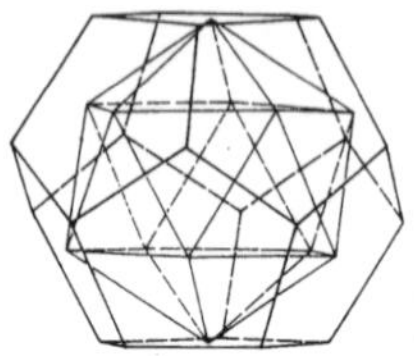 双対
正20面体 regular icosahedron (3, 5)	20	12	30	$\dfrac{\sqrt{10+2\sqrt{5}}}{4}a$	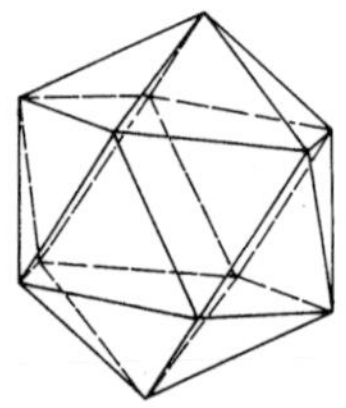	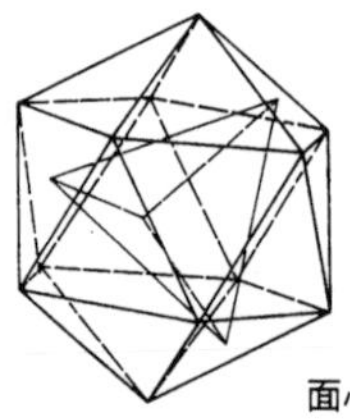 面心	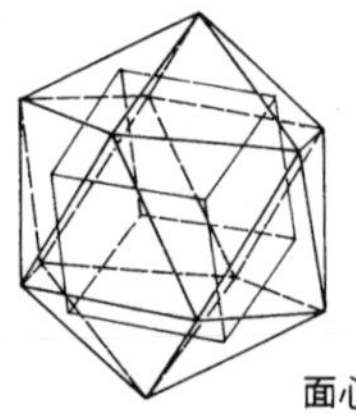 面心	 稜心	 双対	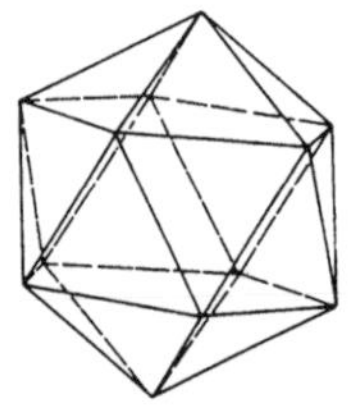

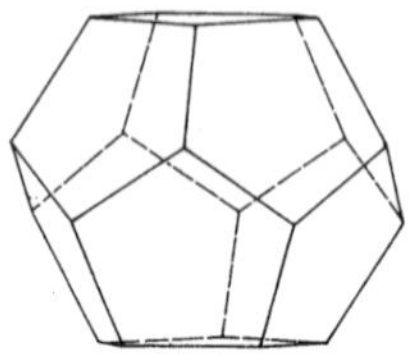

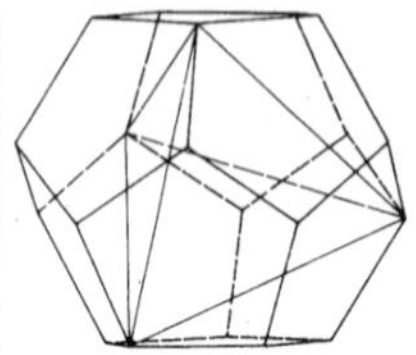

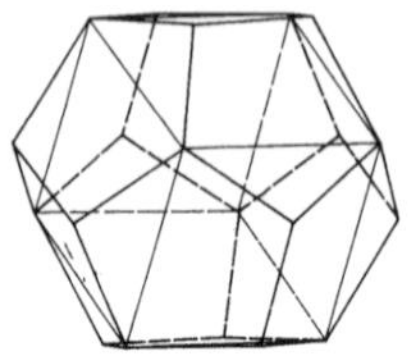

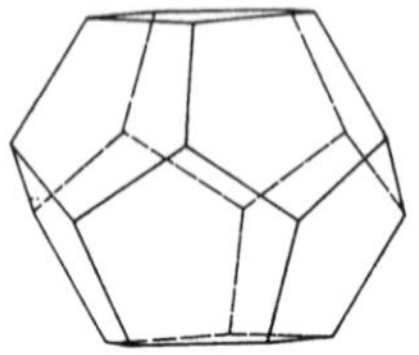

正多面体の相互関係

クラインの4群；重なる回転の数は，aの回転で$F(p-1)/2$，bの回転で$V(q-1)/2$，cの回転で$E/2$である。ただしFは面の数，Vは頂点の数，Eは稜の数である。恒等変換が一回ある。合計では

$$\frac{F}{2}(p-1)+\frac{V}{2}(q-1)+\frac{E}{2}+1=\frac{Fp}{2}+\frac{Vq}{2}+\frac{1}{2}(E+2-F-V)=2E$$

ただし，$F+V-E=2$（**オイラーの多面体の定理**），$pF=2E$, $qV=2E$

これらの正多面体の変換群を多面体群という。正6面体と正8面体，正12面体と正20面体はそれぞれ群としては同じものになる。前二者を8面体群，後二者を20面体群という。各多面体群の変換数は下表の如くである。

多面体群	単位元	シュレーフリ記号	変換 a b c	合 計
4面体群	正4面体	3 3	4 4 3	12
8面体群	正6面体	4 3	9 8 6	24
	正8面体	3 4	8 9 6	24
20面体群	正12面体	5 3	24 20 15	60
	正20面体	3 5	20 24 15	60

正多角形を回転して自分自身に重ねる変換は正p角形の中心を通る垂線を回転軸にする場合(p位の巡回群C_pという。ただし恒等変換eは$a^0=a^p=e$)と正p角形の対称軸を回転軸とする場合である。その回数はそれぞれp回で，合計$2p$となる。この変換による群をp位の二面体群という。上記の三多面体群と合わせて，**クラインの4群**といい，三次元の有限回転群はこの4群に限られる。

これらの三回転軸を稜とし，正多面体の面を底面とする三角錐を**基本単体**（**オルトシェーマ**）という。その数はどの正多面体も$4E$である。その側稜の長さ$\overline{OA}$, $\overline{OC}$, $\overline{OM}$はそれぞれ正多面体の外接球，中接球，内接球の半径に該当する（図**5-3**）。

正多面体の面の中心を頂点とする多面体を考えると，正4面体では正4面体が（図**5-4**），正6面体では正8面体が（図**5-5**），正8面体では正6面体が，正12面体では正20面体が（図**5-6**），正20面体では正12面体が出来る。正6面体と正8面体，正12面体と正20面体は**双対的関係**にあるといい，正4面体は**自己双対的関係**にあるという。稜の構成を見てみると，与えられた多面体の稜は面の交

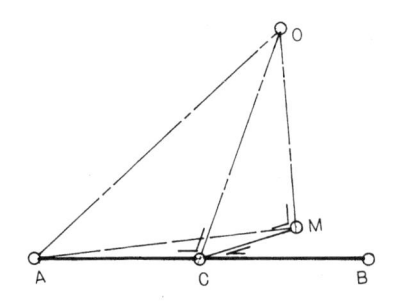

図5-3 基本単体（オルトシェーマ）

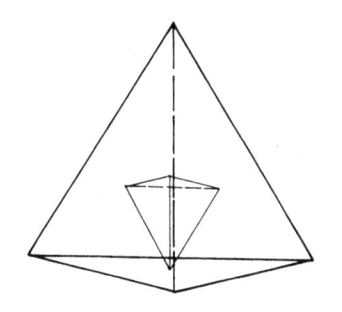

図5-4 自己双対する正4面体

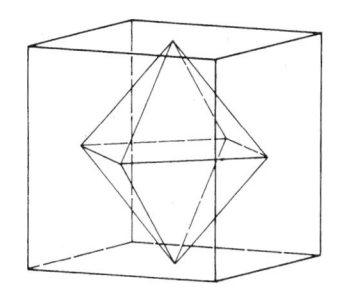

図5-5 双対する正6面体と正8面体

線として，作られた双対体の稜は頂点を結ぶことで構成されている。従って，多面体の双対的関係は，面を点に，面の交わりを頂点を結ぶことに，またはその逆にする変換における関係である。

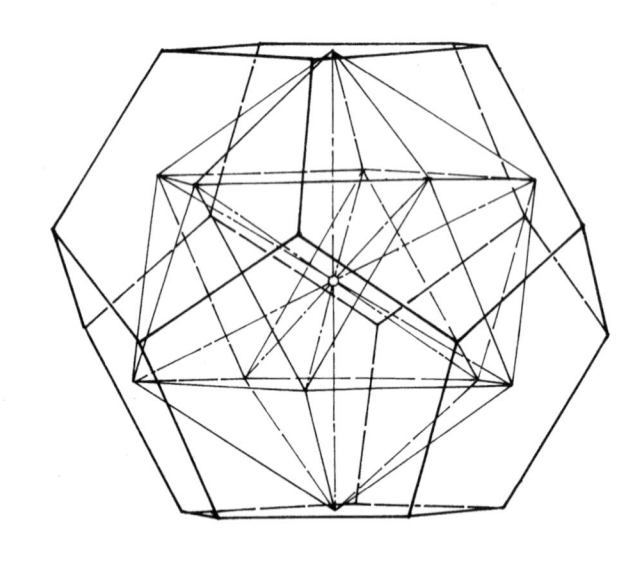

図5-6 双対する正12面体と正20面体

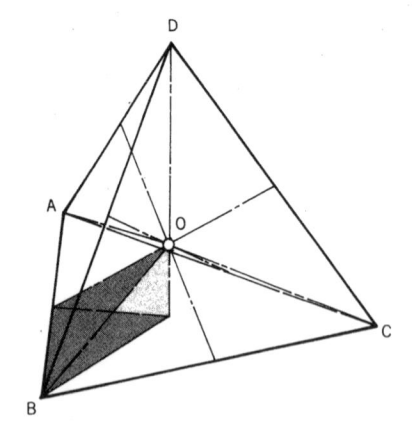

図5-7 正4面体の基本単体

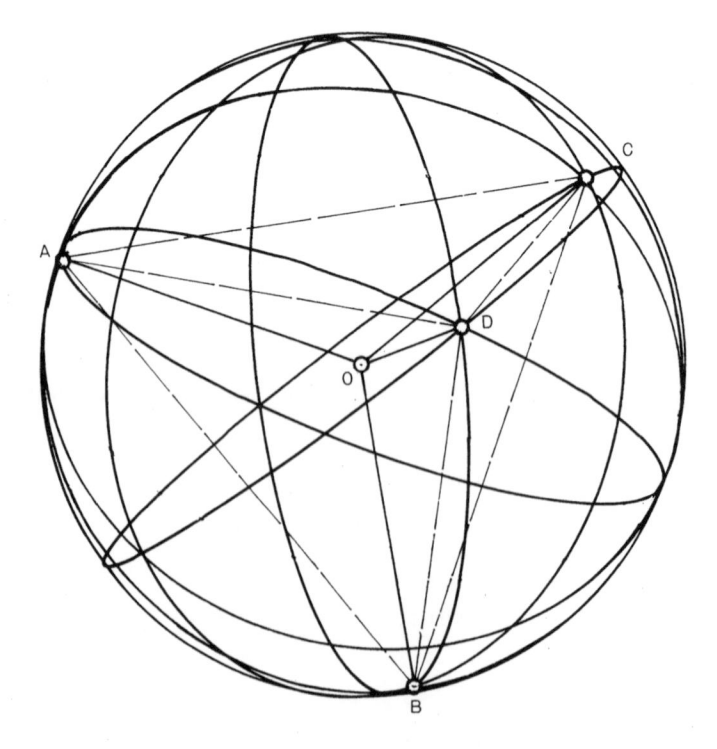

図5-8 外接球への正4面体の稜の中心投象図（点O：投射中心）

5-1-2 正 4 面 体

　回転群の軸は，頂点とそれに相対する面の中心を結ぶ4直線と，相対する稜の中点を結ぶ3直線である（図5-7）。正4面体の外接球を考え，その中心を投象中心とする中心投象を考えると，稜の球上への図は大円となる（図5-8）。
　正4面体の平面図と立面図を見てみよう。

1) 一面が水平投象面 Π_1 上にある場合。

図5-9において，正三角形 ABC が与えられたとする。平面図 D′ は△ABC の中心である。立面図 D″ は点 D の高さ h が分かれば作図可能である。

高さを求めるには，辺 AB を回転軸にして正三角形 ABC の点 C を持ち上げ D′ の位置にもち来る図形の一般回転法（**3-4-4** 参照）を考える。点 C′ を通り AB に垂直に副基線 x_{13} を定めると，副立面図として点 C の回転円 k''' [A‴, $\overline{A'''C'}$] を正円で得る。点 D‴＝[p_{13}(D′)∧k'''] が得られ，この高さを立面図に移せばよい。

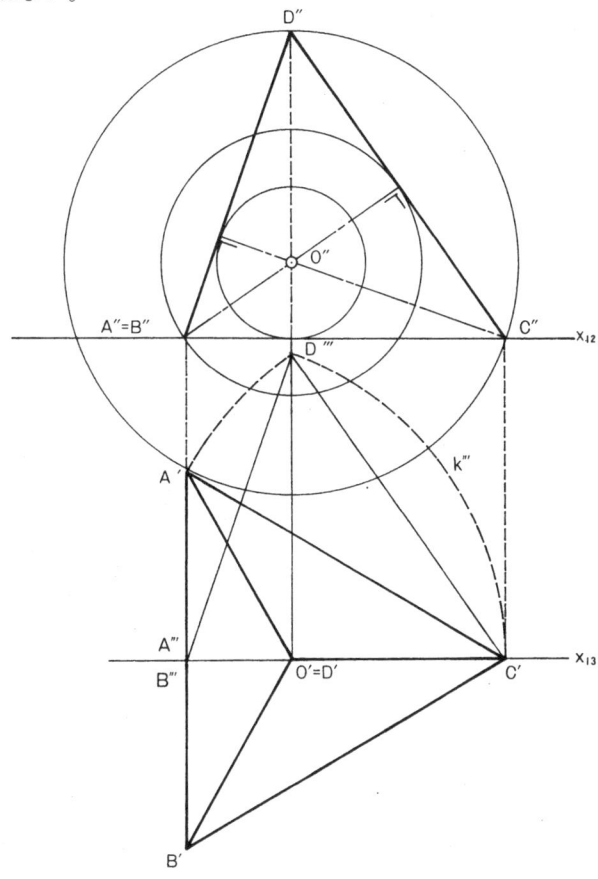

図5-9 正4面体 (1)

2) 相対する二稜が与えられている場合。

図5-10において，平面図 A′B′, C′D′, が与えられていて，立面図 A″B″∥C″D″∥x_{12} の場合，C″ と D″ の高さを求める。四点 A′B′C′D′ は正方形となり，稜の中点を結ぶ線は互いに垂直となり，その長さは等しい。

前図同様，辺 AB を回転軸にして正三角形 ABD$_0$($\in\Pi_1$)の点 D$_0$ を持ち上げ D′ の位置(既知)にもち来る図形の一般回転法を考え，点 D の高さ(＝点 C の高さ)を得る。

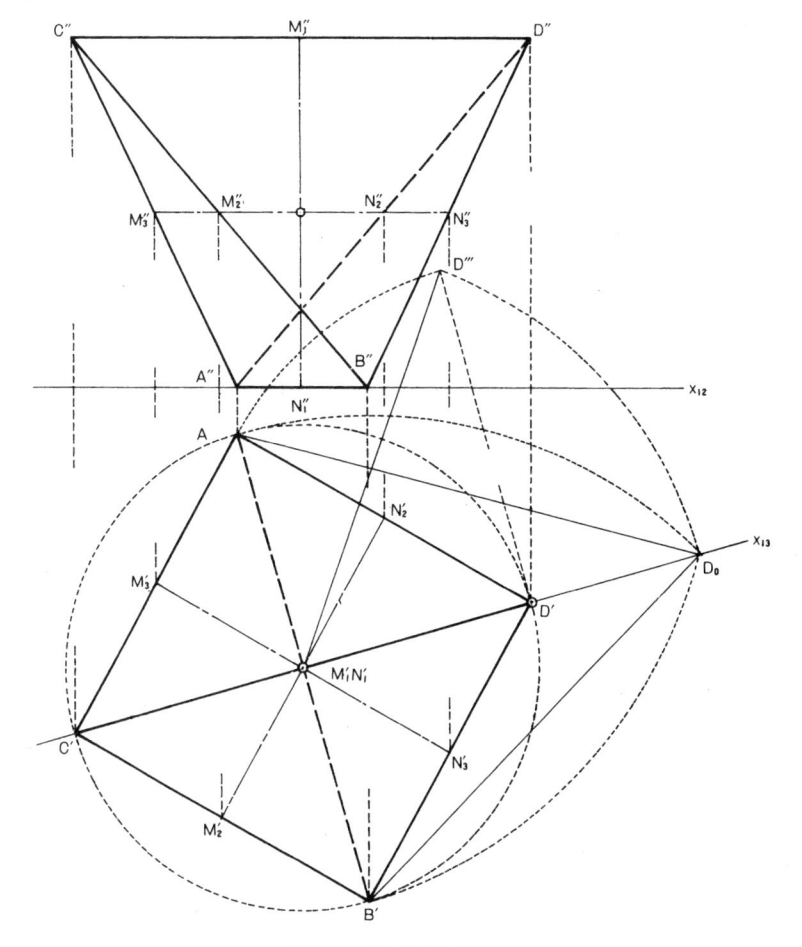

図5-10 正4面体 (2)

5-1-3　正6面体と正8面体

正6面体と正8面体は双対的関係にある。回転変換の軸も正6面体の a 軸は正8面体の b 軸に，正6面体の b 軸は正8面体の a 軸となり，c 軸を共有するという関係でもある。従って，両者の基本単体は側稜を共有することになるが，その底面は多面体の中心 O を共線中心とした配景的共線対応の関係にある(図5-11)。

また，外接球上に球の中心を投射中心として投象すると各稜は大円となるが，正8面体の場合を図示しておく(図5-12)。

次に平面図，立面図について考える。

1) 対角線が水平投象面 Π_1 に垂直な場合の正6面体(図5-13)。

一頂点 A と面 ABCD の水平跡線 e_1 が与えられたとする。点 A を通る三稜の平面図は互いに $2\pi/3$ で点 A′ で交わる(対角線の他の端点 E から出る三稜の方向の平面図も同様だが，点 E′ に対して点対称の位置)。A′C′⊥e_1 であるので，三稜の平面図の位置が定まる。次に水平跡線 e_1 を回転軸にして正方形 $A_0B_0C_0D_0$ (ただし A′=A_0, $\overline{A_0B_0}=\overline{AB}$) を回転すると，正方形 ABCD に重なるので，点 B′ は $b'\wedge B^0B'$ (ただし $e_1\perp B^0B'$) として，点 D′ は $d'\wedge D^0D'$ (ただし $e_1\perp D^0D'$) として確定する。他の頂点の平面図は円 k [A′, $\overline{A'B'}$] との交点として定まる。立面図の高さは図5-10と同様の方法で得られる。説明は省略。

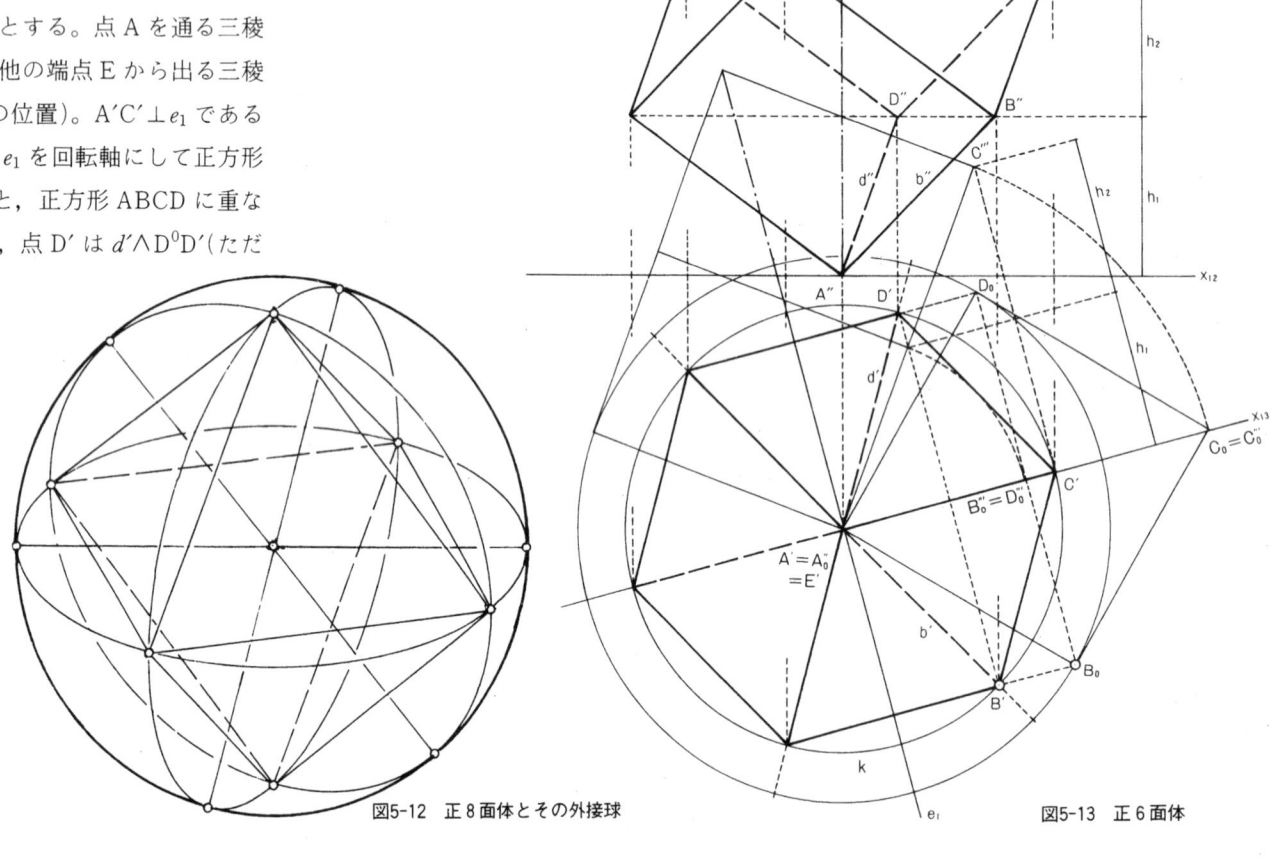

図5-11　底が配景的共線対応する正6面体と正8面体の基本単体

図5-12　正8面体とその外接球

図5-13　正6面体

2) 正6面体の双対としての正8面体(図5-14)

水平投象面 Π_1 上に正6面体を置き，その面の中心を頂点とする正8面体を求める。正6面体の内接球が正8面体の外接球になる関係は容易に読みとれる。

3) 一面が水平投象面 Π_1 上にある正8面体(図5-15)。

正4面体の各稜の中点を結ぶ直線を考えると，それを稜とする立体は正8面体である。相対する面が $2\pi/2p$ (ただし，ここでは $p=3$) ずれていることが解る。

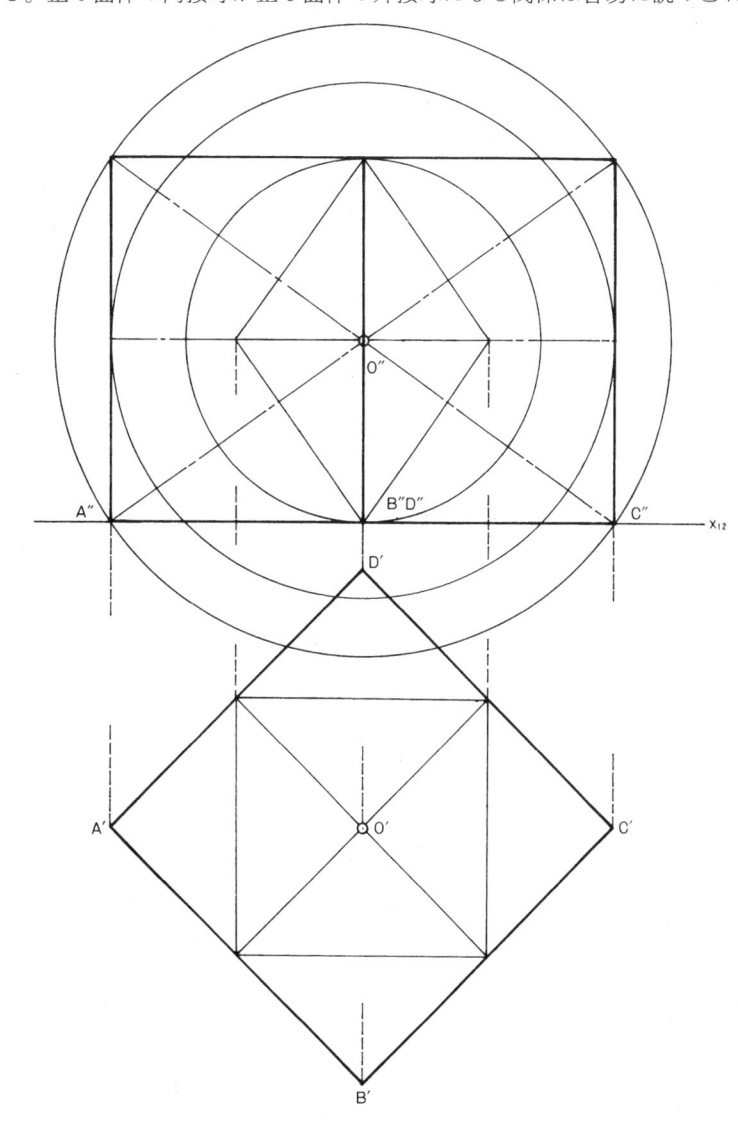

図5-14 正6面体の双対としての正8面体

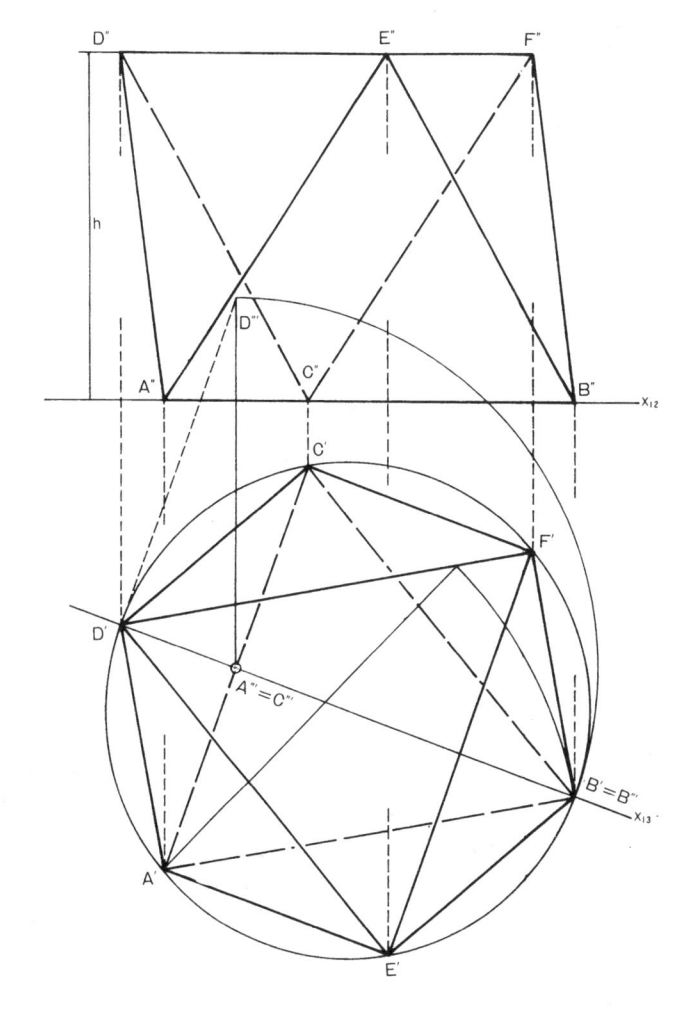

図5-15 正8面体

120　5章　多面体

5-1-4　正12面体と正20面体

　正12面体と正20面体は双対的関係にある(図5-6)。回転変換に関しては，a 軸と b 軸は入れ代り，c 軸は同一である。両者の基本単体は側稜を共有し，底面は中点 O を共線中心とした配景的共線対応の関係にある(図5-16)。

　外接球の上に両多面体をその中心を投象中心として投象すると，稜は大円となり，この大円は両者に共通となる。

　1) 一面が水平投象面 Π_1 上にある正12面体(図5-17)。

　図5-17において正5角形 ABCDE が Π_1 上に与えられたとする。上底の正5角形は下底の正5角形 ABCDE の中心を通って $2\pi/2p\,(p=5)$ ずつずれた直線上にあるので，平面図の輪郭線は正10角形となる。稜 CD は，正5角形 ABCDE を稜 DE($\in \Pi_1$)を回転軸にして回転した時，稜 C_1D と重なる。従って，点 C_1' は $2\pi/2p$ なる直線 O'D' と $CC_1'(\perp D'E')$ との交点で定まる。以下省略。

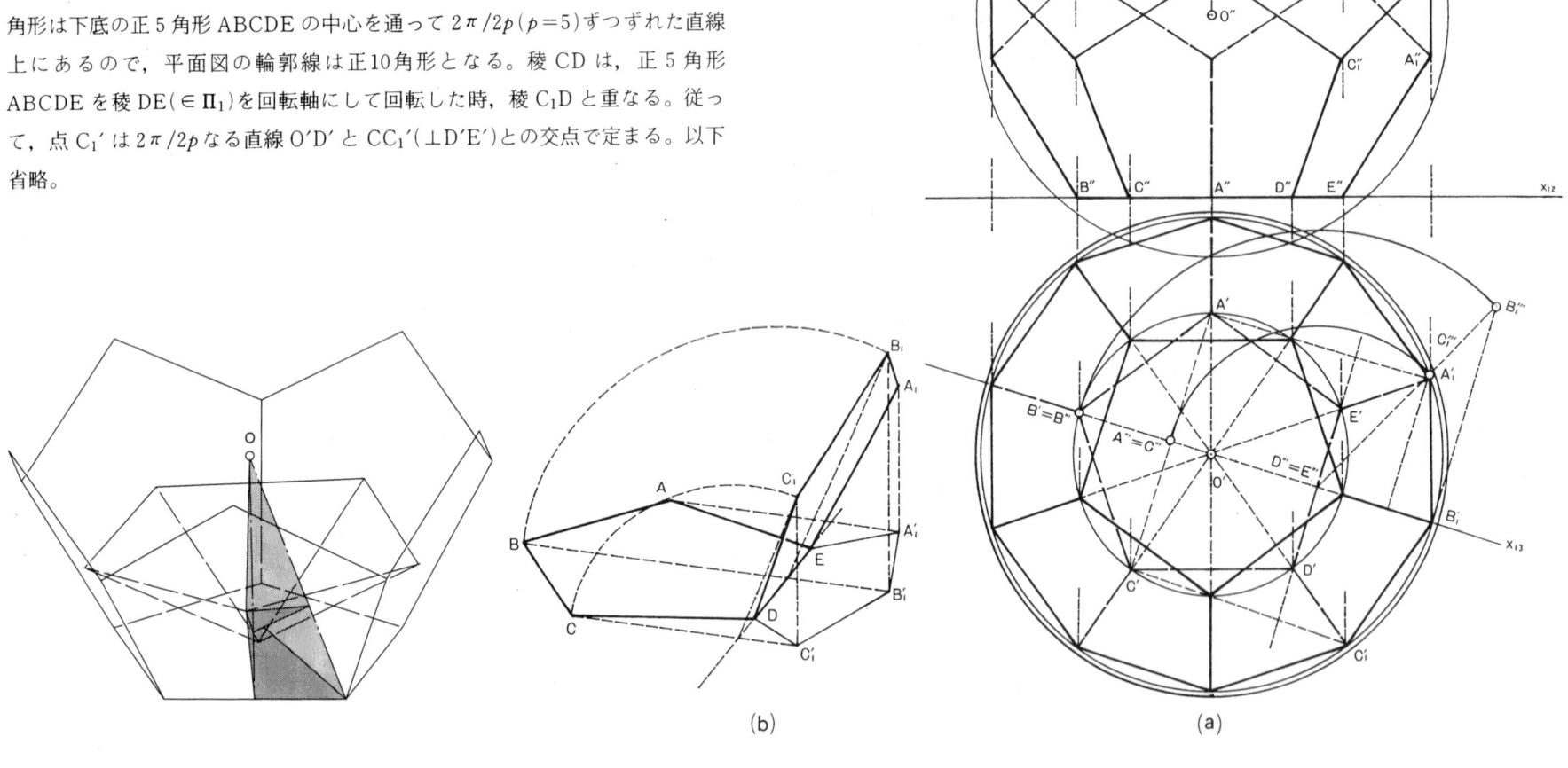

図5-16　底が配景的共線対応する正12面体と正20面体の基本単体

図5-17　正12面体 (1)

5-1-4 正12面体と正20面体　121

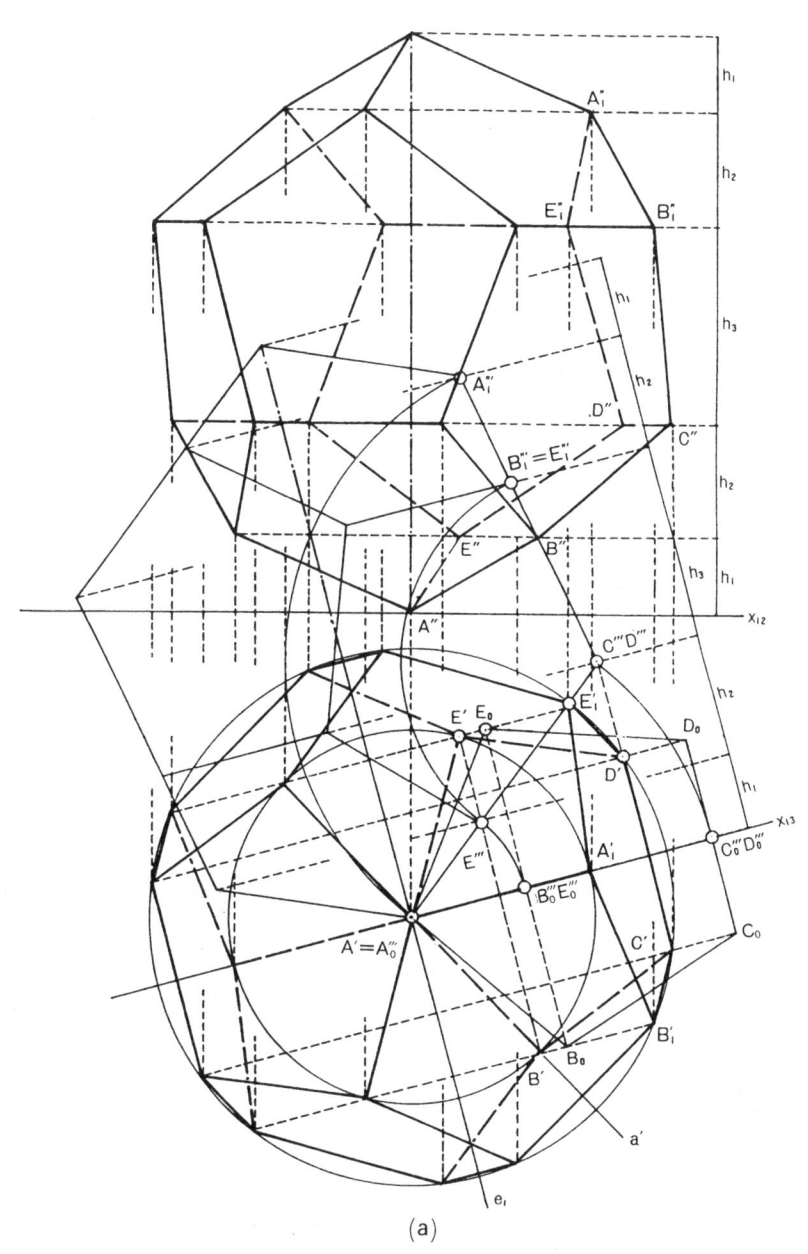

2) 主対角線が水平投象面Π_1に垂直な正12面体（図**5-18**）。

図**5-18**において，点 A を主対角線が通るとする。点 A の三稜の平面図は互いに$2\pi/3$であり，一面の正5角形 ABCDE の水平跡線 e_1 とすると，直線 C′D′∥e_1である。正5角形 $A_0B_0C_0D_0E_0$ をΠ_1上につくり，直線 e_1 を回転軸にして回転して，面 ABCDE に重ねるとすると，点 B′ は$2\pi/3$の直線（既知，直線 a'）と直線 B_0B'（⊥e_1）の交点として定まる。以下省略。

次に，こうして得られた一面 ABCDE の稜 CD を回転軸にして，面 ABCDE を回転させて点 A を点 A_1 に重ねると，側面の二層目の高さ h_3, h_2 が得られる。最上部の高さ h_1 は最下部の高さ h_1 と同一である。

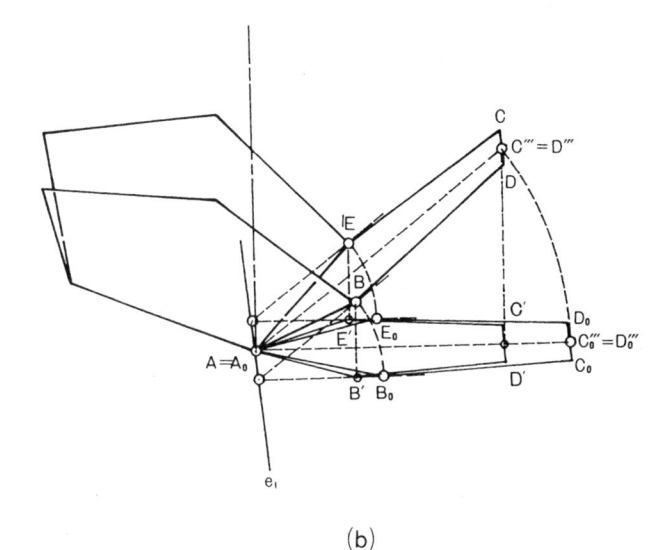

(a)　(b)

図5-18　正12面体 (2)

122　5章　多面体

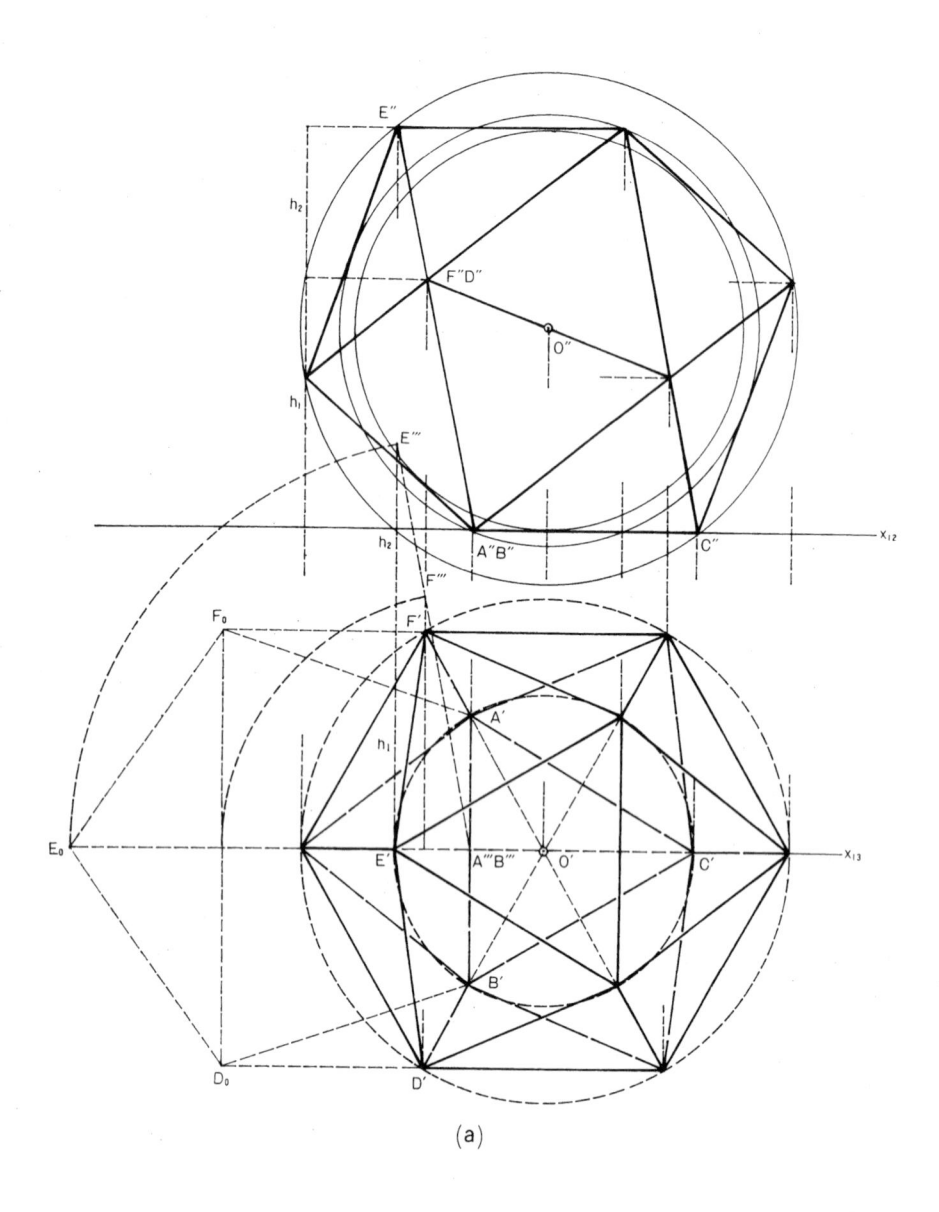

3）一面が水平投象面Π_1上にある正20面体（図5-19）。

図5-19において正三角形 ABC が与えられたとする。他の頂点の平面図は正三角形の頂点と相対する辺の中点とを結んだ直線上にくる。しかし，正三角形 ABC を回転することでは頂点の平面図は定まらない。そこで頂点 ABDEF が正5角形になることに着目して，その実形 A′B′D₀E₀F₀ を直線 AB を回転軸にして回転して定めることにする。以下省略。また，図5-20に主対角線が水平投象面Π_1に垂直の場合を示す。

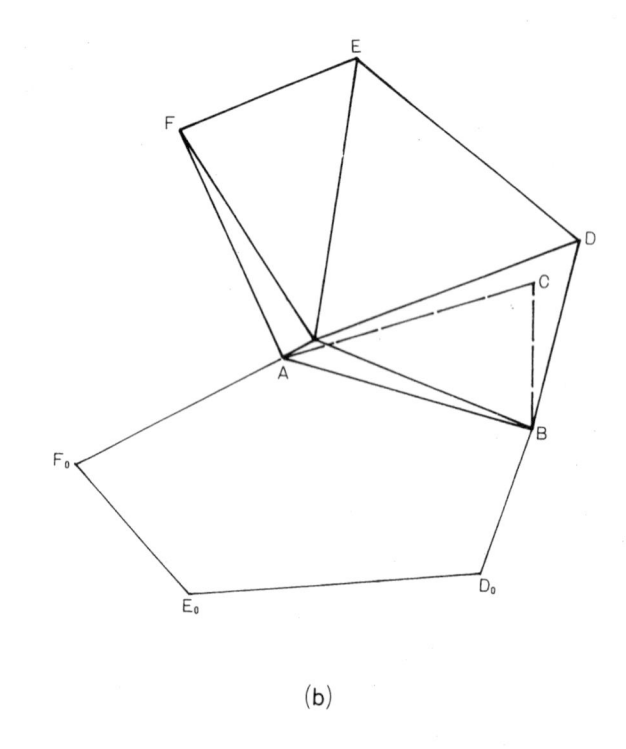

(a)　(b)

図5-19　正20面体 (1)

5-2 準正多面体

複数の種類の正多角形(ただし,辺の長さはすべて等しい)で限られ,すべての頂点の多面角が等しい多面体を**準正多面体**(半正多面体),または**アルキメデスの多面体**という。

準正多面体の表記法としては,一頂点に集まる正 l, m, n, …角形により [l, m, n, …] と表わす。準正多面体の種類は次の2種を除いて,全部で13である(図**5-22**)。その2種とは,

アルキメデスの正多角柱 [4, 4, p]

アルキメデスの正多反角柱 [3, 3, 3, p]

(ただし上者では $p=4$,下者では $p=3$ を除く)

上底面,下底面が合同な正 p 角形で,側面が正方形,もしくは正三角形の多面体である(図**5-21**)。それらは無限個ある。

図5-20 正20面体 (2)

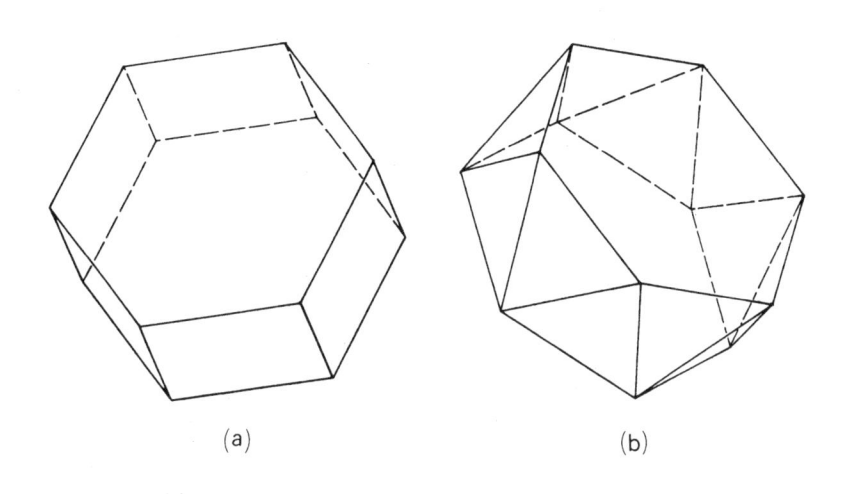

図5-21 アルキメデスの正6角柱と正6反角柱

124   5章 多面体

図5-22 準正多面体一覧(下欄はその双対多面体とその面形を示す)

	準正8面体 (切頭4面体)	準正14面体 (切頭8面体)	準正14面体 (立方8面体)	準正26面体 (切頭立方8面体)	準正38面体 (ねじれ立方8面体)	準正26面体 (菱形立方8面体)	準正14面体 (切頭立方体)
		〔3,6,6〕 (3)×4,(6)×4	〔4,6,6〕 (4)×6,(6)×8	〔3,4,3,4〕 (3)×8,(4)×6	〔4,6,8〕 (4)×12,(6)×8,(8)×6	〔3,3,3,3,4〕 (3)×32,(4)×6	〔3,4,4,4〕 (3)×8,(4)×18	〔3,8,8〕 (3)×8,(8)×6
正6面体と正8面体	三方四面体 二等辺三角形	四方六面体 二等辺三角形	菱形十二面体 菱形	六方八面体 不等辺三角形	五角二十四面体 五角形	凧形二十四面体 凧形	三方八面体 二等辺三角形
正12面体と正20面体		準正32面体 (切頭20面体)	準正32面体 (12・20面体)	準正62面体 (切頭12・20面体)	準正92面体 (ねじれ12・20面体)	準正62面体 (菱形12・20面体)	準正32面体 (切頭12面体)
		〔5,6,6〕 (5)×12,(6)×20	〔3,5,3,5〕 (3)×20,(5)×12	〔4,6,10〕 (4)×30,(6)×20,(10)×12	〔3,3,3,3,5〕 (5)×12,(3)×80	〔3,4,5,4〕 (3)×20,(4)×30,(5)×12	〔3,10,10〕 (3)×20,(10)×12
		五方十二面体 二等辺三角形	菱形三十面体 菱形	六方二十四面体 不等辺三角形	五角六十面体 五角形	凧形六十面体 凧形	三方二十面体 二等辺三角形

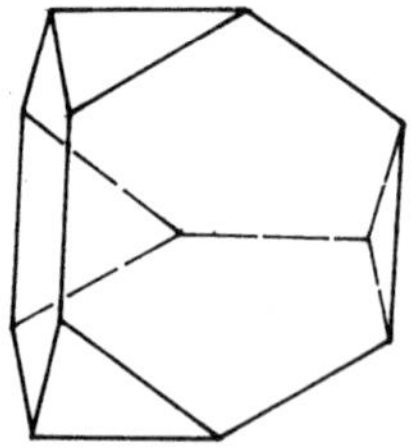

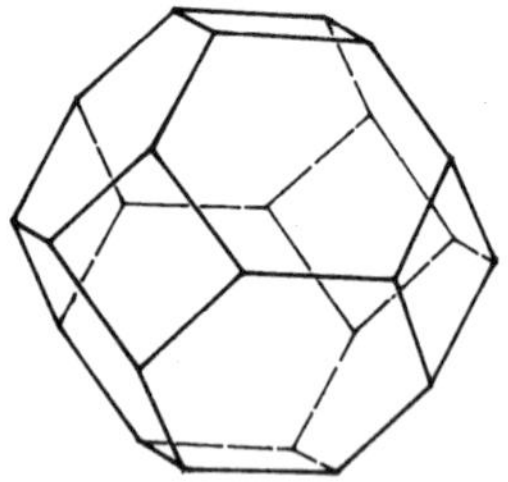

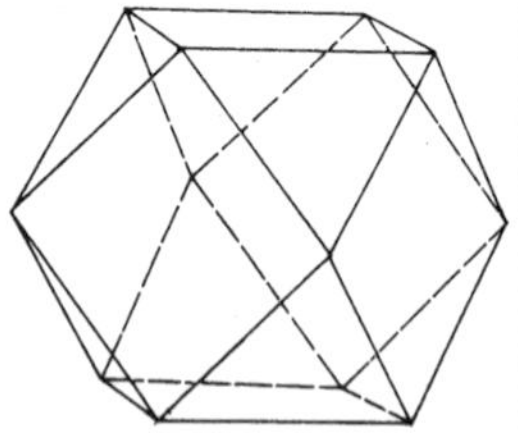

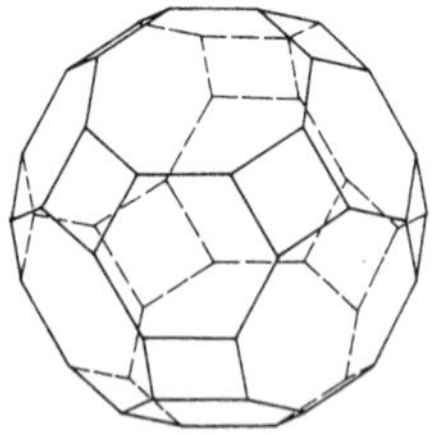

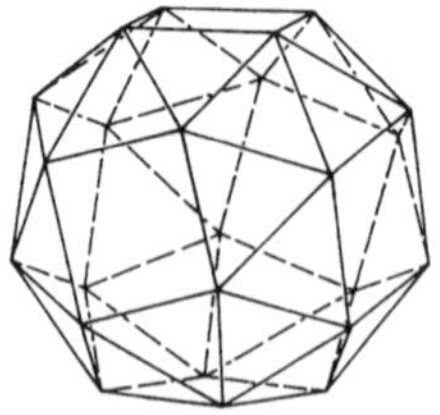

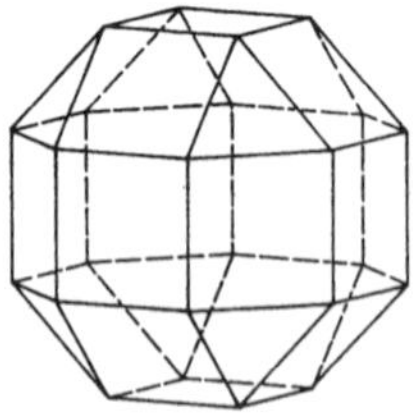

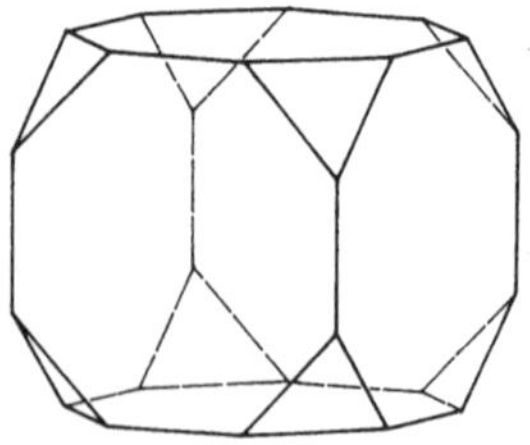

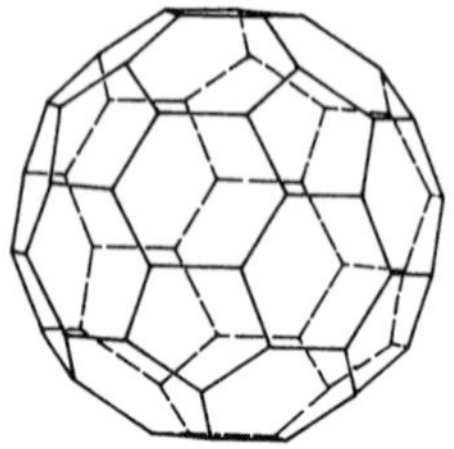

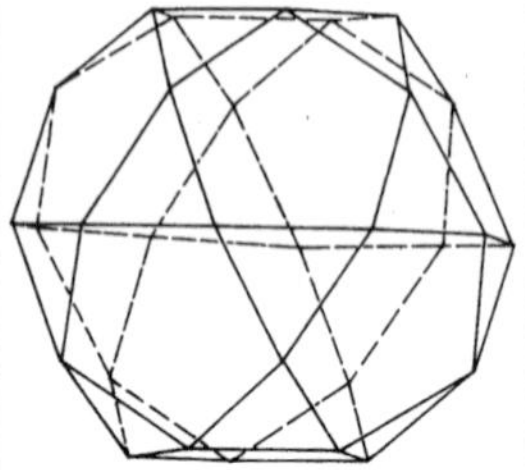

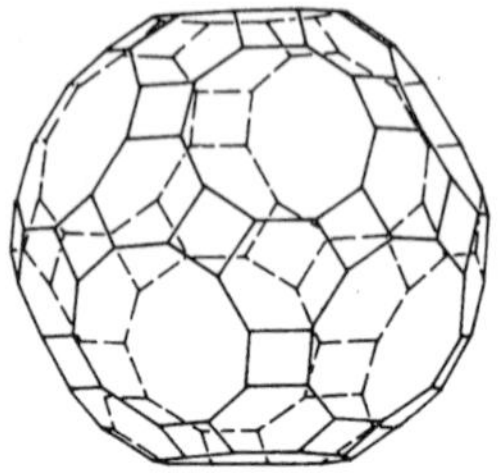

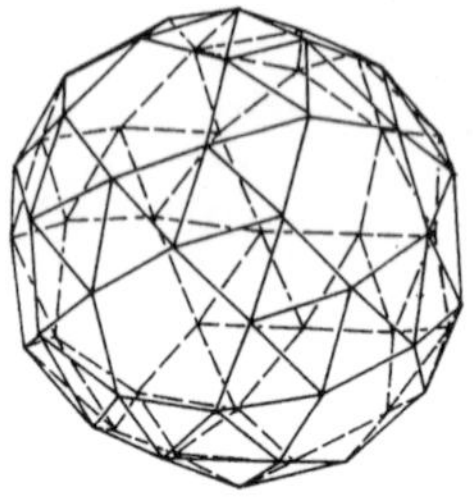

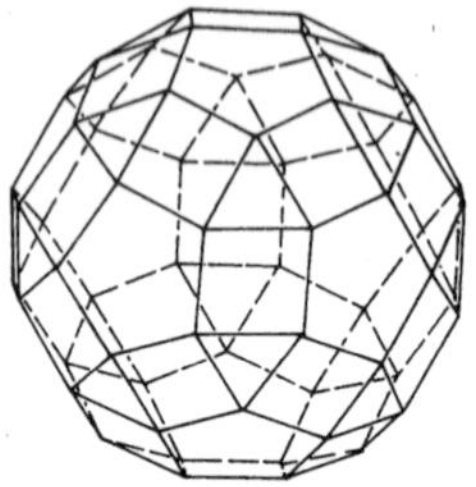

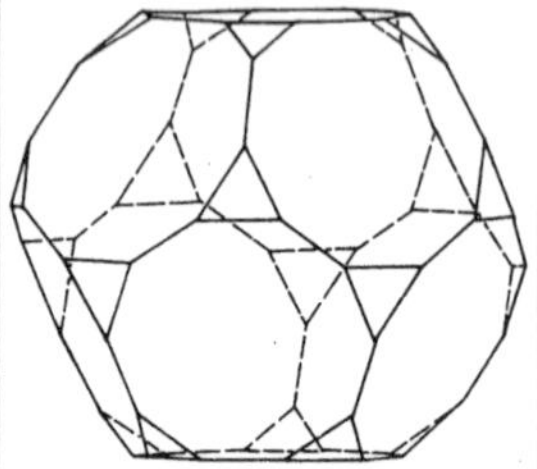

この二種を除いた準正多面体について見てみよう。この多面体の一頂点に集まる n 個の正多角形が $p_1, p_2 \cdots\cdots p_n$ とすると，上述のように準正多面体は $[p_1, p_2, \cdots\cdots p_n]$ と表示される。正 p 角形の一内角は $\pi\left(1-\dfrac{2}{p}\right)$ となるので，その準正多面体の多面角は

$$\pi\left(1-\frac{2}{p_1}\right)+\pi\left(1-\frac{2}{p_2}\right)+\cdots\cdots \pi\left(1-\frac{2}{p_n}\right)< 2\pi \quad\cdots\cdots\cdots\cdots\text{(A)}$$

$$\therefore \frac{1}{p_1}+\frac{1}{p_2}+\cdots\cdots+\frac{1}{p_n}>\frac{n}{2}-1 \quad\cdots\cdots\cdots\cdots\cdots\cdots\text{(B)}$$

正多角形の内角の最小値は $\dfrac{\pi}{3}$ であるので，A 式より n はせいぜい 5 であり，n の最小値は 3 であるので

$$3 \leqq n \leqq 5$$

となる。B 式によって準正多面体の組合せをしらべる。

$n=3$ の場合：$[3, 6, 6]$, $[3, 8, 8]$, $[3, 10, 10]$, $[4, 6, 6]$
　　　　　　　$[4, 6, 8]$, $[4, 6, 10]$, $[5, 6, 6]$

$n=4$ の場合：$[3, 3, 4, 4]$, $[3, 3, 5, 5]$, $[3, 4, 4, 4]$,
　　　　　　　$[3, 4, 4, 5]$
　　　　　　　ただし $[3, 3, 4, p]$ は $p=4$ を除いて不可

$n=5$ の場合：$[3, 3, 3, 3, 4]$, $[3, 3, 3, 3, 5]$

すべての頂点の多面角が等しいという条件によって，$[p_1\cdots p_n]$ の順序はこの通りではない。また，準正多面体 $[3, 4, 4, 4]$ には，図5-22 の中の菱形立方8面体とは別にねじれ菱形立方8面体がある（図5-23）。これを加えて，準正多面体の数は14となる（ただし，先述のアルキメデスの正多角柱及び正多反角柱を除く）。

準正多面体の作図には正多面体を削るという仕方がよい。それは，正 4 面体，正 6 面体と正 8 面体，正12面体と正20面体を削る仕方に分けられる（図5-22）。

準正多面体の外接球の各頂点における接平面によって囲まれる多面体を準正多面体の双対多面体という。この多面体の面は正多角形ではないが，合同な一種類の多角形となる。図5-22 の下欄にその双対多面体の名称を記す。

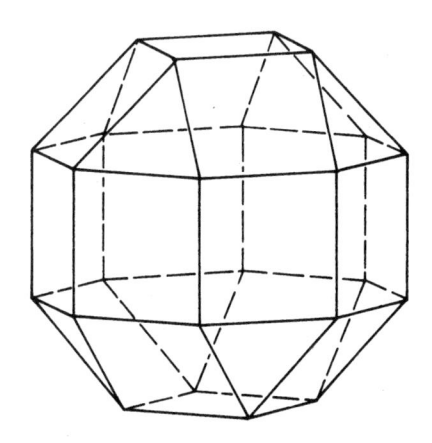

図5-23　ねじれ菱形立方8面体

参 考 文 献

Alberti, Leon Batista 1950 *Della Pittura*, Luigi Mallé (ed.), Sansoni, Firenze.（三輪福松訳 1992 絵画論 中央公論美術出版）

粟田稔 1974 現代幾何学 筑摩書房

Bosse, Abraham 1648 *Manière universelle de Mr Desargues pour pratiquer la perspective par petit-pied comme le géométral*, Paris.

Bosse, Abraham 1663 *La pratique du trait à preuves de M. Dessargues Lyonnois, pour la coupe des pierres en l'architecture*, Paris.

Booker, Peter Jeffrey 1963 *A History of Engineering Drawing*, Chatto & Windus, London.（原正敏訳 1967 製図の歴史 みすず書房）

Brauner, Heinrich 1986 *Lehrbuch der Konstruktiven Geometrie*, Springer, Wien, New York.

Critchlow, Keith 1971 *Order in Space*, Thames & Hudson, London.

Coxeter, H.S.M. 著 銀林浩訳 1965 幾何学入門 明治図書

De la Grenerie, Jules 1898 *Traité de perspective linéaire*, Gauthier-Villars, Paris.

De la Grenerie, Jules 1910 *Traité de géométrie descriptive.*, Gauthier-Villars, Paris.

Dürer, Albrecht 1525 *Unterweisung der Messung*, Reproduction : 1972 Verlag Walter Uhl, Unterschneidheim.

Dürer, Albrecht 1969 *Schriftlicher Nachlass*, Hans Rupplich (ed.), Deutscher Verlag für Kunstwissenschaft, Berlin.

福永節夫（編）1978 図学概説（改訂版）培風館

グーリエビッチ著 山内・井関訳 1962 射影幾何学 上下巻 東京図書

Haack, Wolfgang 1971 *Darstellende Geometrie Band I, II, III*, Walter de Gruyter & Co., Berlin.

一松信 1983 正多面体を解く 東海大学出版会

Hohenberg, Fritz 1966 *Konstruktive Geometrie in der Technik*, Dritte, ergänzte Auflage, Springer, Wien, New York.（増田祥三訳 1968 技術における構成幾何学 上下巻 日本評論社）

池田総一郎 1950 図学演習 ナカニシヤ出版

磯田浩・広部達也 1976 図学教程 東京大学出版会

前川道郎・宮崎興二 1979 図形と投象 朝倉書店

前川道郎・玉腰芳夫 1977 図学ノート ナカニシヤ出版

宮崎興二 1983 かたちと空間 朝倉書店

Monge, Gaspard 1799 *Géométrie Descriptive*. Editions Jacques Gabay, Paris, 1989.（山内一次訳 1990 画法幾何学〈底本：ロシア語訳本〉山内一次遺稿刊行会）

Monteverdi, Mario 著 佐々木英也訳 1977 イタリアの美術 ブック・オブ・アート 2 講談社

Müller, Emil and Kruppa, Erwin 1948 *Lehrbuch der Darstellenden Geometrie*, Springer, Wien.

長野正 1968 曲面の数学 培風館

Rehbock, Fritz 1979 *Geometirische Perspektive*, 2nd ed., Springer, Berlin.

Rouvaudi, C. and Thybault A. 1925 *Traité de Géométrie Descriptive: à l'usage des élèves des classes de Mathématiques spéciales et des candidats aux Grandes Ecoles scientifiques*. 2nd ed., 1961, Masson, Paris.

Scheffers, Georg 1919 *Lehrbuch der Darstellende Geometrie*, Springer.

Strubecker, Karl 1967 *Vorlesungen über Darstellende Geometrie. Band XII Studia Mathematica*, Vandenhoeck & Ruprecht, Göttingen.

瀧澤精二 1969 幾何学入門 朝倉書店

玉腰芳夫・長江貞彦 1982 基礎図学 共立出版

Taton, René 1951 *L'Œuvre scientifique de Monge*, PUF, Paris.

Taton, René (ed.) 1988 *L'Œuvre mathématique de G. Desargues*, 2ème ed., Science-Histoire-Philosophie: Publication de l'Institut interdisciplinaire d'études épistémologiques, Vrin, Paris.

Wunderlich, Walter 1966 *Darstellende Geometrie I*, Hochschultaschenbücher Band 96, Bibliographisches Institut AG, Mannheim.

弥永昌吉・正野鉄太郎 1959 射影幾何学 朝倉書店

索 引

事項索引

(上巻，下巻の索引を統合した。
原語表記は原則として独語，仏語，英語の順にぷす)

あ行

アフィン対応（一般） allgemeine Affinität
17, 69
アフィン軸 Affinitätsachse, axe d'affinité, axis of a perspective affinity
15, 23, 102
アフィン射線 Affinitätsstrahlen, projetante, projector
15, 102
アフィン変換 perspektive affine Verwandtschaft, transformation d'affinité, affine transformation
16
アフィン方向 Affinitätsrichtung, direction d'affinité, direction of affinity
15, 67
配景的アフィン対応 perspektive Affinität, en affinité
15, 69, 89, **101-102**, 136-137
平面配景的アフィン対応 ebene perspektive Affinität
15, 23, 49, 65, 68, **102**, 184-185, 187, 205
アルキメデスの多面体 Archimedean solids
123
緯円 horizontaler Kleinkreis,
160
石切術 Stereotomie, stéréotomie, stereotomy
8
位置の作図 Lagenaufgabe
52
一致直線 Deckgerade einer Ebene, droite du second bissecteur
44, 132, 136
一致点 Deckpunkt, point commun aux deux projections
41
一致平面 Deckebene, second bissecteur
40
一般点 regulärer Punkt
131
一般方向から見る
92
陰 Eigenschatten, ombres propres, shades
137
陰影 Schatten, ombres, shades and shadows
137
陰影（一般回転面）
158
陰影（円錐）
147, 172
陰影（円柱）
137, 166
陰影（ニッチ）
174
陰線 Eigenschattengrenze, séparatrice (ligne d'ombre propre), shade line
137, **147**, 158-159, 166, 174
陰面 Eigenschatten, ombre, shade
137
インターバル Intervall, intervalle, interval
177
ヴィヴィアニの窓 Vivianische Linie
173
エウドクソズの馬枙
173
円環（トーラス） Torus, tore, torus
156
円弧の直延
139, 148
円錐 Kreiskegel, cône, circular cone
95, 100, **140**, 147, 172
円錐曲線 Kegelschnitt, conique, conic sections
140, 144, 216-8
円錐曲線の簡易図法
142, 144
円錐の頂点 Kegelspitze, sommet du cône, vertex of cone
140
斜円錐 Schiefer Kegel, cône oblique, oblique circular cone
105, 168
斜円錐の切断
105, 188
斜円錐の展開
148
斜円錐の輪郭母線
188
直円錐 Drehkegel, cône de révolution, right circular cone
140
直円錐の陰影
147, 172
直円錐の展開
148
円柱 Zylinder, cylindre, cylinder
95, 100, 108, **135**, 137, 163, 167
円柱（面）
135
斜円柱 schiefer Kreiszylinder, cylindre oblique, oblique circular cylinder
95, 100, 108, **137**, 163, 167
斜円柱の陰影
137, 167
斜円柱の切断
108
斜円柱の相貫
163
直円柱 Drehzylinder, cylindre de révolution, right circular cylinder
135, 164
直円柱の切断
135-6
直円柱の相貫
164
直円柱の展開
138
円のアフィン変換（対応）
16, 68
円の斜軸測投象図
25
円の直軸測投象図
36
円の透視図 Zentralriβ eines Kreises
216-8
円のラバットメント
88
オイラーの多面体の定理 Eulerscher Polyedersatz, Euler's theorem on polyhedra
115
凹多面体 polyèdre concave, concave polyhedron
113
オルトシェーマ orthoscheme
115

か行

絵画術としての透視図法 Perspectiva artificialis
194
開曲面 open surface
129, 155
外接円錐 Berührkegel, cône circonscrit, circumscribing cone
158
外接球 Berührkugel, sphère circonscrite, circumscribing sphere
116, 156
回転軸 Drehachse, axe de révolution, axis of revolution
83, 130, 151, 155, **158**
回転法（一般的） Drehung, méthode de rotation, rotation
83-85
回転面（曲面参照） Drehfläche, surface de révolution, revolutional surface
130, 150, 155, 158
二次曲面（円錐曲線回転面） Drehflächen zweiter Ordnung, quadriques, quadric surfaces
150
一般回転面 allgemeine Drehfläche, general surface of revolution
129, 158
カヴァリエ透視図（軸測投象） Kavalierperspektive, perspective cavalière, frontal axonometry (cavalier axonometry)
30, 51
角錐 Pyramide, pyramide, pyramid
95, 103, 168
角錐の切断 ebener Schnitt, section plane
106
角錐の相貫 Durchdringung, intersection
168
角柱 Prisma, prisme, prism
95, 107, 189
角柱の切断 ebener Schnitt, section plane
108, 189
影 Schlagschatten, ombre portée, shadow
137, 147, 159, 167, 172, 174
影線 Schlagschattengrenze, ligne d'ombre portée, shadow line
137, 147, 158, 166, 172, 174
影面 Schlagschatten, ombre portée, shadow
137

影の作図（直線の他の直線への）
166, 172
可展面　abwickelbare Fläche, developable surface
138
画法幾何学　Darstellende Geometrie, géométrie descriptive, descriptive geometry
7
画面　Bildebene, plans de projection, projection planes
10, 195
基準光線　Diagonalbeleuchtung, 45°-Beleuchtung
137, 174
基準光線による陰影　Schatten bei —
137, 159, 172, 174
基線　Riβachse, ligne de terre, folding line
37, 196
規則的な曲面　reguläre Fläche, regular surface
129
基本単体（＝オルトシェーマ）
115
基面　Grundebene, plan du sol (plan horizontal de bout), ground plane
195-196
基面に垂直なる平面の測点
212
基面の測点
198
球　Kugel, sphère, sphere
129-130
球の陰影
147
球の斜投象図　axonometrischer Umriβ einer Kugel
24, 31
球の切断
132
球の接平面
131
球の透視図
219
球の輪郭線
130
球面三角形　sphärisches Dreieck, spherical triangle
134
球面三角形の正弦定理　Sinussatz der sphärischen Trigonometrie, sine theorem of spherical triangle
135
球面三角形の側面の余弦定理　Seiten-Kosinussatz
135

夾角　Neigungswinkel, angle
80
二直線の夾角
85, 214
仰観透視図　Froschperspektive, vue perspective plafonnante, oblique perspective viewed from below
220
共線対応　Kollineation, homologie, collineation, homology
共線軸　Kollineationachse, axe d'homologie, axis of perspective collineation
14-15, **101**, 147, 209-213, 216
共線対応の中心（＝共線中心）
14, **101**, 209-, 216
共線中心　Kollineationszentrum, centre d'homologie, center of perspective
14, 147
配景的共線対応　perspektive Kollineation, homologie, perspective collineation
14, 56, **101**, 147, 209-, 216
平面配景的共線対応　ebene perspektive Kollineation, correspondance homologique
14, **102**, 105, 189, 209
共通垂線　Gemeinlot, normale commune
94
共通接平面　plan tangent commun, common tangent plane
137, 172
共役軸（楕円）　konjugierten Durchmessern, diamètres conjugués, pair of conjugate diameters
17
共役二直径（＝楕円共役二軸）　konjugierte Durchmessern, diamètres conjugués, pair of conjugate diameters
17-19, 25-27
曲面　Fläche, surface curve, curved surface
129
代数曲面　algebraische Flächen
129
二次曲面　Drehfläche zweiter Ordnung, surface du second ordre, double curved surface
150
曲率円　Krümmungskreis, circle of curvature
148
曲率半径　Krümmungsradius, radius of curvature
138, 148
虚点　komplexe Punkte, imaginary point
216
距離（直線への）
93

距離円　Distanzkreis, distance circle
200
距離線　Tiefenlinie
200
距離点　Distanzpunkt, point de distance, distance point
200
切取り法面(標高投象)　Einschnitt, talus de déblai, cutting
190
切取り線（標高投象）
191
近似画法　näherungsweise Rektifikation, approximate drawing
139
区間　Intervall, intervalle, interval
177
組立法（透視図法）　Aufbauverfahren
198
仰観透視図の組立法
221
俯観透視図の組立法
222
クラインの4群　Klein's quaternion group
115
傾角　Neigungswinkel, inclinaison, inclination
80, 177
水平傾角　Neigungswinkel gegen die Grundriβebene
80, 84, 134, 177
直立傾角　Neigungswinkel gegen die Aufriβebene
80, 84
経線（子午線）　Meridian, méridienne, meridian
160
結点　Knotenpunkt
43, 54
元像　inverse image
130
建築家配置法　Architektenanordnung
197
喉円　Kehlkreis, cercle de gorge, gorge circle
150
交会法　Einschneideverfahren, cutting ray method
50, 226
構成的　konstruktiv
7
構成的問題
78
交切状態
99

交線　Schnittgerade, intersection
56, 60
平面の交線
60
二平面の交線
181
光線錐　Lichtstrahlenkegels, cône d'ombre, cone of ray
147
光線柱　Lichtstrahlenzylinder, cylindre d'ombre, cylinder of ray
137, 166, 172, 174
合同変換　congruent transformation
138
合同直線（＝一致直線）
44
合同平面（＝一致平面）
40
勾配（標高投象）　Böschung, pente, slope
177, 179
勾配円錐　Böschungskegel, declivity cone
182
指定された勾配　prescribed slope
182
平面の勾配　Böschung der Ebene, slope of plane
179
勾配尺　Böschungsmaβstab, échelle de pente, scale of slope (line of fall)
179-180, **182**, 186, 189, 191, 193
平面の勾配尺　Böschungsmaβstab der Ebene, échelle de pente, line of fall
179, 189, 191
光面　beleuchtete Fläche, illuminated face
137

さ行

最高点
132
最低点
132
差掛平面　Pultebene
48
三角錐　Tetraeder, tétraèdre, tetrahedron
98, 168
視円　Sehkreis
197
視覚論　Perspectiva naturalis
194

視距離，視高　Distanz, distance
196, 229

視錐　Sehkegel, visual cone
9, 195

視線　Sehstrahl, projetante (rayon perspectif), visual ray
9-10, 195

視点　Augpunkt, point de vue, view point
10, 195

視平面　Sehebene, plan principal de vision (plan d'horizon)
196

子午線　Meridian, méridienne, meridian,
160

軸測投象　Axonometrie, projection axonometrique, axonometric projection
20, 52, 65, 95

軸測軸　Parallelriβ der Koordinatenachsen
21, 23, 32-33, 49

軸測二次投象　axonometrisches Nebenbild
52

軸測二次投象図　axonometrisches Nebenbild
21, 52

軸測比　Verzerrungsverhältnis
21

軸測平面図　axonometrischer Grundriβ
21, 52

軸測立面図　axonometrischer Aufriβ
21

軸測側面図　axonometrischer Kreuzriβ
21

斜軸測投象　schiefe Axonometrie, axonométrie oblique, oblique axonometry
7, **20**

斜軸測投象の補助平面図　Hilfsgrundriβ
49

三軸測投象　trimetrische Projektion, trimetric projection
21

直軸測投象（＝正軸測投象）　normale Axonometrie, orthogonal axonometry
7, 20, **32**

等軸測投象　isometrisches Bild, isometric drawing
21, 30, 33

二軸測投象　dimetrische Projektion, dimetric projection
21

実長　wahre Länge, true length
80, 83

射影　Projektion, projection, projection
7

射影空間　projektiver Raum
11

射影直線　projektive Gerade
11

射影平面　projektive Ebene
11

斜円錐（「円錐」の項参照）

斜円柱（「円柱」の項参照）

斜三角錐
103, 106, 168

斜三角錐の切断
104, 106

斜三角柱
99, 108

斜三角柱の切断
107, 189

斜投象　schiefe Projektion, projection oblique, oblique projection
7, 12

斜投象図　Schrägriβ, projection oblique, oblique projection
12, 21, 23

写真から被写体の立面画を取り出す方法
228

射線（＝投射線）　Sehstrahlen, projetantes (rayons perspectifs), visual rays (projecting lines)
14-15

射線交会法　Einschneideverfahren, cutting ray method
50, 226

透視図の射線交会法
225

写像
7, 10

自由透視図法　freie Perspektive
205

縮比（＝縮率）
33

縮率　Verkürzungsverhältnis, ratio of axonometry
21

三軸測軸の縮率
34

縮率三角形　Verkürzungsdreieck
34

主軸　Koordinatenachse, coordinate axis (principal axis)

主軸の測点（透視図法）
224

主軸面　Koordinatenebenen (Hauptebene), coordinate plane (axial plane)
21, 224

主軸面三角形（斜軸側投象）
23

主軸面直角三角形（直軸側投象）
32

主軸面の測点（透視図法）
226

主視線　Hauptsehstrahl, rayon visuel principal, principal line of vision
196, 220

主対角線　principal diagonal
113, 121-122

主直線　Hauptlinie, principal line
47

第1主直線　erste Hauptlinie, droite horizontale, first principal line
47

第2主直線　zweite Hauptlinie, droite de front (frontale), second principal line
47

主点（透視図法）　Hauptpunkt, point de fuite principal, center of vision (principal point)
196, 229

主平面
48, 54, 61

第1主平面　zur Grundriβebene paralleler Ebene, plan horizontal
54

第2主平面　zur Aufriβebene paralleler Ebene, plan de front,
54

主方向（楕円）　Hauptachsen der Ellipse
27

シュレーフリの記号　Schläfli symbol
113

準線　Leitgerade, directrice, directrix
140

準正多面体　semiregular polyhedron (Archimedian solid)
123

準正多面体の双対多面体
125

象限　Quadrant, quadrant, quadrant
37

消失点（＝消点）
11

消線　Fluchtlinie, ligne de fuite, vanishing line
11, **196**, 202, 207, 224

消点　Fluchtpunkt, point de fuite, vanishing point
11, 195

焦点　Brennpunkt, foyer, focus
27, 31, 140, 142

消(点)三角形　Fluchtdreieck
224

消滅線　Verschwindungslinie
11, 195-196, 216

消滅点　Verschwindungspunkt
10, 195, 216

消滅平面　Verschwindungsebene
10, 195, 216

正面視図（＝立面図）　Aufriβ, vue frontale, frontal view
39

シンメトリー平面　Symmetrieebene, premier bissecteur
40

水平距離（標高投象）　horizontaler Abstand, distance
176

水平投象面（第1投象面）　Grundriβebene, plan horizontal de projection, horizontal plane of projection
37

垂線　Normale, normale (perpendiculaire)
72, 91, 186, 215

直線への垂線
93, 214

平面への垂線
73, 91, 215

垂直二等分平面
91

錐(状)面　konoidale Flächen, conoïde, conoid
129, 140

錐体　Kegel, cône, cone
95

錐体の相貫線作図
169

錐面（＝錐体）
129, 140

錐面の相貫
168

図学（＝図法幾何学）
7

図形の量の問題　Maβaufgabe, problèmes métriques
85

図法幾何学（＝図学）　Darstellende Geometrie, géométrie descriptive, descriptive geometry
7

スケール　Verzerrungsmaßstab, échelle, scale
176
正射投影　normale Projektion, projection orthogonale
12
正則写像　regular mapping (transformation)
10
正多面体　reguläres Polyeder, polyèdre régulier, regular polyhedron
113
正4面体　reguläres Tetraeder, tetraèdre régulier, regular tetrahedron
116
正6面体　reguläres Hexaeder, cube
118
正8面体　reguläres Oktaeder, octaèdre régulier, regular octahedron
118
正12面体　reguläres Dodekaeder, dodécaèdre régulier, regular dodecahedron
120
正20面体　reguläres Ikosaeder, icosaèdre régulier, regular icosahedron
120
正投象　zugeordneter Normalriß, Zweitafelverfahren, méthode de la double projection, Monge's representation
7, 37
正投象図　Grund- und Aufriß, épure, orthographic projection
跡垂線　Spurnormale, droite de pente, grade line
44, 82, 87
　水平跡垂線　Erst spurnormale, first grade line
44, 132
　直立跡垂線　Zweitespurnormale, second grade line
44
跡線　Spur, trace, trace line
22, 43, 53, 195, 202, 207, 224
　第1跡線　erste Spur, trace horizontale, first trace line
43
　第2跡線　zweite Spur, trace verticale, second trace line
43
　水平跡線（＝第1跡線）
43
　直立跡線（＝第2跡線）
43
跡線三角形　Spurendreieck, Bildspurdreieck
22, 32, 54, 65, 224

跡点　Spur punkt, trace, point of trace
52, 195
　第1跡点　Erstspurpunkt, trace horizontale, first point of trace
41
　第2跡点　Zweitspurpunkt, trace vertical, second point of trace
41
　水平跡点（＝第1跡点）
41
　直立跡点（＝第2跡点）
41
跡平行線　Spurparallelen
87
　第1跡平行線　erste Spurparallelen, horizontale du plan, first principal line
43
　第2跡平行線　zweite Spurparallelen, frontale du plan, second principal line
43
　水平跡平行線（＝第1跡平行線）
43
　直立跡平行線（＝第2跡平行線）
43
接円錐法　Kegelverfahren, méthode du cône circonscrit
158
接球法　Kugelverfahren, méthode de la sphère inscrite
159
接触　Berühren, circonscrire, inscrire,
135
　接触円　Berührkreis, cercle de contact
135, 140, 159
　接触球（＝内接球）berührende Hilfskugel, sphère inscrite
135, 152, 159
接触線
135, 147
接線　Tangente, tangente, tangent
17, 25, 108, 142, 147, 158, 161, 172, 216
接点　Berührungspunkt, point de contact, point of contact
135, 144, 151, 158, 162
接平面　Tangentialebene, plan tangent, tangent plane
131, 142, 147, 157
接平面法　Methode der Tangentenebene, méthode des plans tangents
161-162, 168

切断　ebener Schnitt, section plane, plane section
98, 103, 106-107, 132, 188
切断三角形　Schnittdreieck
106
切断図形
101, 107
切断線
104, 105, 108, 132
切断平面
132
切断法（透視図法）Durchschnittverfahren
196
切断面
101, 132
切頭4面体　truncated tetrahedron
124
切頭8面体　truncated octahedron
124
切頭12面体　truncated dodecahedron
124
切頭12・20面体　truncated icosidodecahedron
124
切頭20面体　truncated icosahedron
124
切頭立方体　truncated cube
124
切頭立方8面体　truncated cuboctahedron
124
漸近錐　Asymptotenkegel, cône asymptote, asymptotic cone
151
漸近線　Asymptote, asymptote rectiligne, asymptotic line
142, 146, 151
線織面　Regelfläche, surface réglée, ruled surface
129, 154
全単射　bijection
10
全透視　total perspective, ligne fuyante
195
像　Bild
115
相貫　Durchdringung, intersection, intersection
161-162
相貫（一般回転面）
175
相貫（直円柱と球）
173

相貫線　Durchdringungskurve, curve d'intersection, intersecting line
161-162, 164, 168, 172, 187
相貫線の接線
161, 173
相似的関係（ホモロジー対応の特殊な場合）homothétique
226 注記
双曲線　Hyperbel, hyperbole, hyperbola
140, 218
双曲線の簡易図法
145
双曲線の漸近線
142, 146
双曲線の配景的アフィン変換
145
双曲線柱　hyperbolischer Zylinder
150
双曲線的放物線面　hyperbolisches Paraboloid, paraboloïde hyperbolique, hyperbolic paraboloid
130
双曲放物線面　hyperbolisches Paraboloid, paraboloïde hyperbolique, hyperbolic paraboloid
129, 154
単（一葉）双曲線面（＝単双曲線回転面）
129, **150-152**
複（二葉）双曲線面
129, 150
単双曲線回転面　Drehhyperboloid, einschaliges Hyperboloid, hyperboloïde à une nappe, hyperboloid of one sheet
129, **150-152**
単双曲線回転面の近似的展開図
153
複双曲線回転面　zweischaliges Hyperboloid, hyperboloïde à deux nappes, hyperboloid of two sheets
129, **150**
双対　dual
115
自己双対　Selbstdual
115
双対的関係　Dualität
115, 120
走向
179
走向角
179
測線　Meßlinie, ligne d'égale résection, measuring line
200, 203, 204, 225

測地線　ligne géodésique, geodesic
134, 138, 148

測点　Meßpunkt, point de fuite des lignes d'égale résection, measuring point
200, 209, 224

基面の側点
198, 209

直線の測点
202

平面の測点
210, 214, 229

側面視図　Kreuzriß, vue de profil, side view
39

側面図　Kreuzriß, vue de profil, side view
38

た行

ターレス円　Thales' circle (Thales' theorem)
17, 26

第1角法（正投象）　first-angle projection
39

第3角法（正投象）　third-angle projection
39

対応射線　Sehstrahlen, projetante, projector
14, 101

対応線（正投象）（＝配列線）　Ordner, ligne de rappel, projection line (ordinate)
40

帯環
160

楕円　Ellipse, ellipse, ellipse
16-18, 25-27, 31, 88-89, 132, 139, 144

楕円回転面　Ellipsoid, ellipsoïde
155

楕円柱　elliptischer Zylinder
150

楕円の共役軸　konjugierte Durchmessern, diamètres conjugués
17, 19, **26**, 68, 76, 132

楕円の共役二直（半）径　konjugierten Durchmessern, diamètres conjugués, pair of conjugate diameters
26, 76-77, 89, 105, 108, 216

楕円の焦点　Brennpunkt, foyer, focus
27, 31, 135

楕円放物面　elliptisches Paraboloid, paraboloïde elliptique, elliptic paraboloid
129, **154**

楕円面　Ellipsoid, ellipsoïde, ellipsoid
129–130, **155**

目盛楕円は同項参照

輪郭楕円は同項参照

楕球　Drehellipsoid, ellipsoïde de révolution, ellipsoid of revolution
129-130

（短）楕球　oblate spheroid
155

（長）楕球　prolate spheroid
155

多面角　polyhedral angle
113

多面体　Polyeder, polyèdre, polyhedron
113

多面体の対角線　Diagonal
113

多面体の面　Seitenfläche, face, face
113

多面体の稜　Konte, arête, edge
113

12・20面体　icosidodecahedron
124

準正多面体　semi-regular polyhedron
123-124

切頭多面体　truncated polyhedron
124

ねじれ多面体　snub polyhedron
124

単曲面　single curved surface
129

単面投象
7, 20

ダンデリンの球　Dandelinsche Berührkugel
135, **140**, 142, 145, 146

ダンデリンの定理　Satz von Dandelin, théorème de Dandelin
142

地形曲面　Geländefläche, land surface
190

地平線　Horizont, ligne d'horizon (horizontale principale), horizon line
196

中心配景的位置　zentralperspektive Lage, en perspective
14

中心投象　Zentralprojektion, projection centrale (projection conique), central projection
7, 10, 14, 195

柱体（＝柱面）
95

柱面　Zylinder, cylindre, cylinder
129, 135

柱面の相貫
101

柱状面　Zylindroid, cylindroïde, cylindroid (cylindrical surface)
129

鳥瞰図（＝俯瞰図＝俯瞰透視図）
30

鳥瞰・俯瞰（「カヴァリエ透視」の意味で）
30

頂点　Ecke, sommet, vertex
113, 140, 168

頂点接触放物線面　oskulierendes Scheitelparaboloid
129

頂面視図　top view
39

直投象　normale Projektion, projection orthogonale, orthographic projection
7, **12**, 32, 37

直投象図　Normalriß, projection orthogonale, orthogonal projection
12

直立跡（＝第2跡）　zweite Spur, trace verticale, second trace
41

直立跡垂線　Zweitespurnormale, ligne de pente, first grade line
44

直立跡線　zweite Spur, trace verticale, second trace line
43

直立跡点　Zweitespurpunkt, trace verticale, second point of trace
41

直立跡平行線　Zweitespurparallelen, droite frontal du plan, second principal line
43

直立投象面（第2投象面）　Aufrißebene, plan vertical, frontal plane
37

直角対（楕円）　Hauptachsen (der Ellipse)
16, 27

直交三脚（＝直交三軸）　rechtwinklig Dreibein, coordinate axis
23, 32, 224

直交等長三脚　rechtwinklig-gleichschenkliges Dreibein
24, 26, 28, 31

直交等長二脚（著者の造語）
24, 29

直交三軸の透視図
224

底面　base
101

底面と切断面の配景的共線対応
103-106

底面と切断面の配景的アフィン対応
107-109

デザルグの一般定理（配景的共線対応）　allgemeiner Satz von Desargues, théorème général de Desargues
14, 56, 101

デザルグの定理（配景的アフィン対応）
15, 102

展開　Abwicklung, développement, development
138

展開可能面（＝可展面）
138

展開図
138, 148, 152, 160

導円
140

導曲線　Leitkurve, directrice, directrix
129

導線　Leitkurve, directrice, directrix
129

導面　Richtebene, plan directeur
129

等高線　Schichtenlinie, horizontale de cote, contour line
178, 180

主等高線　Hauptschichtenlinie, horizontale de cote, coutour line
179

等高線の走向
179, 182

等高平面　Hauptschichtenebene, plan horizontal de cote, level plane
176, 178

等軸測投象　isometrische Projektion, isometric projection
21, 30, 33

等測図　isometrisches Bild, isometric drawing
33

等測的斜軸測投象　isometrische schiefe Axonometrie, isometric oblique axonometry
30

等長変換（合同変換）
138

透視図対　Bildpaar
195, 198, **205**

透視図対の平面配景的アフィン対応
205

透視図法　Perspektive, perspective, central perspective
　　7，9，**10**，**194-195**

透視平面図　perspektiver Grundriβ
　　198，205

投影（＝投象）　Projektion, projection, projection
　　7

投射角　Neigungswinkel der Sehrstrafen, inclinaison des projetantes
　　21，27

投射線　Projektionsstrahlen, projetante, projector
　　7，**10**，27，31，39

投射線の方向　Projektionsrichtung, direction de projetante, direction of projector
　　31

投射直線（斜投象の場合は下記の第 1・第 2 投射直線とは異なる意味をもつ）　projizierende Gerade, projection line
　　45

第 1 投射直線　erstprojizierende Gerade, verticale, first projection line
　　45，54

第 2 投射直線　zweitprojizierende Gerade, droite de bout, second projection line
　　45，54

投射中心　Projektionszentrum, centre de projection, center of projection
　　10，195

投射的（斜投象の場合は下記の第 1・第 2 投射的とは異なる意味をもつ）　projizierend, projecting
　　41

第 1 投射的　erstprojizierend, vertical, first projecting
　　41

第 2 投射的　zweitprojizierend, de bout, second projecting
　　41

投射平面（斜投象の場合は下記の第 1・第 2 投射平面とは異なる意味をもつ）　projizierende Ebene, projection plane
　　25，46，54

第 1 投射平面　erstprojizierende Ebene, plan vertical, first projection plane
　　41，46，54

第 2 投射平面　zweitprojizierend Ebene, plan de bout, second projection plane
　　41，46，54

重投射平面
　　46

投象　Projektion, projection, projection
　　7，10，14

投象図　Bild, projection, view
　　7，10-12

投象図楕円の二焦点
　　31

投象図の計量性（量の作図）　Maβaufgabe
　　7，65，78

投象図の直観性
　　7

投象対応線（＝対応線、配列線）
　　40，78

投象面　Bildebene, plan de projection, picture plane
　　7，**10**，**20**，**37**，78

　水平（第 1）投象面　erste Bildebene, plan horizontal, first (horizontal) image plane
　　37

　直立（第 2）投象面　zweite Bildebene, plan vertical, second (vertical) image plane
　　37

トーラス（円環）　Kreisringfläche, tore, torus
　　155

特殊点
　　188

凸多面体　polyèdre convexe, convex polyhedron
　　113

土盛線
　　191-193

な 行

内接球　Berührungskugel, sphère inscrite, inscribing sphere
　　135，**140**，152，159，175

二軸測投象　dimetrische Projektion, dimetric projection
　　21

二次曲面（「回転面」参照）

二重接平面
　　157

二面角　dihedral angle
　　86

ねじれ 12・20 面体　snub icosidodecahedron
　　124

ねじれの位置　windschief, gauche, skew
　　58，94

　ねじれの位置にある二直線　windschiefe Geraden, droites gauches, skew lines
　　58，94，151，206

ねじれ菱形立方 8 面体　snub rhombicuboctahedron
　　125

ねじれ面　windschiefe Regelfläche, surface gauche, warped surface
　　129

ねじれ立方 8 面体　snub cuboctahedron
　　124

法面（のりめん）　Böschungsfläche, talus, banking slope
　　191

造成法面（「切断面」，「盛土面」参照）
　　191

は 行

配景的　perspektive, perspective, perspective

　空間的配景的アフィン対応　räumliche perspektive Affinität, affinity in space
　　102，137

　配景的アフィン対応　perspektive Affinität, en affinité, affinity
　　15，69，89，**101**，136-137

　配景的アフィン変換　perspektive-affine Verwandtschaft, transformation d'affinité, perspective affine transformation
　　144

　配景的位置（＝中心配景的位置）　perspektive Lage, en perspective, homologique, in perspective
　　14

　配景的共線軸（＝共線軸）　Kollineationsachse, axe d'homologie, collineation axis
　　14，101

　配景的共線対応　perspektive Kollineation (Zentralkollineation), homologie, perspective collineation
　　14，56，**101**，**209**

　配景的共線対応の中心　Kollineationszentrum, centre d'homologie, vertex of perspectivity
　　14，101

　配景的性質　perspective Eigenschaften, propriété projective, propriété homologique, perspectivity
　　110

　平面配景的アフィン対応　ebene-perspektive Affinität, affinité, correspondance homologique
　　15，23，49，65，68，**102**，184-185，187，**205**

　平面配景的共線対応　ebene-perspektive Kollineation, correspondance homologique, perspective collineation
　　14，**101**，105，189，209

　平面配景的性質
　　110

配列線（＝対応線）　Ordner, ligne de rappel, ordinate
　　40，78

半円周の直延
　　139

非可展面　nicht abwickelbare Regelfläche, non-developable surface
　　138

非幾何学的曲面　nicht geometrische Fläche
　　190

菱形 12・20 面体　rhombicosidodecahedron
　　124

菱形立方 8 面体　rhombicuboctahedron
　　124

標高　Kote, cote numérique, index
　　176

標高主点　Hauptpunkt, point à cote ronde, point on a level plane
　　176

標高投象　kotierte Projektion, projections cotées, plan projection
　　7，20，**176**-

描出的な曲面　graphische Fläche
　　129

俯瞰（鳥瞰）透視図　Vogelperspektive, vision plongeante, bird's eye view
　　220

副基線　neue Riβachse, nouvelle ligne de terre, new axis
　　38，78

副水平跡線　neue Horizontalspur, nouvelle trace horizontale, new first trace line
　　81

副水平投象面　zweitprojizierende Seitenriβebene, nouveau plan horizontal, second projecting new plane of projection
　　78

副跡線　Seitenriβspur, dritte Spur, nouvelle trace, new trace line
　　81

副直立跡線　neue Vertikalspur, nouvelle trace verticale, new second trace line
　　81

副直立投象面　erstprojizierende Seitenriβebene, nouveau plan vertical, first projecting new plane of projection
　　78

副投象　Seitenriβ, changement de plan (de projection), auixiliary view
　　78，85，92

副投象図　Seitenriβ, projection auxiliaire, auxiliary view
78

副投象面　Seitenriβebene, nouveau plan de projection, plane of projection for the secondary auxiliary view (third image plane)
78

副平面図　Seitenriβ, projection horizontale auxiliaire, new top view
78

副立面図　Seitenriβ, projection verticale auxiliaire, new front view
78

複曲面　Drehfläche zweiter Ordnung, quadrique, surface du second ordre, double curved surface (skew surface)
129, 155

開複曲面　open curved surface
129, 158

閉複曲面　closed curved surface
129, 155

複比　Doppelverhältnis
12

複面投象　double projection, multiview drawing
7

部分比　Teilverhältnis
12

閉曲面　closed surface
155

平行光線（による陰影）
137

平行投象　Parallelprojektion, projection parallèle (projection cylindrique), parallel projection
7, 10, 12

平行二直線
53, 58, 206

平行配景的位置（＝配景的アフィン対応）parallelperspective Lage
15

平面角　plane angle
113

平面格子（透視図）
204

平面三脚　ebenes Dreibein
24, 26, 28

平面図　Grundriβ, projection horizontale (plan), top view
37

平面配景的性質（「配景的」の項参照）

平面への垂線
73, 91, 215

Perspectiva artificialis（絵画術としての透視図法）
194

Perspectiva naturalis（視覚論）
194

変換　Verwandtschaft, transformation, transformation
10

中心相似変換　zentrische Ähnlichkeit, transformation homothétique
172

法線　Bahnnormale, normale, normal
161, 164, 172, 175

曲面法線　Flächennormale
152, 161

法線法　Normalenmethode
161, 164, 172, 175

法面　Normalebene, normal plane
161

放物線　Parabel, parabole, parabola
142, 217

放物線回転面　Drehparaboloid, paraboloïde de révolution, paraboloid of revolution
129-130, 154

放物線柱　parabolischer Zylinder
150

放物線的柱面　parabolischer Zylinder
130

放物線面　paraboloid, paraboloïde, paraboloid
129

双曲放物線面　hyperbolisches Paraboloid, paraboloïde hyperbolique, hyperbolic paraboloid
130, 154

楕円放物（線）面　elliptisches Paraboloid, paraboloïde elliptique, elliptic paraboloid
129, 154

包絡線　Hüllkurve, envelope
144, 151

ポールケの定理　Satz von Pohlke, théorème de Pohlke, Principle of Pohlke
24, 28

母曲線　erzeugende Kurve, génératrice, generatrix
129

母線，母直線　Erzeugende, Mantellinie génératrice, generatrix
129, 140

補助球　Hilfskugel
174-175

補助平面　Hilfsebene
62, 98, 100, 182

補助面　Hilfsebene
161

ホモロジー対応　perspektive Kollineation, homologie, homology
14, 184, **198**, 208-209

ま行

交わる二直線
53, 58, 206

まちがった作図
95, 110

三日月形
160

ミリタリー透視図（軸測投象）Militärperspektive, perspective militaire, bird's eye view (aerial perspective)
30, 51

無限遠直線　Ferngerade, droite à l'infini, line at infinity
11

無限遠点　Fernpunkt, point à l'infini, point at infinity
11, 195

無限遠平面　Fernebene, plan à l'infini, plane at infinity
11

無限遠要素　Fernelemente, éléments à l'infini, elements at infinity
11

無土工（曲）線（標高投象）Nullinie, neutral line
193

無土工線
190

目盛楕円（著者の造語）
68

目盛りをつける（直線に）（標高投象）Graduieren, graduer, calibration
176

面素　Erzeugende, génératrice, generatrix
95, 129, 140

盛土（面）　Auftrag, talus de remblai, fill (banking)
190

モンジュの回転法　Drehkonstruktion von Monge, méthode de rotation, rotation
83, 90-91, 148

や行

歪み四辺形　quadrilatère gauche, gauche-quadrilateral
152

拗面（ねじれ面）　windschiefe Regelfläche, surface gauche, warped surface
129

ら行

螺旋面　Schraubfläche, hélicoïde, helicoid
129-130

ラバットメント　Umklappung einer Ebene, méthode de rabattement, revolution of a plane into an image plane
75, **87**, 90, 134, 184

離心率　Abstandverhältnis, Exzentrizität, eccentricity
136, **140**, 142

立体の切断
101

リッツの軸作図　Rytzsche Achsenkonstruktion
19

立方8面体　Kuboktaeder, cuboctahedron
124

立面図　Aufriβ, projection verticale (élévation), front view
37

立面図の再構成（傾斜画面）
230

立面図の再構成（直立画面）
229

輪郭線　Umriβ, contour, outline
130, 132, 142, 155, 164

真の輪郭線　wahrer Umriβ, Meridian der Drehfläche, contour propre (séparatrice de vision)
130, 151-152, 156

見えの輪郭線　scheinbarer Umriβ, Kontur, contour apparent
130, 151-152, 156

輪郭大円（陰線）
25-27

輪郭楕円（影線としての楕円）
27, 68-69

類似拗面（トルセ）　Torse
129-130

レンの定理（1669）　Satz von Wren, theorem of Wren
151

人名索引

あ行

アポロニウス　Appolonius (B. C. 262-190)
142
アルキメデス　Archimedes (287？-212B. C.)
123
アルベルティ　Alberti, Leone Battista (1404-1472)
9, 194, 196
ヴァイスバッハ　Weisbach, J.
35
ウィトルウィウス　Vitruvius, Marcus (ca. 25 B. C.)
194
ヴィヴィアーニ　Viviani, Vincenzo (1622-1703)
173
エウクレイデス（ユークリッド）　Euclid (ca. 300 B. C.)
194
エウドクソス（ユードクソズ）　Eudoxus (408–355B. C.)
173

か行

グーリエヴィッチ　Гуревич, Г. Ъ.
110
クザーヌス　Cusanus, Nicolaus (1401-1464)
139
クルッパ　Kruppa, Erwin (1885-
24
コカンスキー　Kochansky, Adam Amandus (1631–1700)
139
コクセター　Coxeter, Harold Scott Macdonald (1907-)
113

さ行

シュヴァルツ　Schwarz, Hermann Amandus (1843–1951)
28
シュネル　Snell, van Royen Willebrord (1580-1626)
139
シュレエミルヒ　Schlömilch, Otto
35
シュレーフリー　Schläfli, Ludwig (1814-1895)
113

た行

ダンデリン　Dandelin, Germinal Pierre (1794-1847)
135, 140, 142, 145
チェトヴェルヒン　Tschetweruchin, N. F.
110
デカルト　Descartes, René (1596-1650)
194
デザルグ　Désargues, Girard (1593-1662)
8, 194
デューラー　Dürer, Albrecht (1471-1528)
8, 194, 196

は行

パスカル　Pascal, Blaise (1623-1662)
194
一松 信
113
フランチェスカ　Francesca, Piero della (ca. 1416-1492)
9, 194
ブルネレスキ　Brunelleschi, Filippo (1377-1446)
194
フレジェ　Frezier, Amédée François (1682-1773)
123
ホーエンベルグ　Hohenberg, Fritz
24, 220
ポールケ　Pohlke, Karlo Wilhelm (1810-1876)
28
ボス　Bosse, Abraham (1602-1676)
8, 194
ポンスレ　Poncelet, Jean Victor (1788-1867)
9, 194

ま行

マグヌス　Magnus, Ludwig Immanuel (1790-1818)
14
増田祥三
24
マロロワ　Marolois, Samuel
9
宮崎興二
113
ミュラー　Müller, Emil (1861-1927)
24
モンジュ　Monge, Gaspard (1746-1818)
7, 37, 194

ら行

ラムベルト　Lambert, Johann Heinrich (1728-1777)
15
リッツ　Rytz, David (1801-1868)
19
レン　Wren, Chirstopher (1632-1723)
151

著者略歴
玉腰芳夫（たまこし　よしお）
1938年生，1984年没
京都大学工学部建築学科卒業，同大学院博士課程修了，工学博士。
専攻：　　図学，日本建築空間論，建築論
主要著書：『図学ノート』（共著，前川道郎）ナカニシヤ出版，1978年
　　　　　『基礎図学』（共著，長江貞彦）共立出版，1979年
　　　　　『古代日本のすまい』ナカニシヤ出版，1980年
　　　　　『玉腰芳夫遺稿集：浄土教建築の建築論的研究』（私家本）1984年

伊從　勉（いより　つとむ）
1949年生，京都大学工学部建築学科卒，同大学院博士課程修了，フランス国立建築大学パリ・ヴィルマン校 CEAA 学位，京都大学名誉教授。
専攻：　　図学，空間人類学，建築論・都市論
主要著作：『旧琉球王国首里王城祭祀，久高島祭祀祭場についての空間論的研究』
　　　　　（単著、京都大学大学院人間・環境学研究科）1999年
　　　　　『エコロジーと人間環境』共著、リエージュ大学，ベルギー，1999年
　　　　　『都市空間の景観』グルー・イヨリ編，インーシツ出版，フランス，1998年
　　　　　『都市の克服』共著，ベルク編，国立社会科学高等研究院，フランス，1994年
URL.:http://www.users.kudpc.kyoto-u.ac.jp/~k54315/iyori/iyori.html

---

図　学　上巻

1984年4月10日　　　初版第1刷発行
2024年3月31日　　　増補改訂版第13刷発行

著　者　　玉腰芳夫
　　　　　伊從　勉
発行者　　中西　良
発行所　　株式会社ナカニシヤ出版
〒606-8161 京都市左京区一乗寺木ノ本町15番地
　　　　telephone　075-723-0111
　　　　facsimile　075-723-0095
　　　　郵便振替　01030-0-13128
URL http://www.nakanishiya.co.jp/
E-mail iihon-ippai@nakanishiya.co.jp
Copyright©1984, 1996 by Yoshio Tamakoshi & Tsutomu Iyori
ISBN 978-4-88848-310-0 C3050
Printed in Japan

演習

図1-1 アフィン軸 s，アフィン方向 MsM で直交座標 x−y を直交座標 x^s−y^s に平面配景的アフィン変換したとき，円 k[M，1]の変換図を求めよ。また点 P の変換図を求めよ。
（以下，図中の投象図を示す Suffix s は省く）

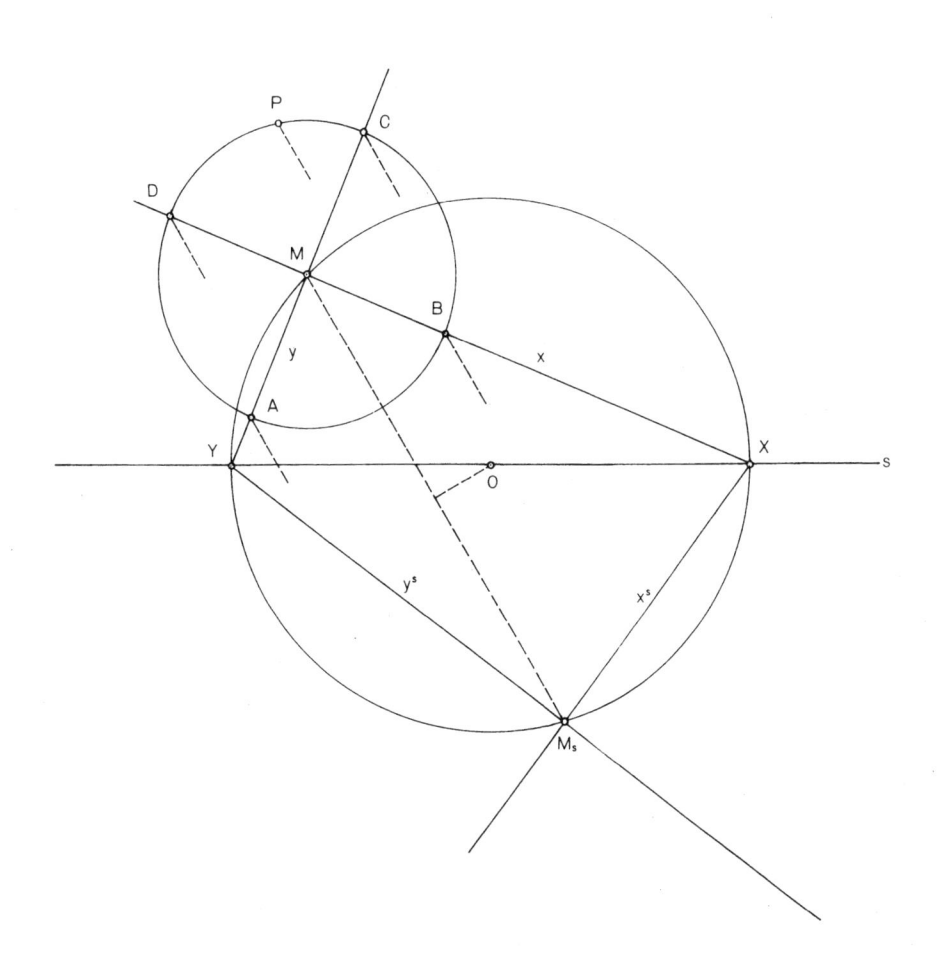

図1-2 直線 AB，QC は楕円の共役軸である。部分比を使った作図法で楕円を作図せよ。

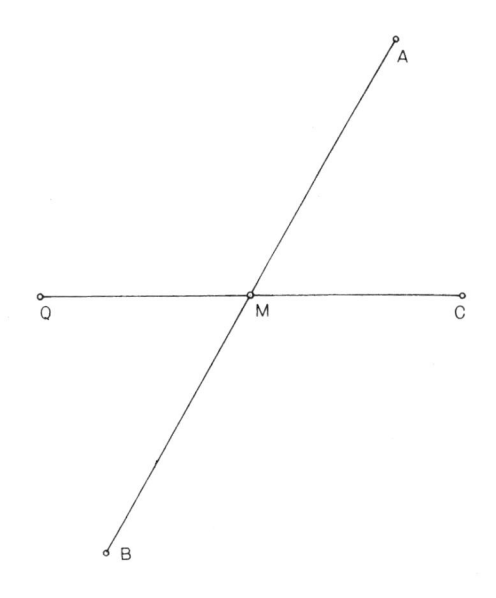

図1-3 直線 PU，QV は楕円の共役軸である。リッツの軸作図によって楕円を作図せよ。

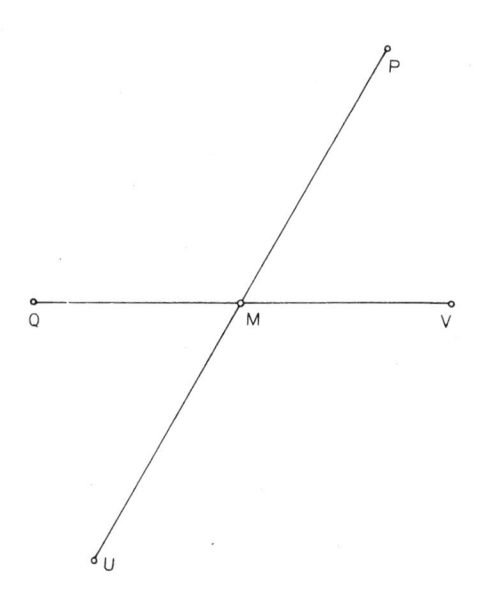

図2-1 跡線三角形 XYZ の与えられた斜軸測軸のうち一軸上に適当に単位長さ，OA をとり，第二，第三軸上の単位長さ OB，OC を求め，立方体 OABC を作図せよ。

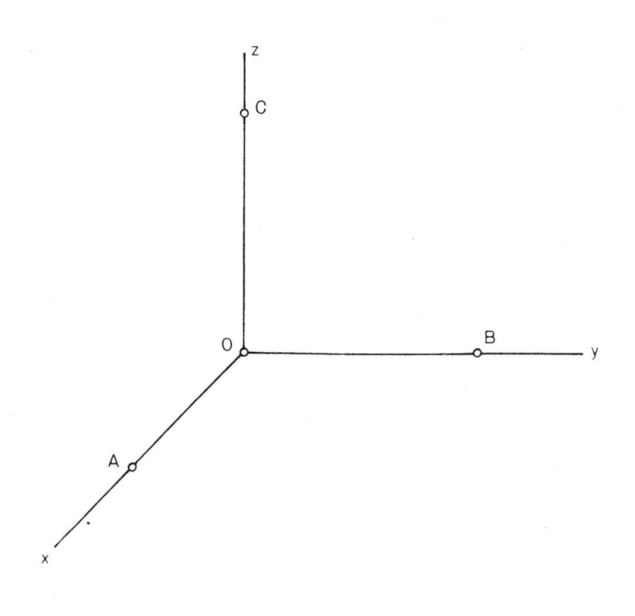

図2-2 跡線三角形 XYZ の与えられた直軸測軸を求め，各軸上に与実長 ℓ の単位長さ O(ABC) を求め，立方体 OABC を作図せよ。

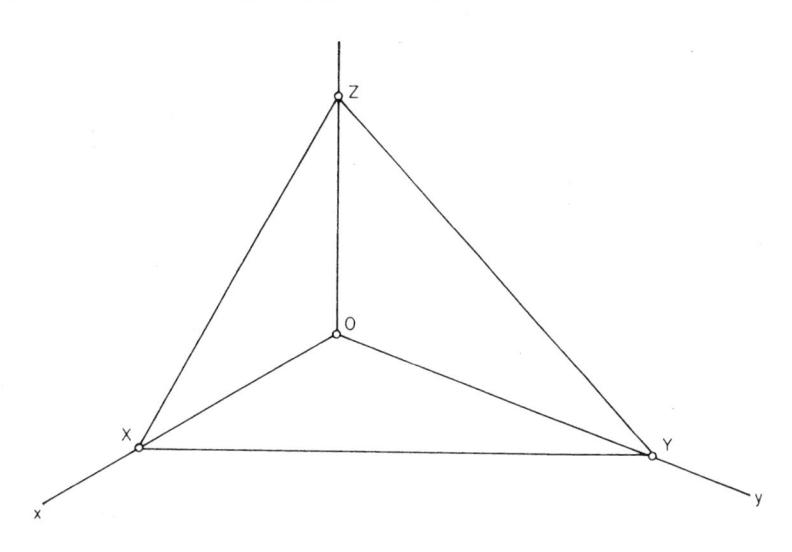

図2-3 ガヴァリエ透視図法を用いて三点 A，B，C を通る球 Γ の投象図を求めよ。

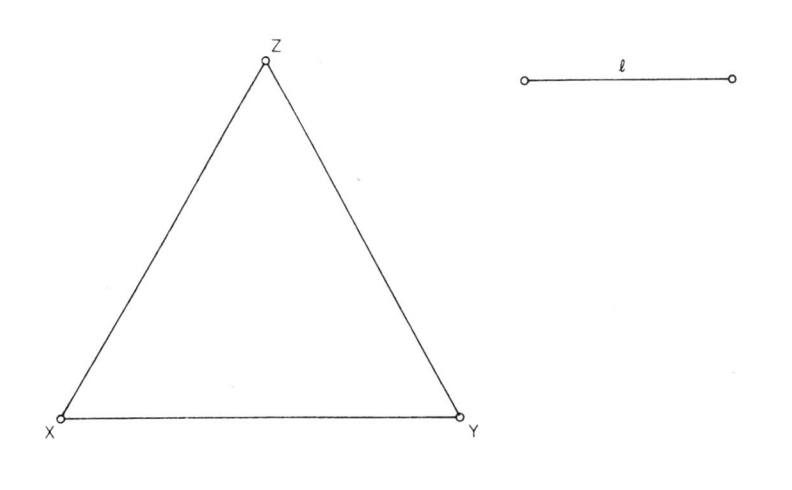

図2-4 ミリタリー透視図法を用いて，三点 A，B，C を通る球 Γ の投象図を求めよ。

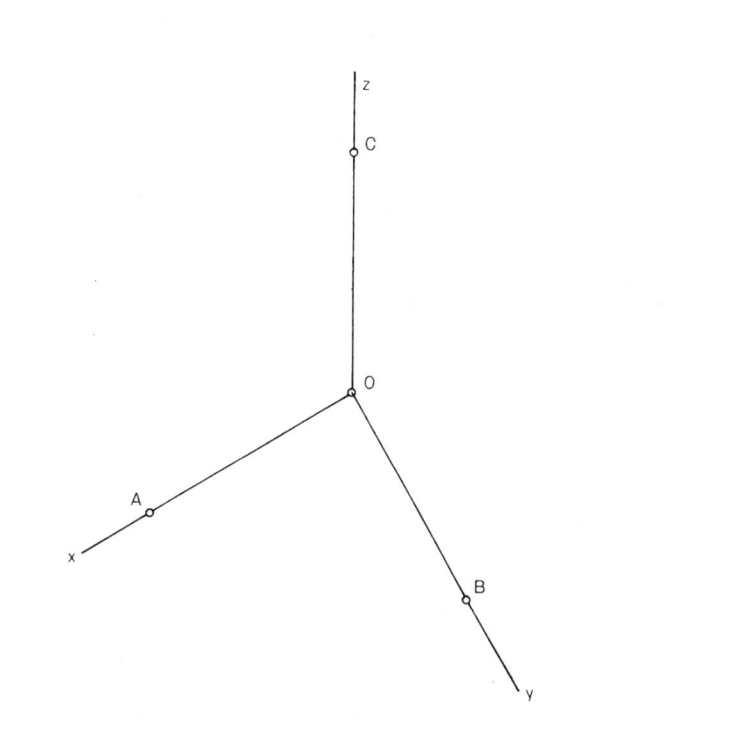

図2-5 点Oを中心とし三点A, B, Cを通る球Γの斜軸測投象図を求めよ。

図2-6 軸測軸上に単位長さを与え，下に与えた半径r中心を点Oとする球Γと主軸面が球Γを切断する三大円の軸測投象図を直軸測投象で求めよ。

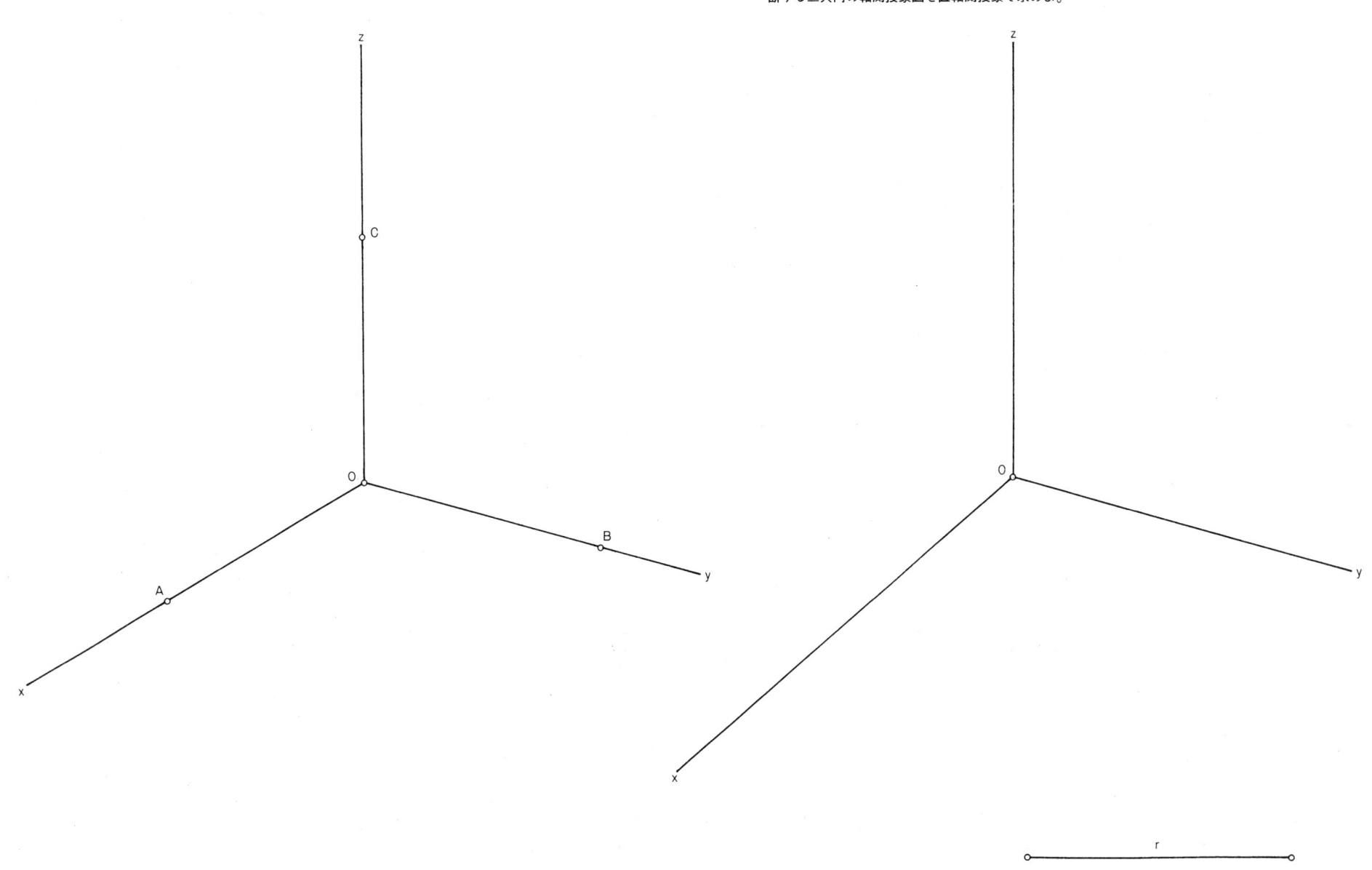

図2-7 次に示す各点の正投象図を求めよ。

点	水平面 Π_1 より	直立面 Π_2 より
A	上方 3 cm	前方 2 cm
B	上方 3 cm	後方 2 cm
C	下方 2 cm	後方 3 cm
D	下方 2 cm	前方 3 cm
E	0 cm(Π_1 上)	前方 2 cm
F	0 cm(Π_1 上)	後方 3 cm
G	上方 3 cm	0 cm(Π_2 上)
H	下方 2 cm	0 cm(Π_2 上)

図2-9 直線 g 及び ℓ の一致点を求めよ。

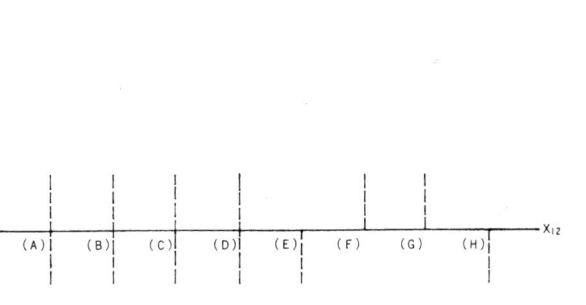

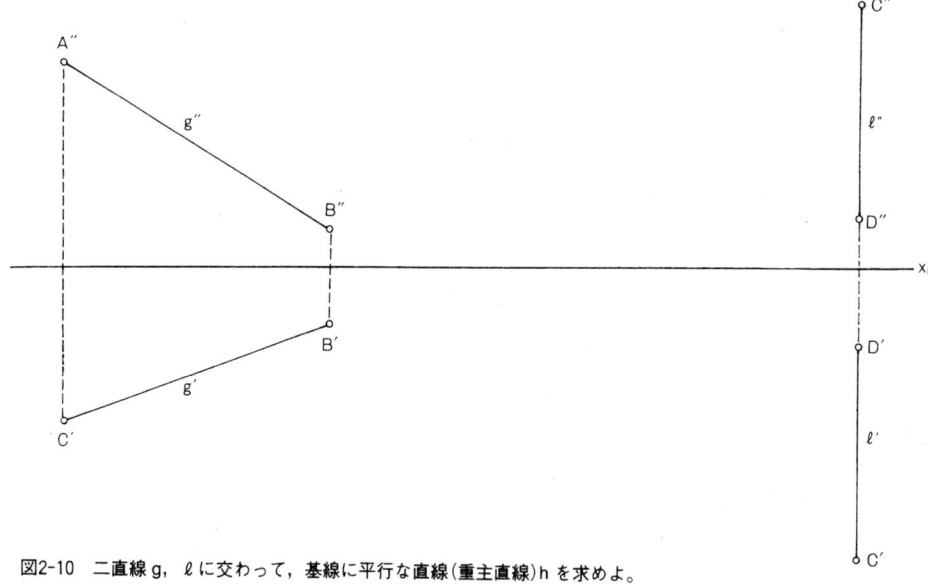

図2-8 直線 g 及び ℓ の跡点を求めよ。

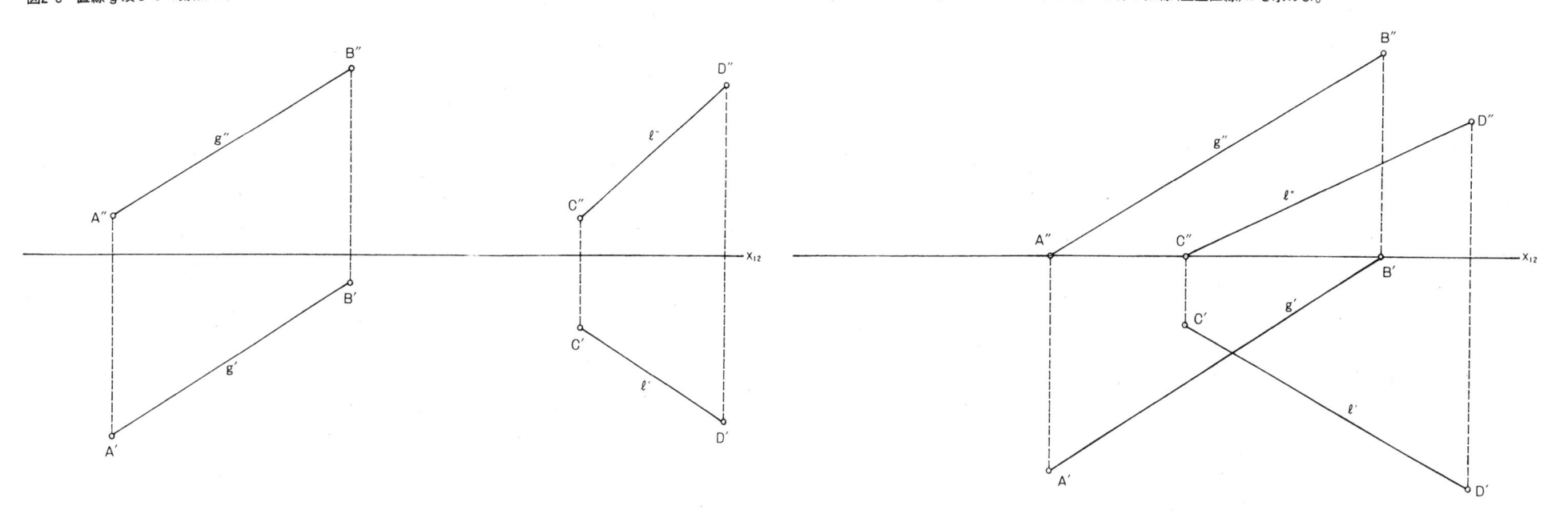

図2-10 二直線 g, ℓ に交わって，基線に平行な直線(重主直線)h を求めよ。

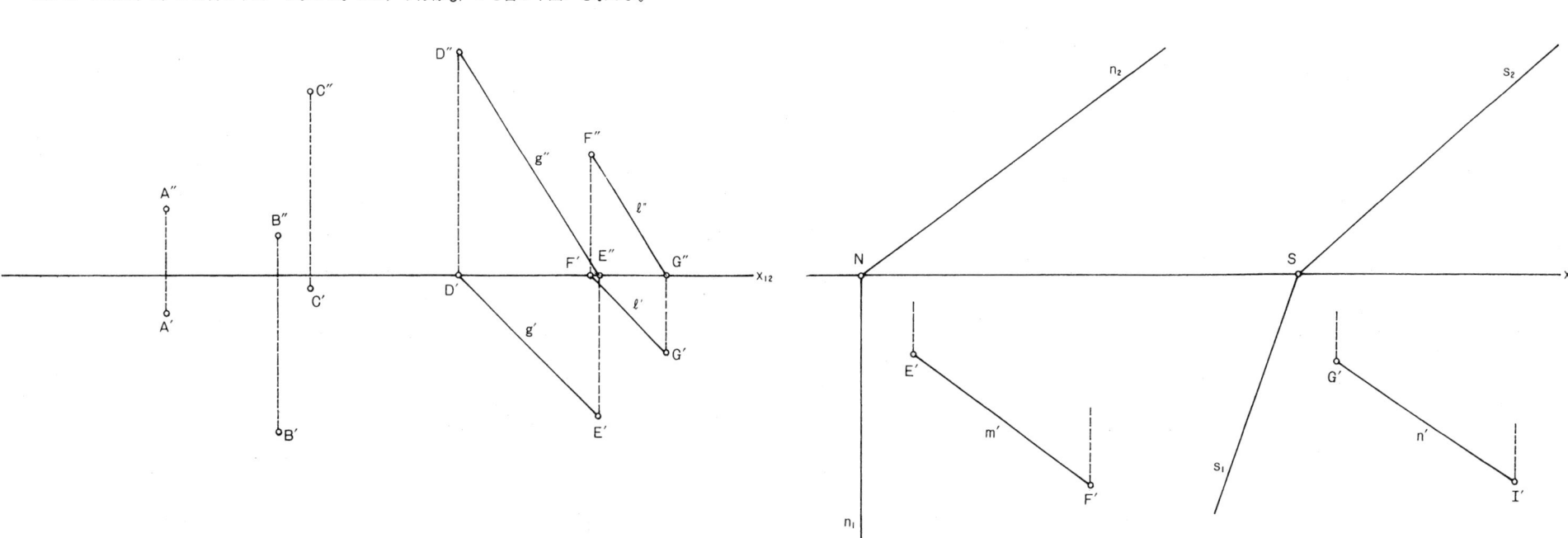

図2-11 平面 ε 及び σ 上の各点の正投象図を完成せよ。

図2-12 平面 ε, μ, ν 及び σ 上の各直線の正投象図を完成せよ。

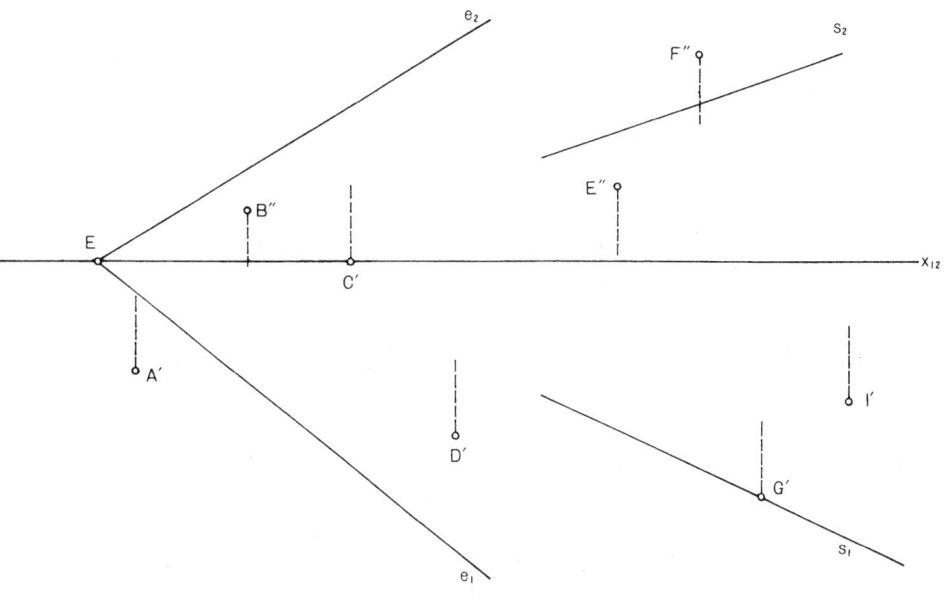

図2-13 三点 A, B, C を含む平面 ε を求めよ。また, 平行線 g, ℓ を含む平面 μ を求めよ。

図3-1 三点P, Q, Rにより決定される平面εを求め、平面ε上の点S, Tの軸測投象図を完成せよ。

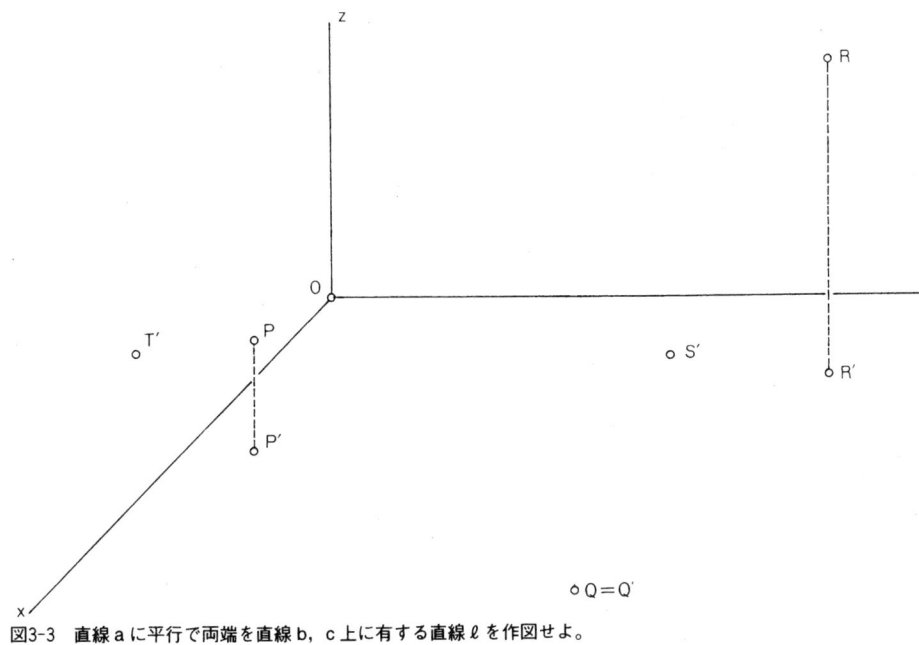

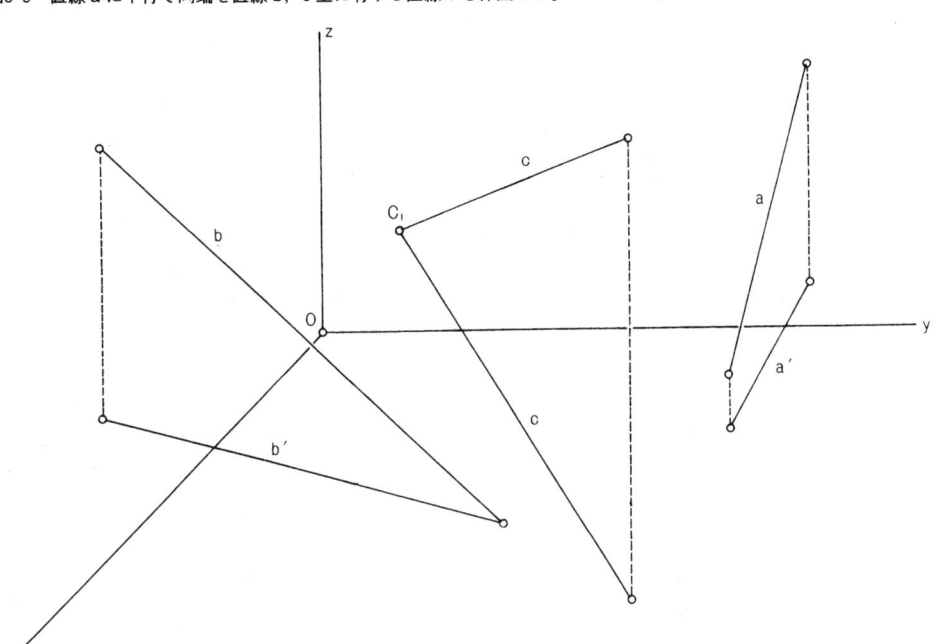

図3-2 平面ε(e_1, e_3)の第二跡線を求め、平面ε上の直線PQの軸測投象図を完成し、三点P, Q, Rを通る平面μを求めよ。

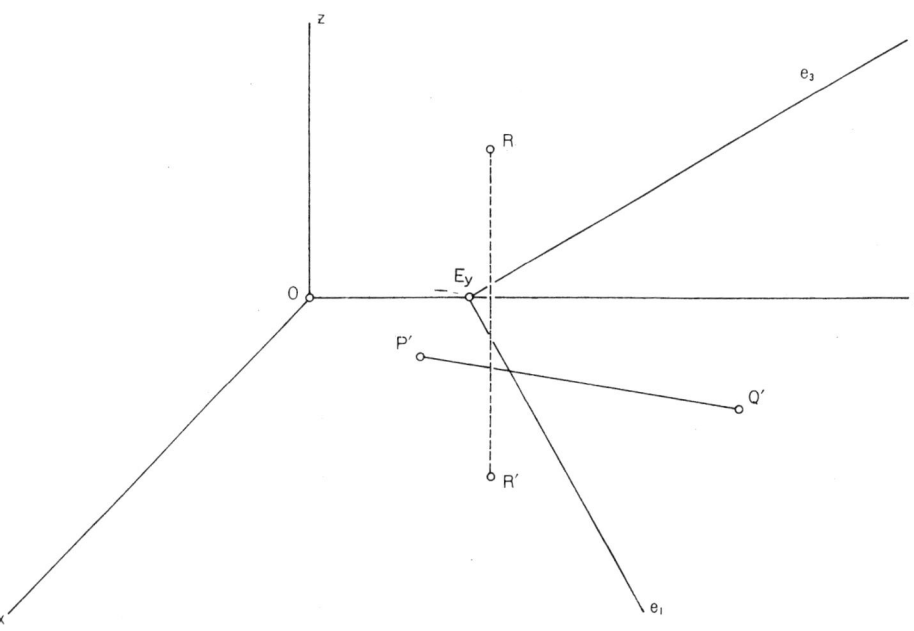

図3-3 直線aに平行で両端を直線b, c上に有する直線ℓを作図せよ。

図3-4 交わる二直線a, cの決定する平面εを求めよ。

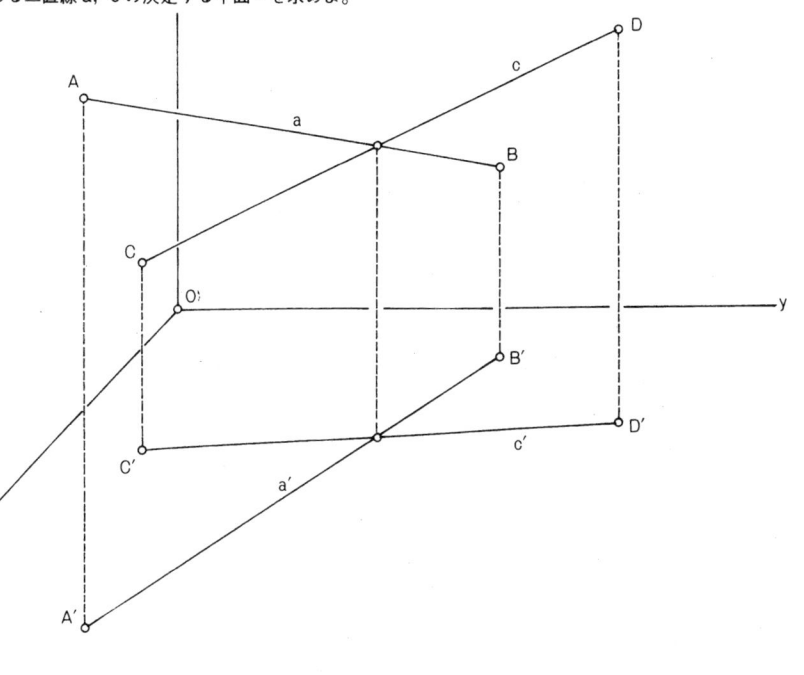

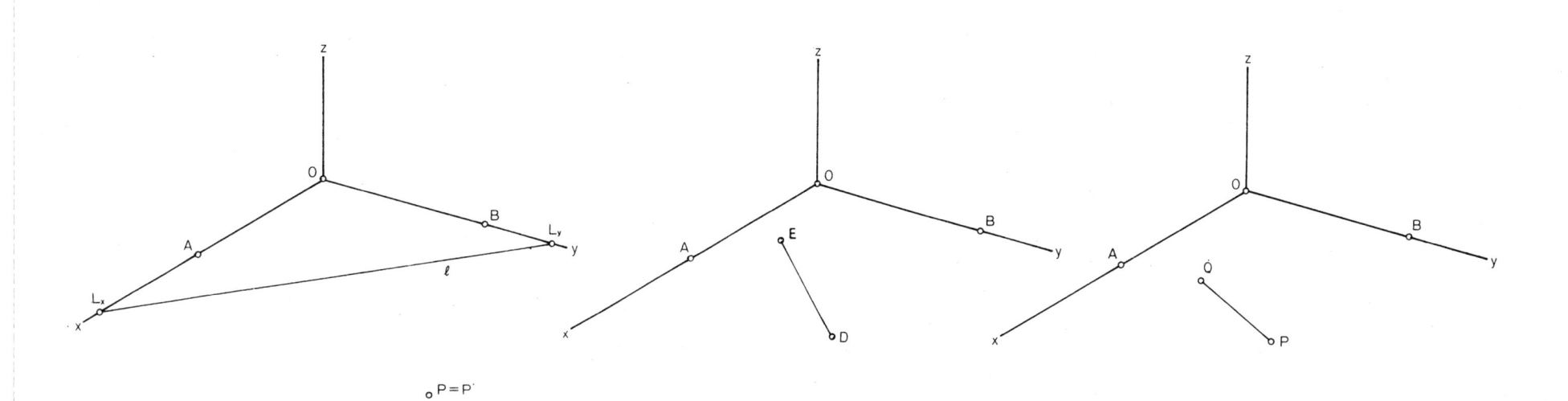

図3-5 与えられた直交等長三脚 $O^S(A^SB^SC^S)$ による目盛楕円を利用して，線分 OD の長さを，原点 O を基点として x 軸上に作れ。

図3-6 線分 DE の長さを，原点 O を基点として z 軸上に作れ。

図3-7 線分 DE の長さを，点 D を基点として直線 OD 上に作れ。

図3-8 点 P より主軸面 xy 上の直線 ℓ に垂線を引け。

図3-9 主軸面 xy 上の線分 DE に直角，等長なる線分 DF を求めよ。

図3-10 点 P を中心として半径 PQ なる主軸面 xy 上の投象図を求めよ。

図3-11 平面 ε の跡線三角形 $E_xE_yE_z$ の垂心を求め，また直線 E_xE_y を軸にして，三角形 $E_xE_yE_z$ を回転させ，xy 平面上に重ねよ。

図3-12 点 P より，平面 ε なる跡線三角形 $E_xE_yE_z$ に垂線を作図せよ。

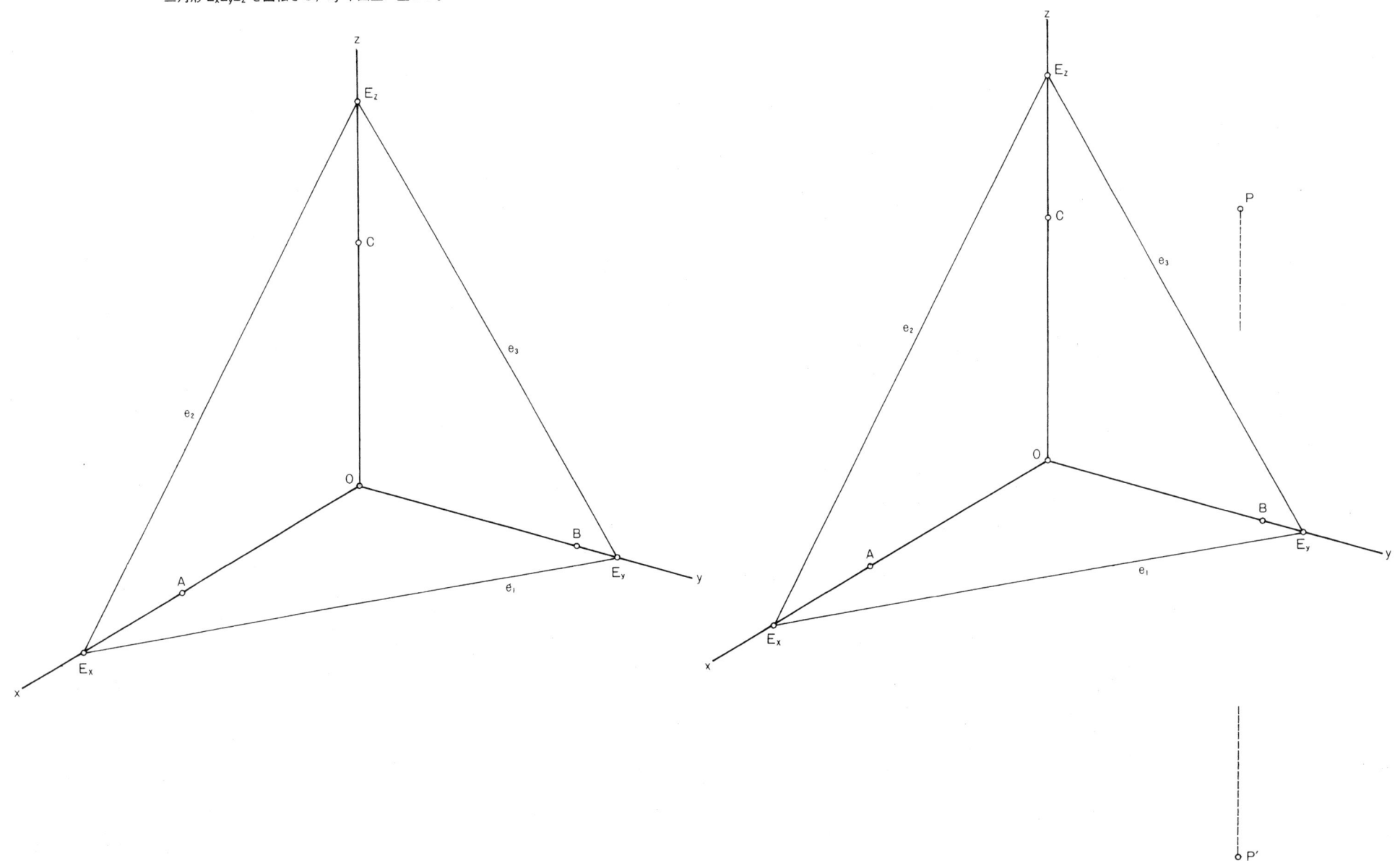

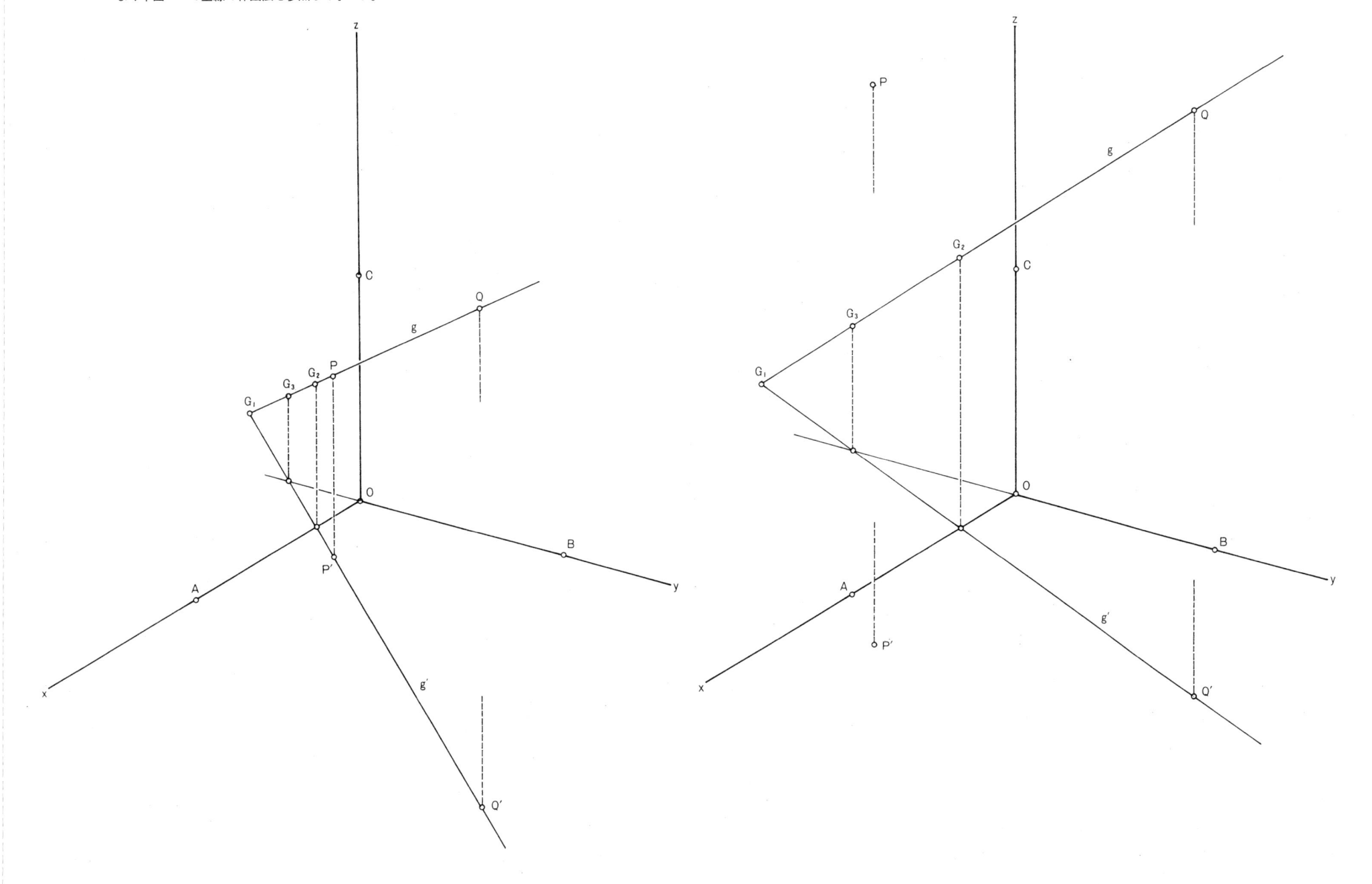

図3-13　直線 g (g, g') 上の点 P (P, P') を通り，直線 g に垂直な平面 ε を図3-12の点 P より平面 ε への垂線の作図法を参照して求めよ。

図3-14　点 P (P, P') より直線 g (g, g') への垂線を求めよ。

図3-15 跡線三角形 $E_xE_yE_z$ で与えられた平面 ε 上の線分 PQ を一辺とする平面 ε 上の正五角形 PQRST を求めよ。

図3-16 跡線三角形 $E_xE_yE_z$ で与えられた平面 ε が，三点 A，B，C を通る球 Γ を切断するとき，その切断線を求めよ。（カヴァリエ透視図）

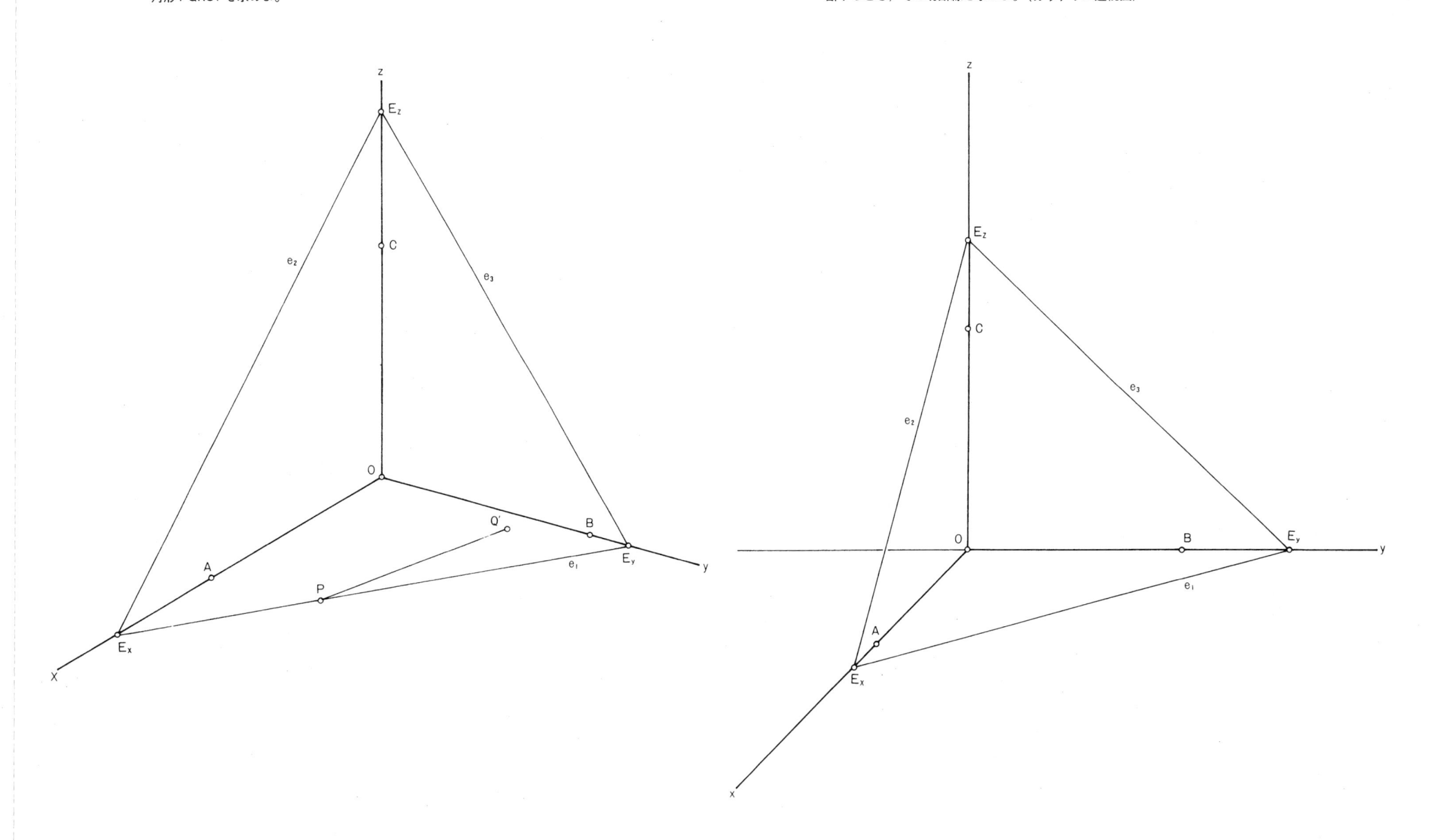

図3-17 交わる二直線 g，ℓ を二辺とする平行四辺形の正投象図を完成せよ。

図3-18 平面をなす五辺形 ABCDE の立面図と，頂点 A，B，D の平面図から五辺形の平面図を完成せよ。

図3-19 ねじれの位置にある二直線 g，ℓ 上に両端を有する長さ r の水平直線を求めよ。

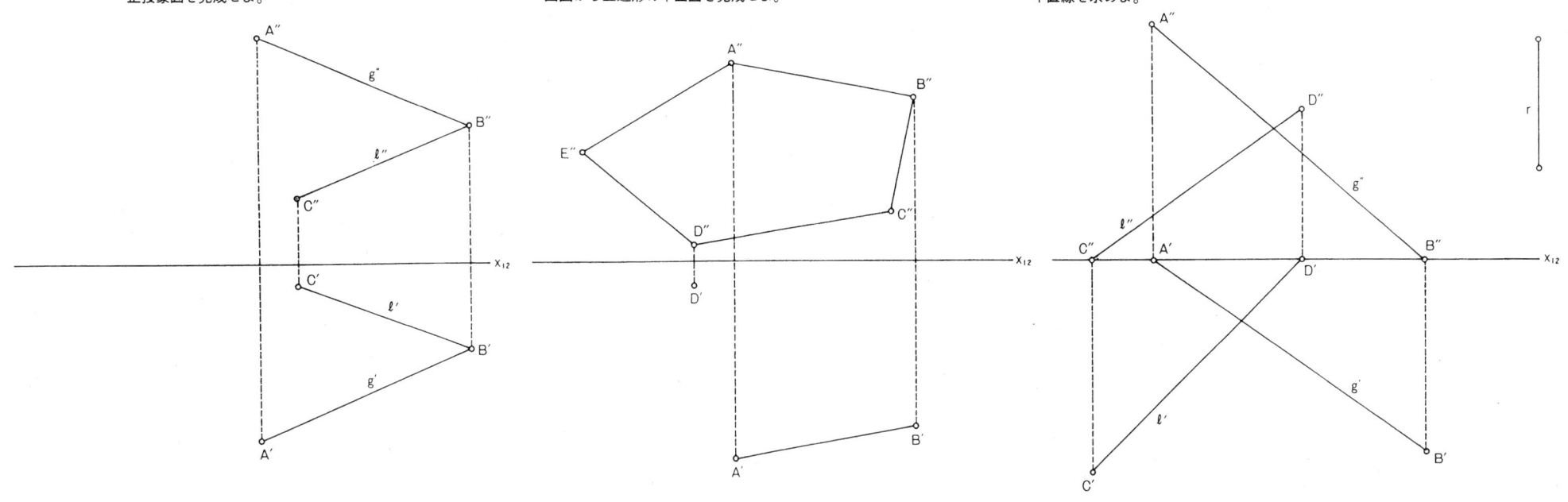

図3-20 二平面 ε，μ の交線 s を求めよ。

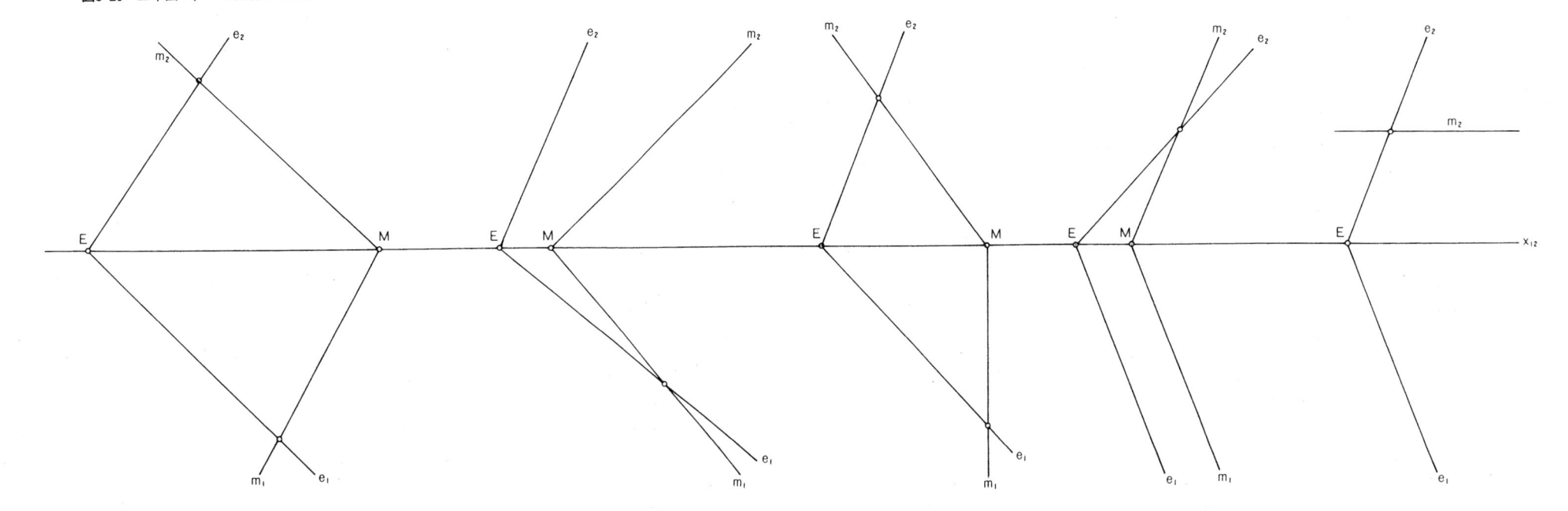

図3-21 二平面 ε, μ の交線 s を求めよ。

図3-23 直線 g と三角形 ABC との交点 S を求めよ。

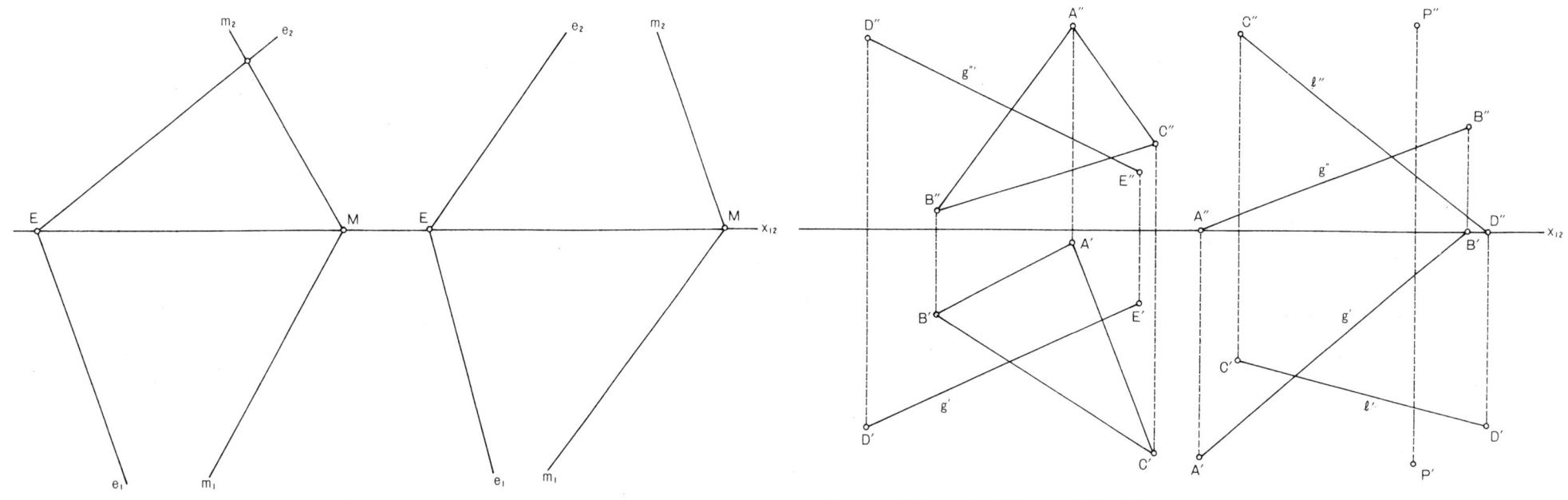

図3-24 点 P を通り二直線 g, ℓ に交わる直線 n を求めよ。

図3-22 直線 g と平面 ε の交点 S を求めよ。

図3-25 三角形 ABC と三角形 DEF の交線 s を求めよ。

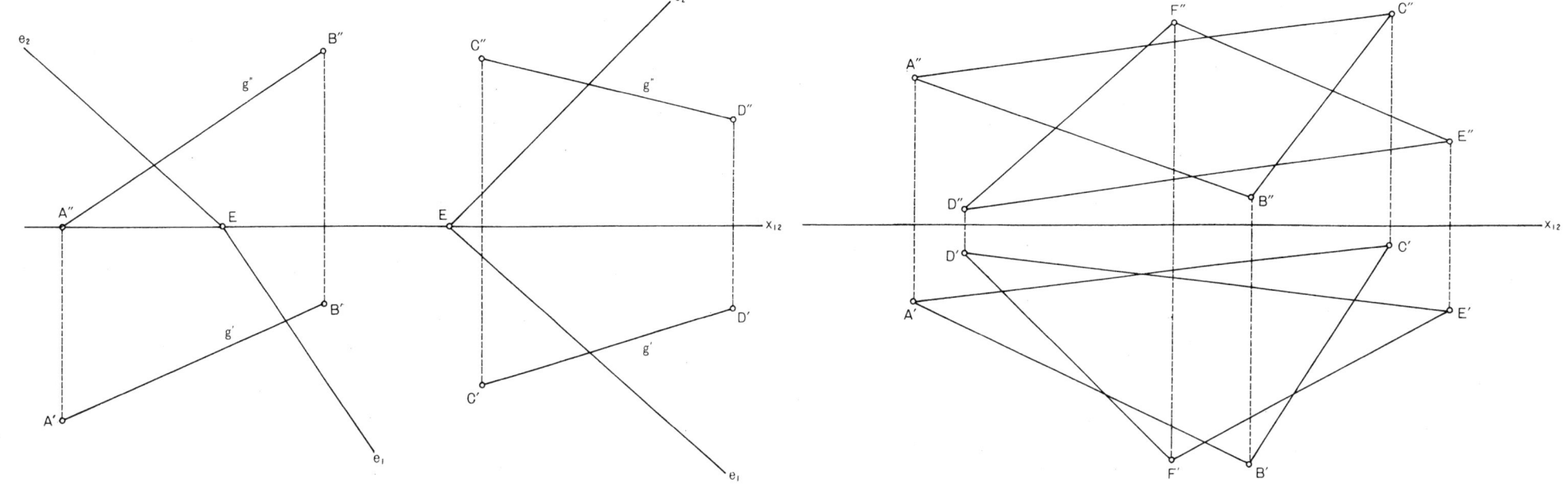

図3-26 各点の副立面図を副基線 x_{13} に関して求めよ。

図3-27 各点の副平面図を副基線 x_{23} に関して求めよ。

図3-28 点 A, B の副投象図を副基線 x_{13} について求め，さらに副基線 x_{34} について求めよ。

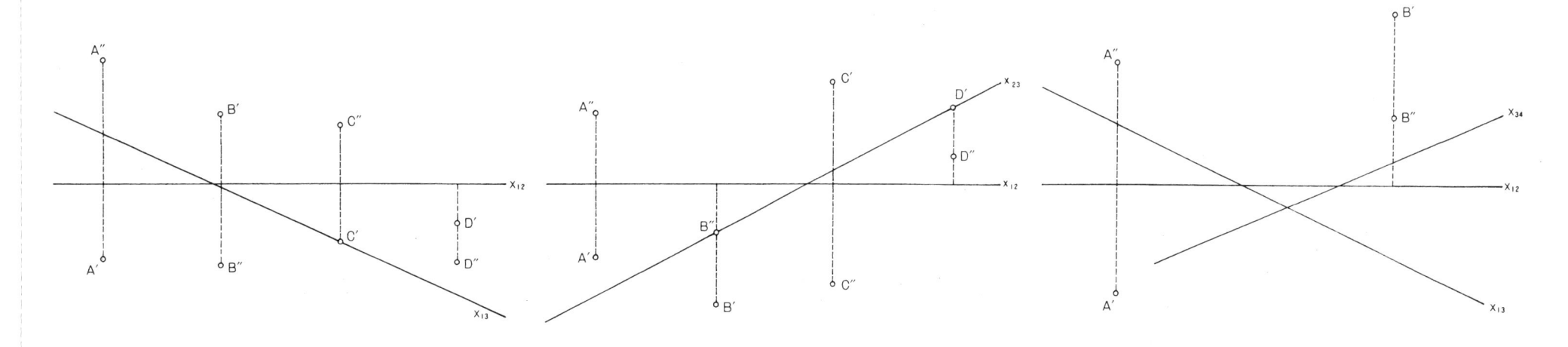

図3-29 直線 g の副立面図を平面図 g' に平行な副基線 x_{13} について求めよ。

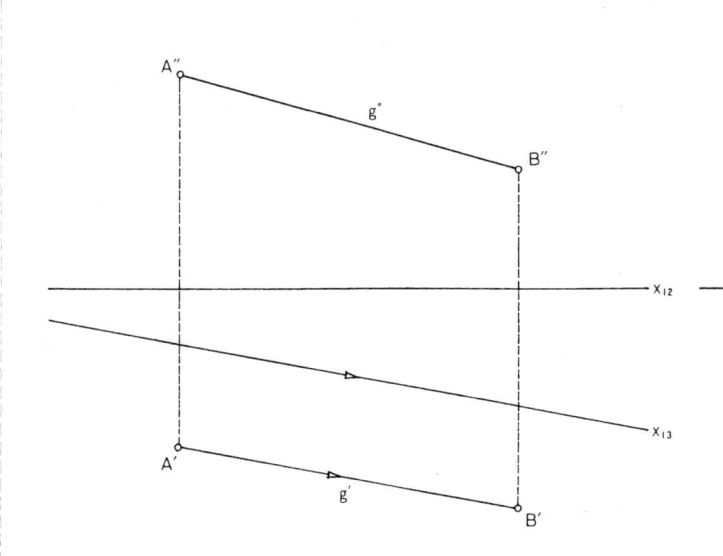

図3-30 直立投象面 Π_2 に平行な直線 g の副平面図を副基線 x_{23} について求めよ。

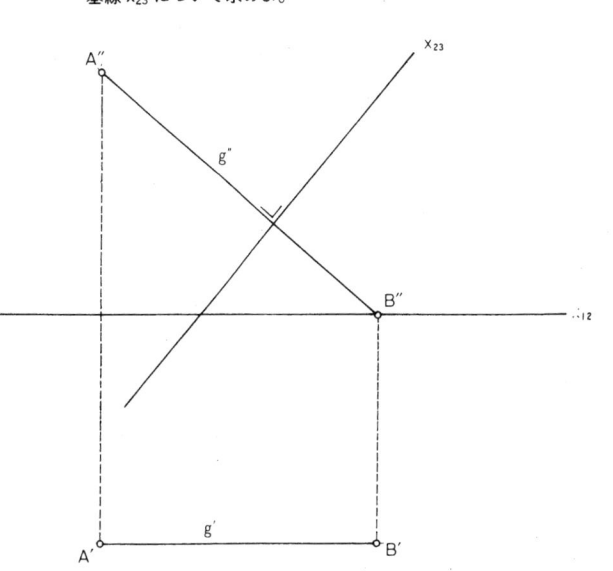

図3-31 直線 g の副平面図を立面図 g″ に平行な副基線 x_{23} について求めよ。

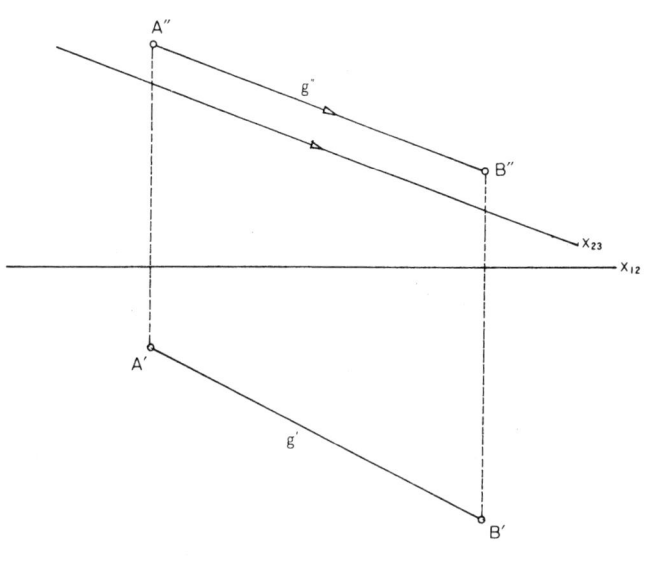

図3-32 直線 g を回転軸として点 P を回転させ，水平面 Π_1，直立面 Π_2 との交点を求めよ。

図3-33 与えられた副基線に関する平面の副跡を求めよ。

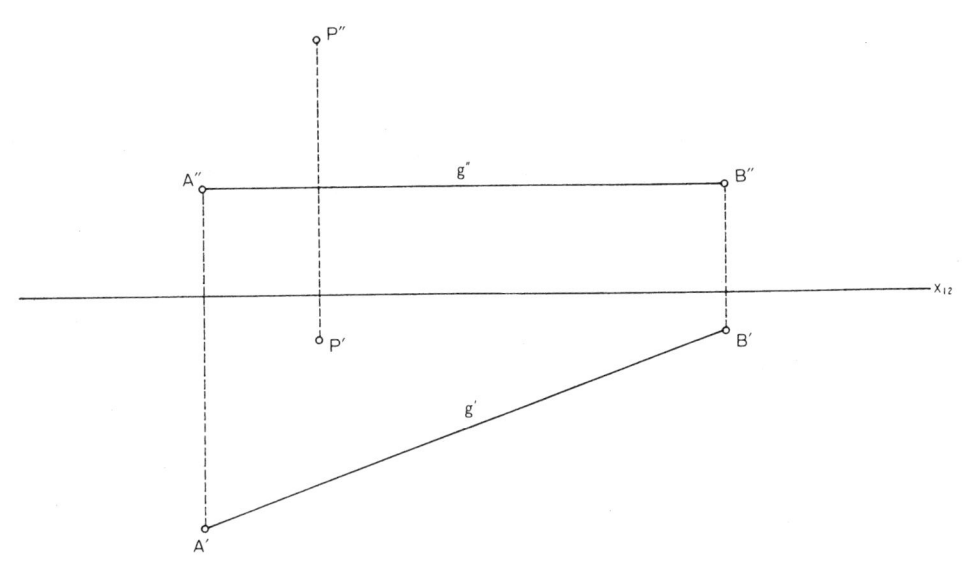

図3-34 実長 ℓ の与えられた直線 g の立面図をモンジュの回転法により完成せよ。

図3-35 直線 g を一辺とし，他の頂点が水平面 Π_1 上にある正三角形 ABC の正投象図を完成せよ。

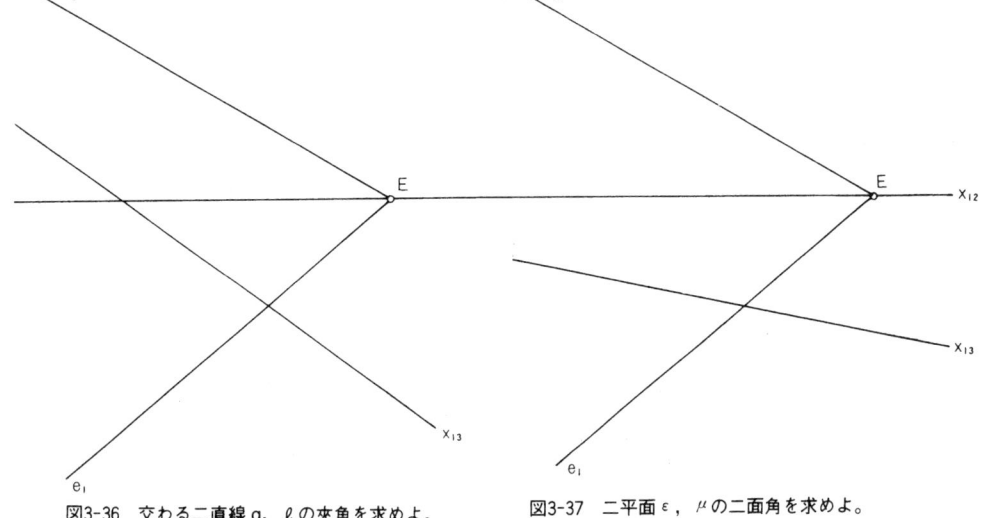

図3-36 交わる二直線 g，ℓ の夾角を求めよ。

図3-37 二平面 ε，μ の二面角を求めよ。

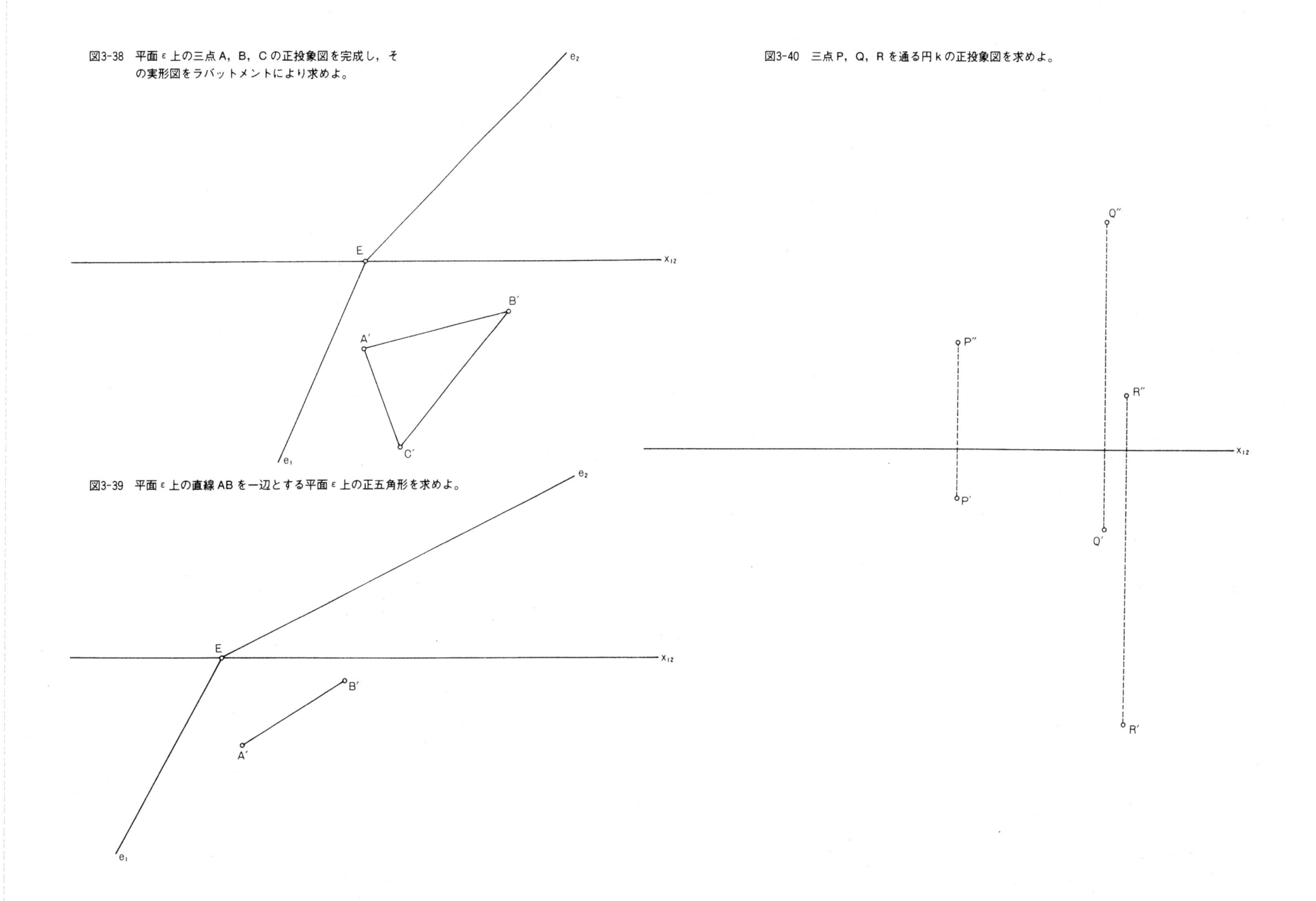

図3-38 平面ε上の三点A, B, Cの正投象図を完成し, その実形図をラバットメントにより求めよ。

図3-40 三点P, Q, Rを通る円kの正投象図を求めよ。

図3-39 平面ε上の直線ABを一辺とする平面ε上の正五角形を求めよ。

図3-41 点Pより平面εへの垂線を求めよ。

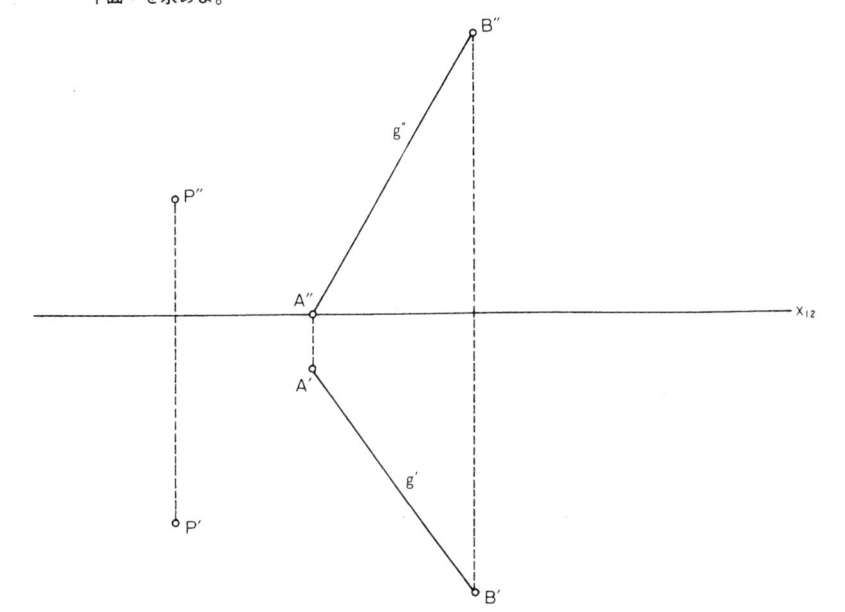

図3-42 点Pより三角形ABCへの垂線を求めよ。

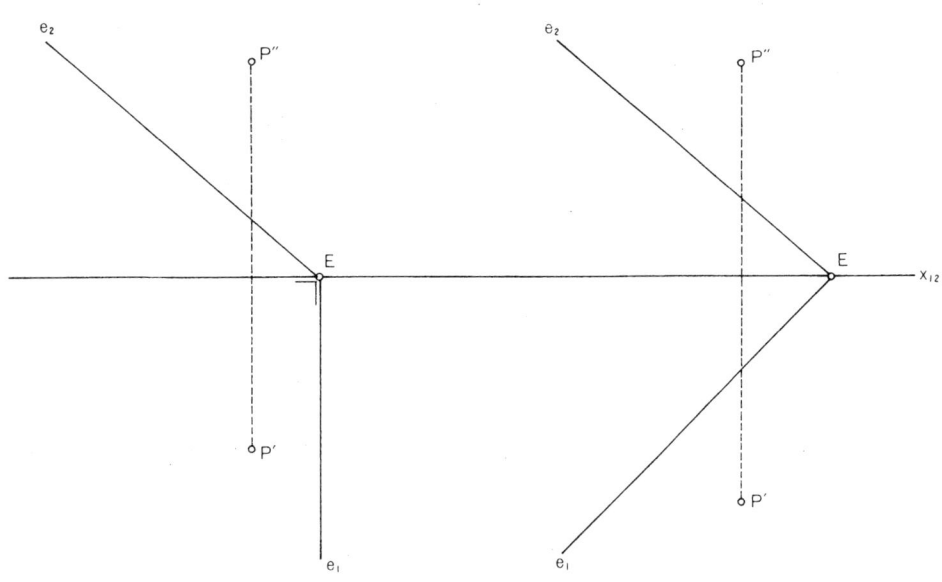

図3-43 点Pを含み直線gに垂直な平面εを求めよ。

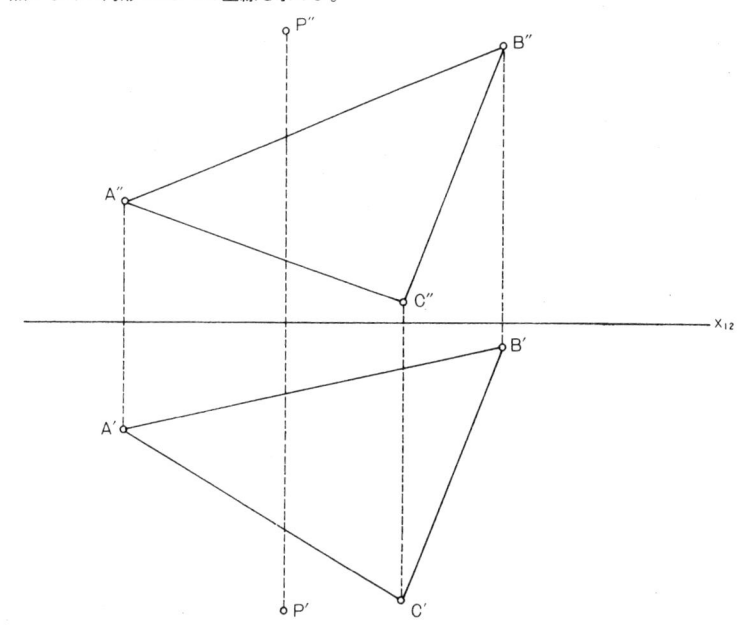

図3-44 水平面Π_1上に三点A, B, Cをもつ直交三軸O(ABC)の正投象図を完成せよ。

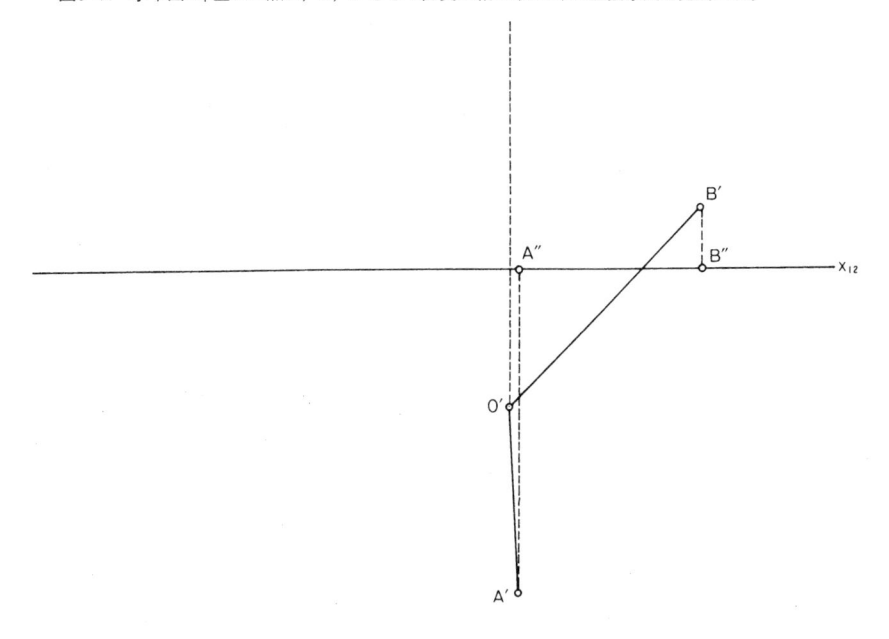

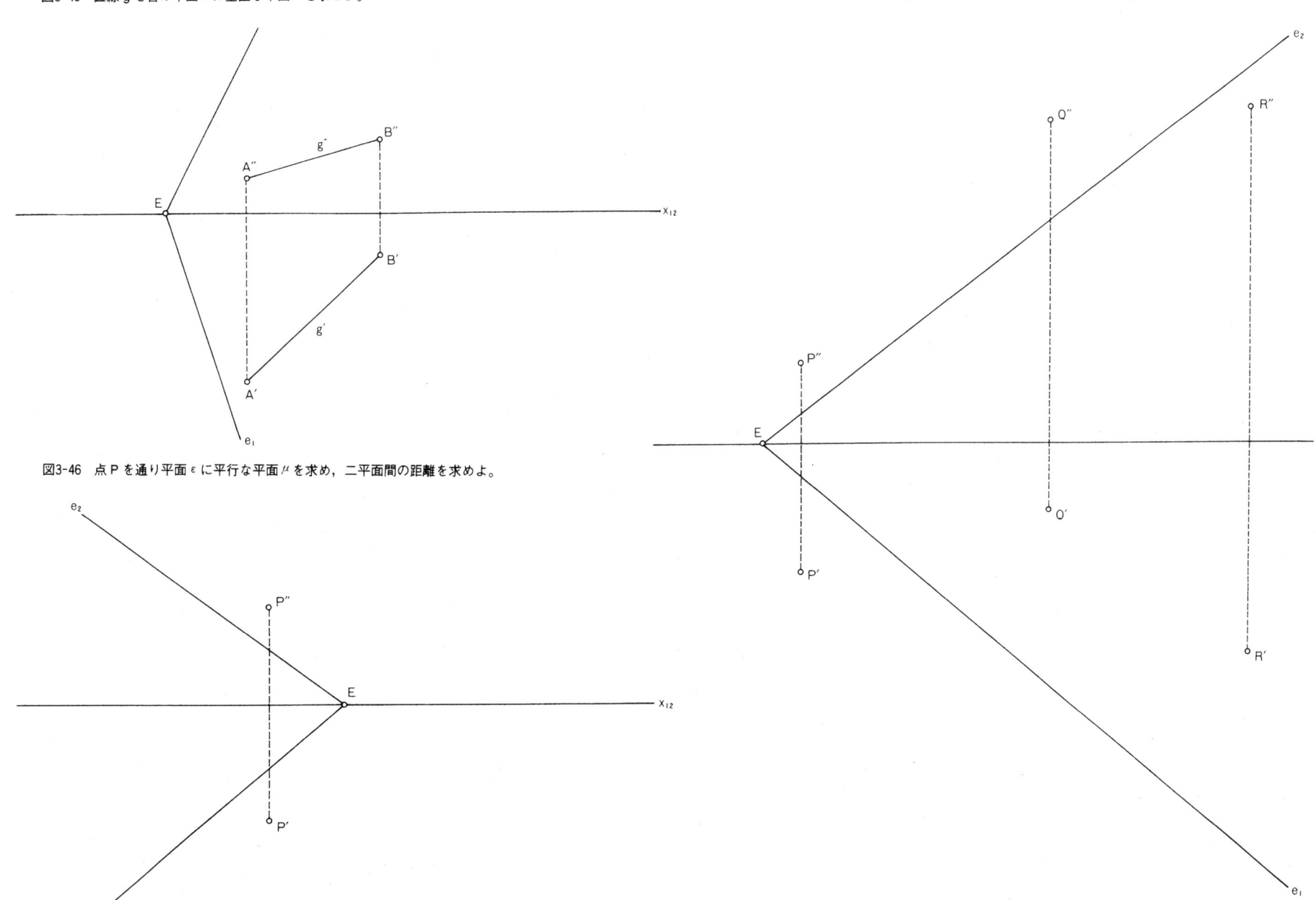

図3-45　直線gを含み平面εに垂直な平面μを求めよ。

図3-47　三点P, Q, Rより等距離にある点Oを平面ε上に求めよ。

図3-46　点Pを通り平面εに平行な平面μを求め，二平面間の距離を求めよ。

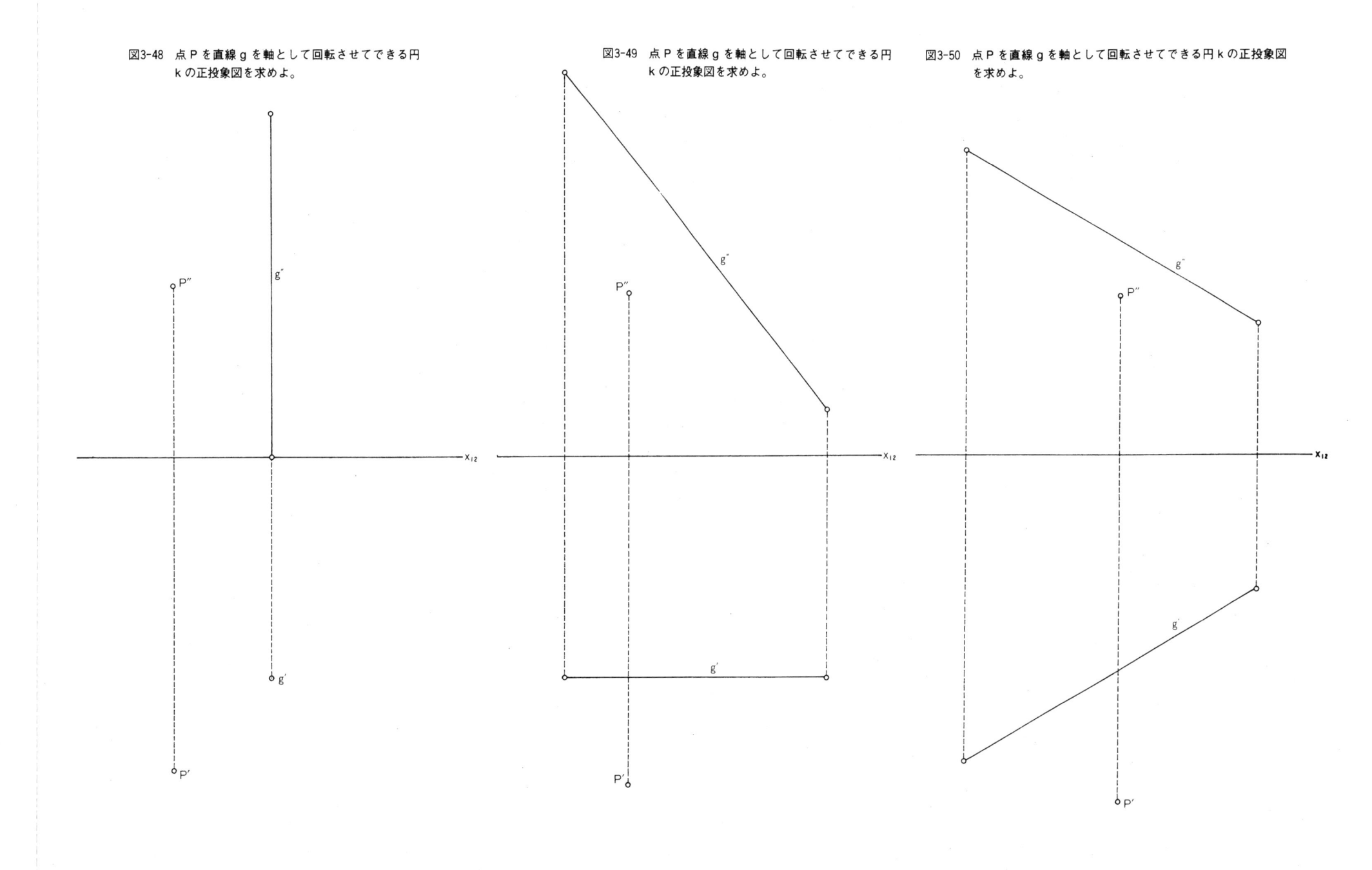

図3-48 点Pを直線gを軸として回転させてできる円kの正投象図を求めよ。

図3-49 点Pを直線gを軸として回転させてできる円kの正投象図を求めよ。

図3-50 点Pを直線gを軸として回転させてできる円kの正投象図を求めよ。

図3-51 点Pより直線gに垂線を引きその距離を求めよ。

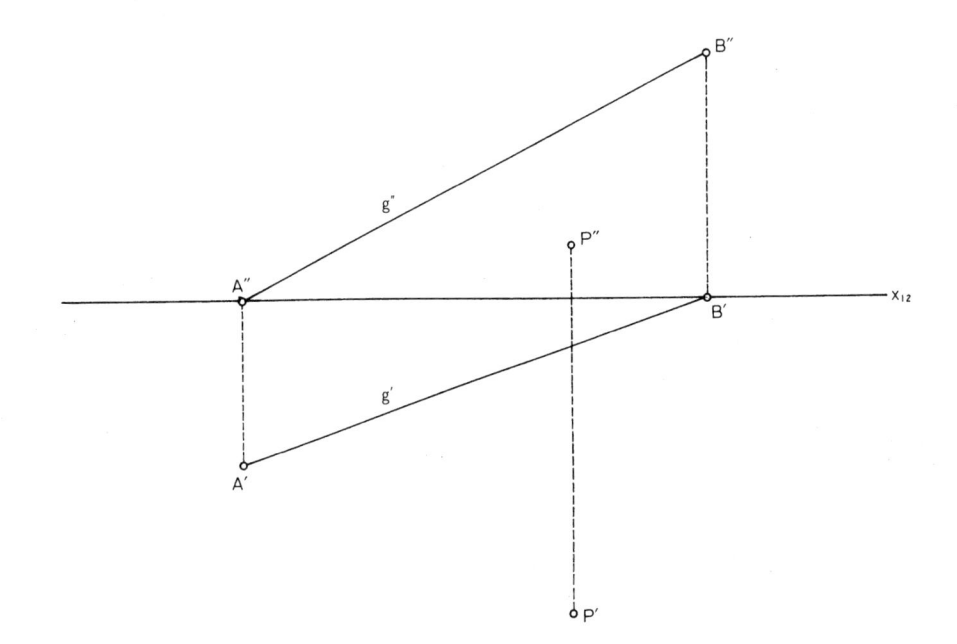

図3-53 二直線g, ℓの共通垂線を求めよ。

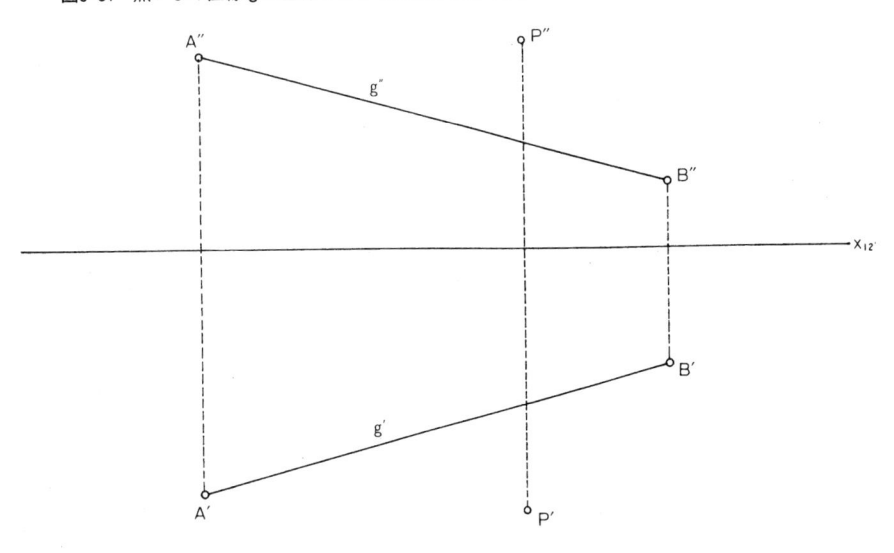

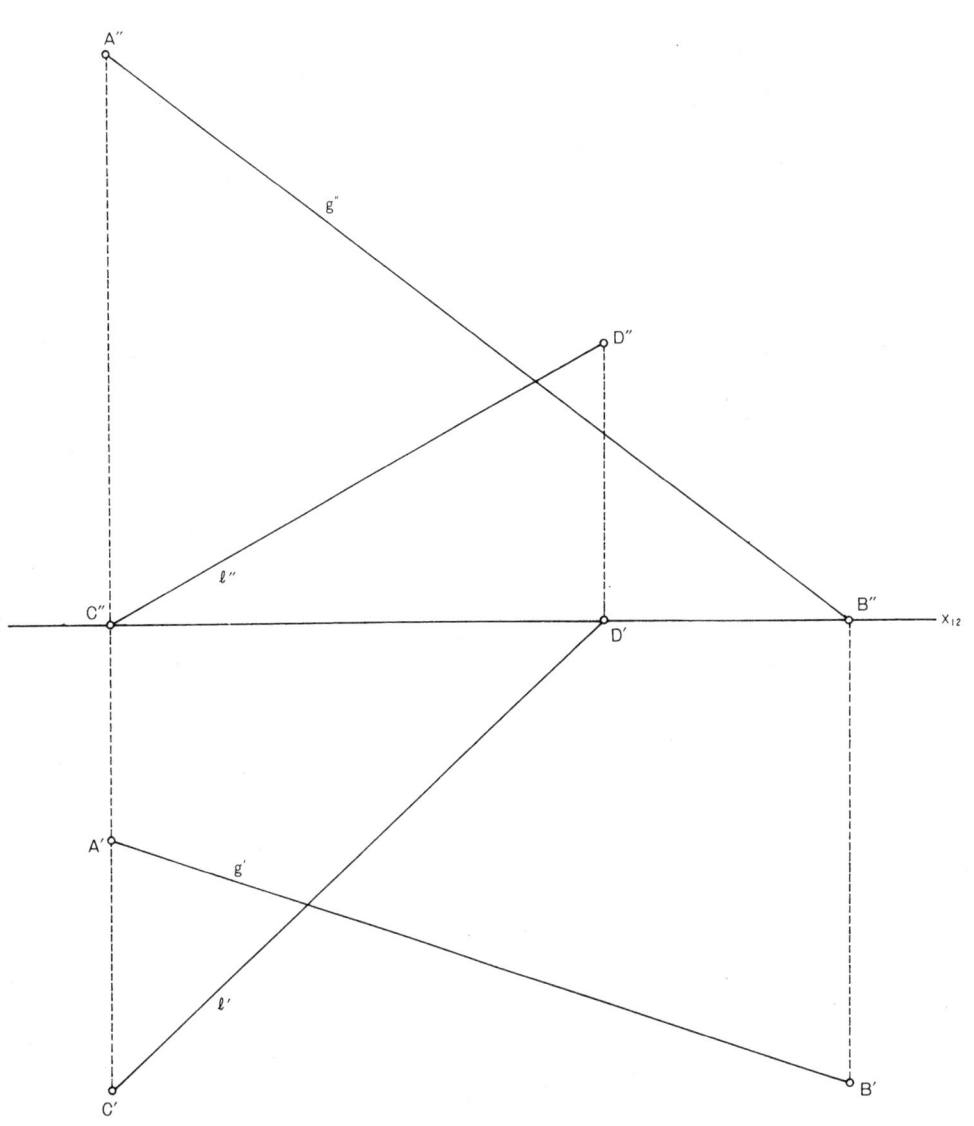

図3-52 点Pを一頂点とし, 対辺を直線g上にもつ正三角形PQRを求めよ。

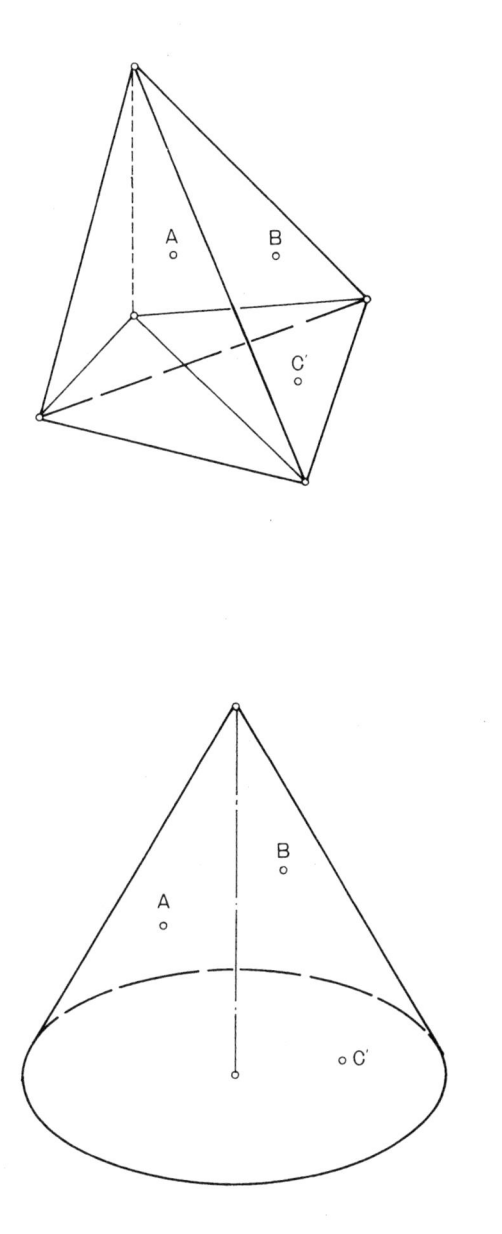

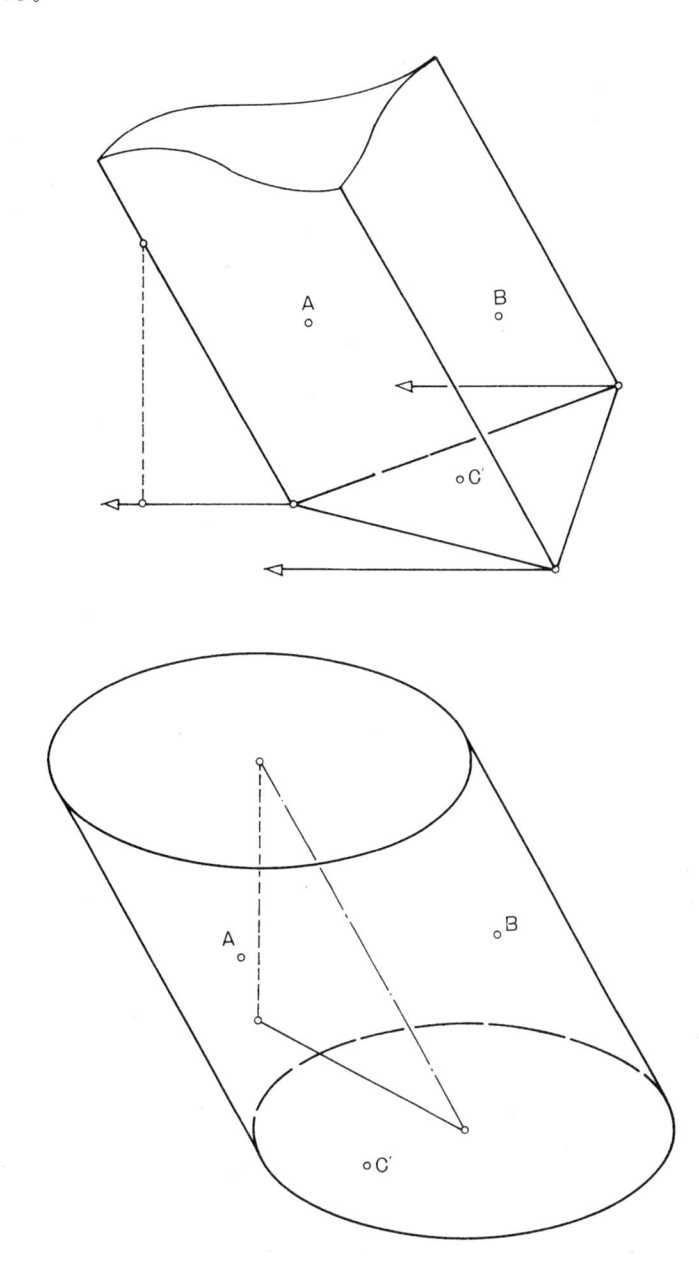

図4-1 立体の表面上の点の投象図を完成せよ。

図4-2 立体の表面上の点 A，B について，正投象図を完成せよ。

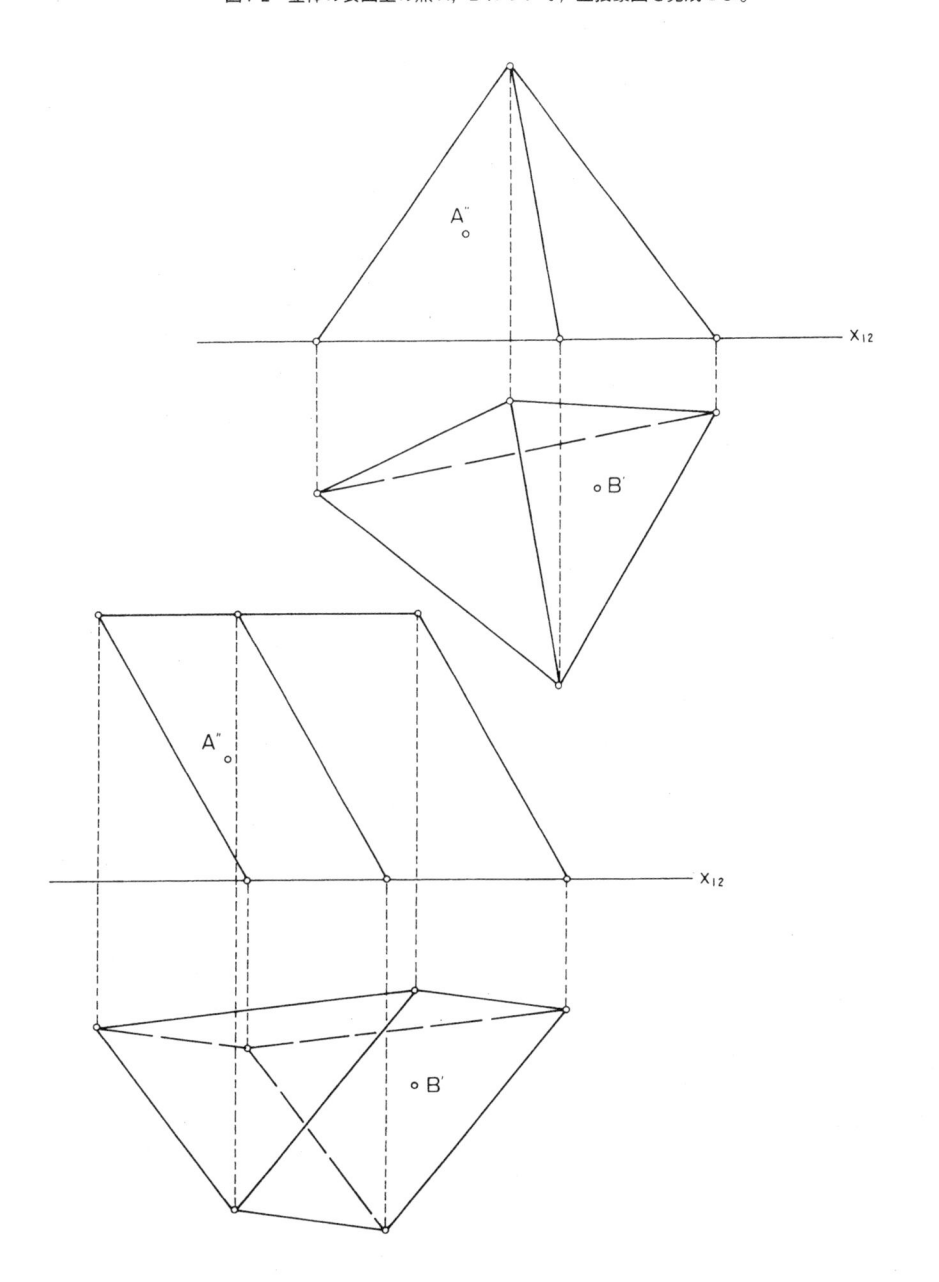

図4-3 三角錐 V-ABC と直線 ℓ，g との交点を求めよ（軸測投象）。

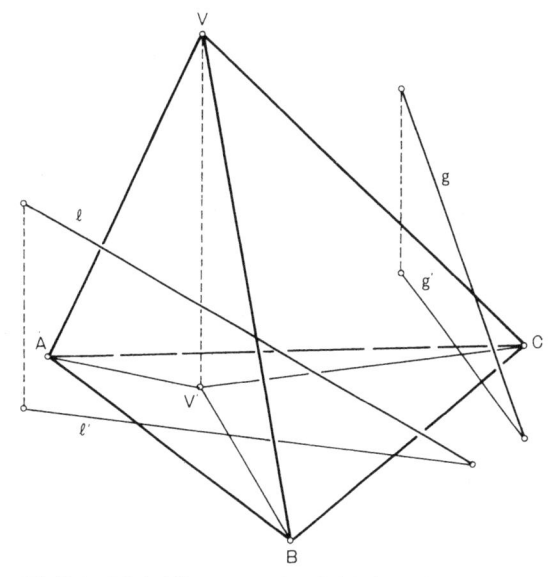

図4-4 三角錐 V-ABC と直線 ℓ，m，g との交点を求めよ（正投象）。

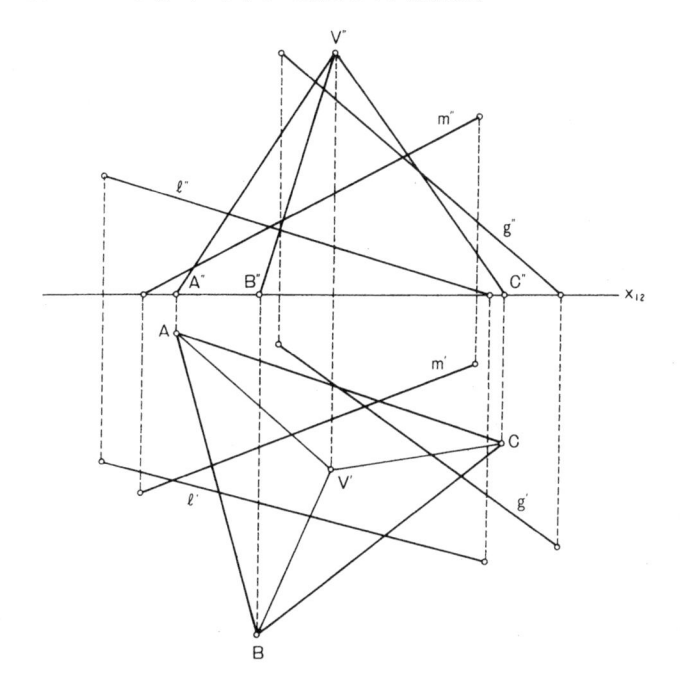

図4-5 斜三角柱 ABC-A₀B₀C₀ と直線 ℓ との交点を求めよ。

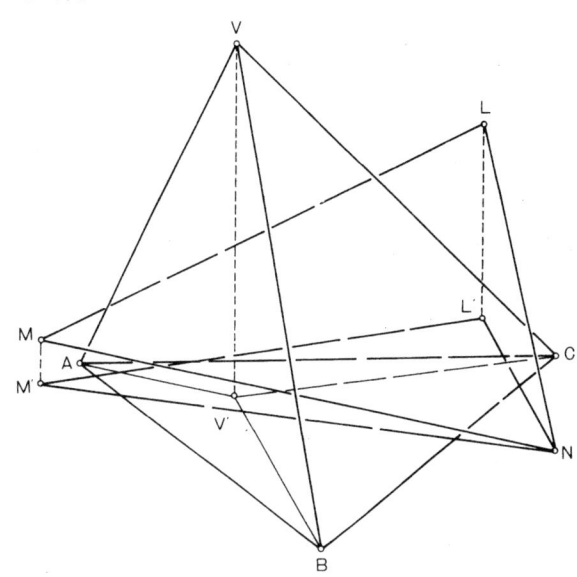

図4-7 三角錐 V-ABC と三角形 LMN の交切状態を求めよ。

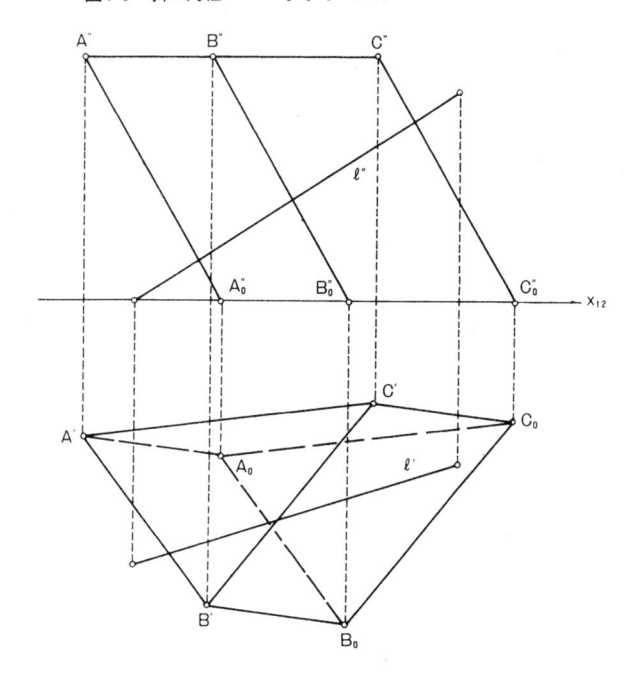

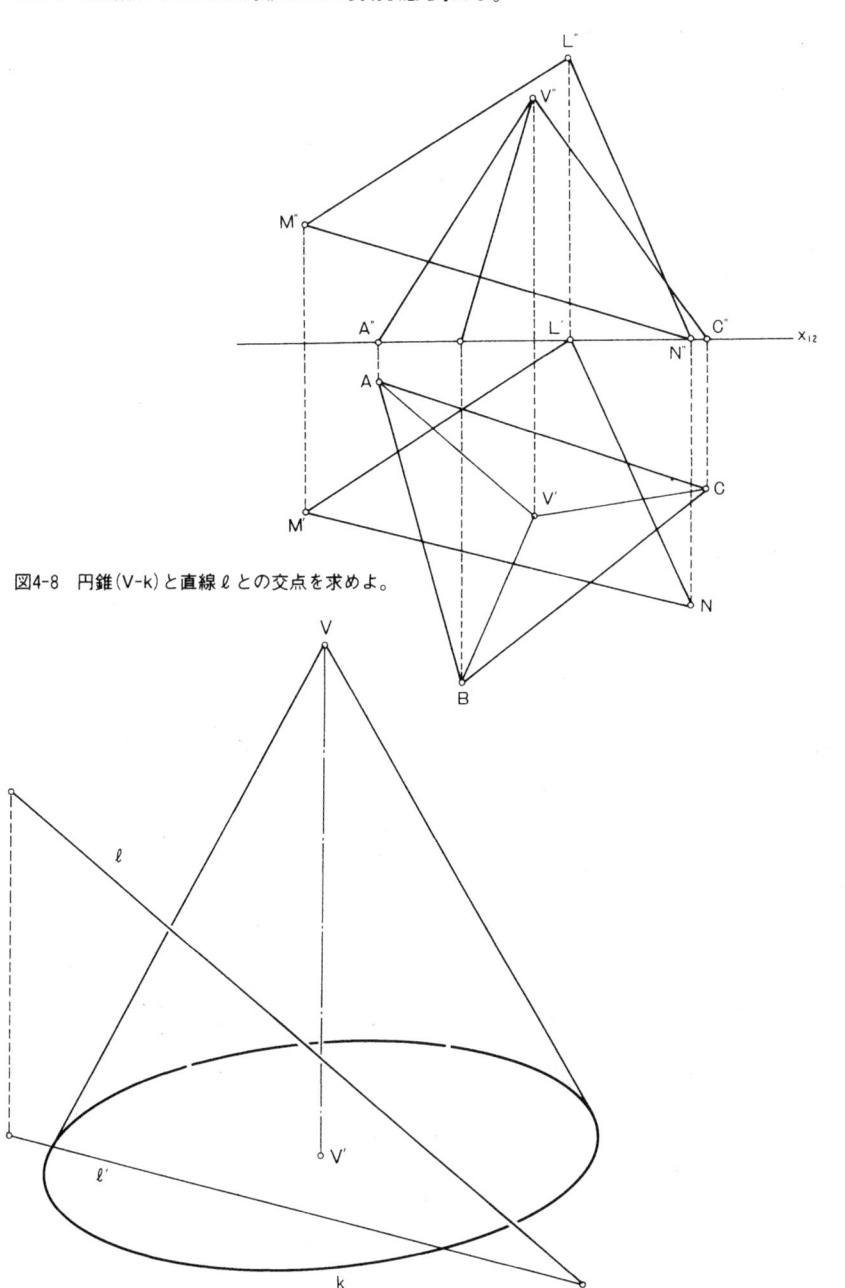

図4-6 三角錐 V-ABC と三角形 LMN の交切状態を求めよ。

図4-8 円錐(V-k)と直線 ℓ との交点を求めよ。

図4-9 斜円柱と直線 ℓ との交点を求めよ。

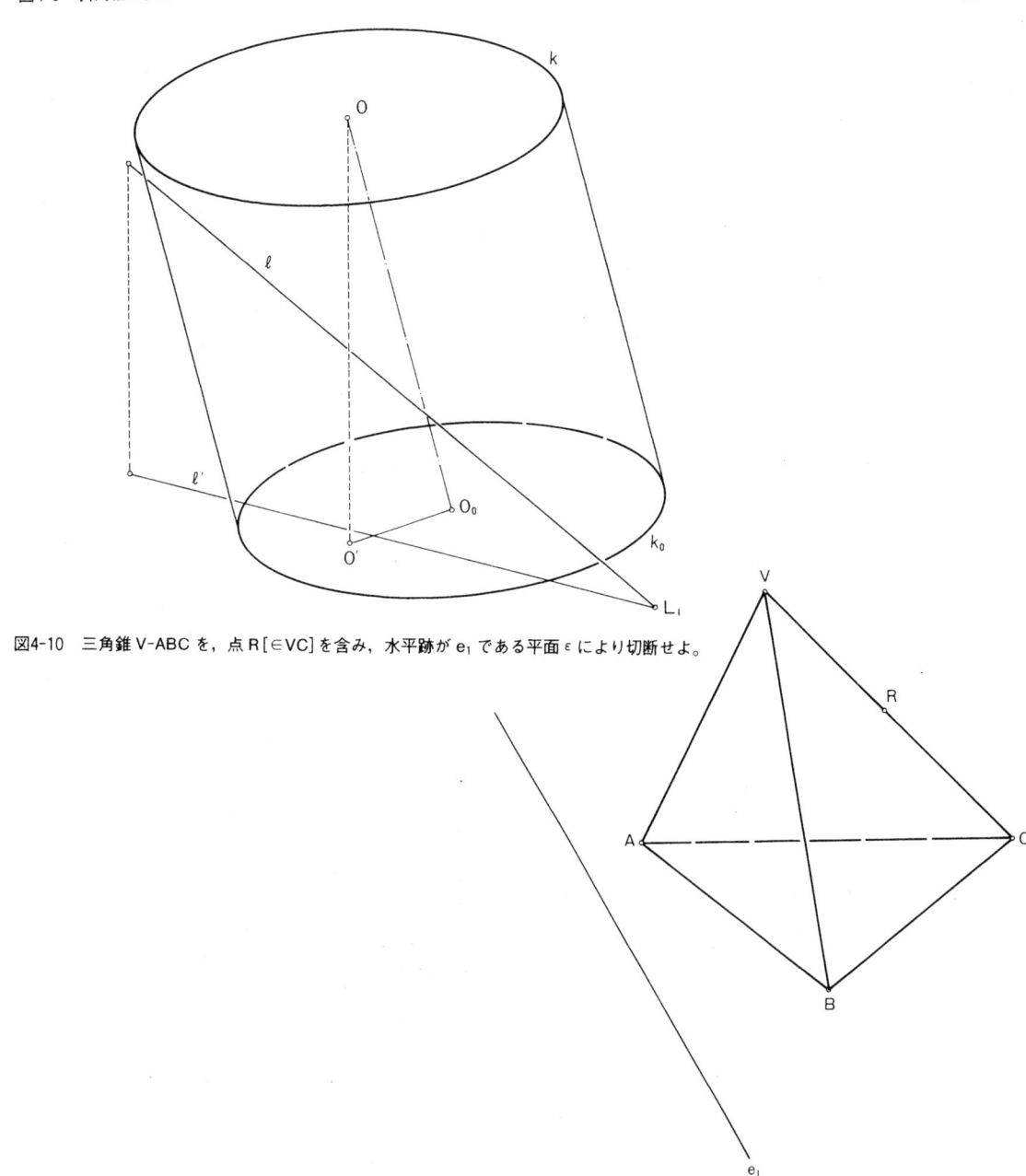

図4-11 三角錐 V-ABC を側面上の3点 P, Q, R を含む平面 ε で切断せよ。

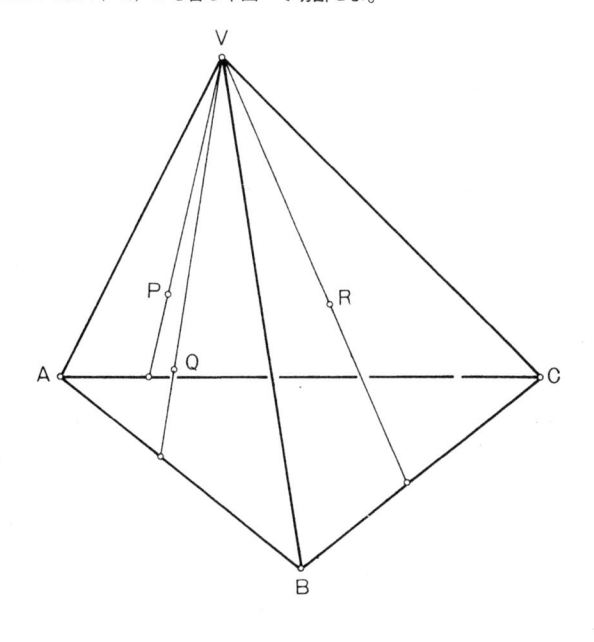

図4-10 三角錐 V-ABC を，点 R [$\in$VC] を含み，水平跡が e_1 である平面 ε により切断せよ。

図4-12 斜円錐面上の点Pと跡e_1により決定される平面εにより，斜円錐を切断せよ。ただし，底k_0の共役二直径AB，CD，AB//e_1である。

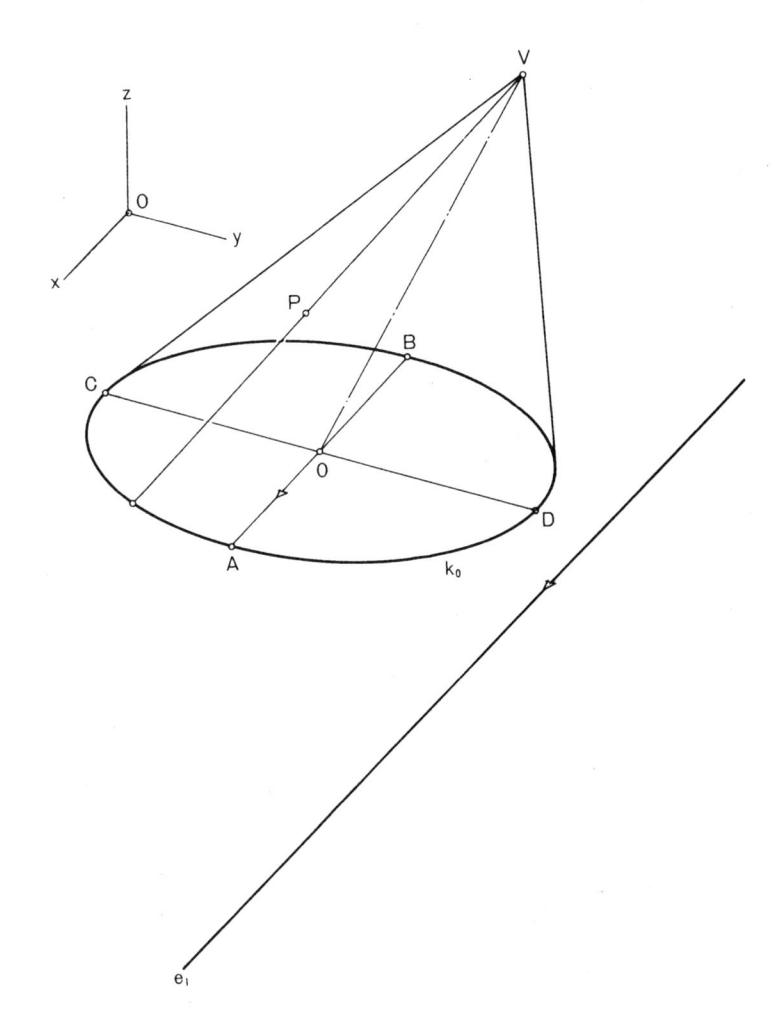

図4-13 斜三角錐V-ABCを平面εにより切断せよ。

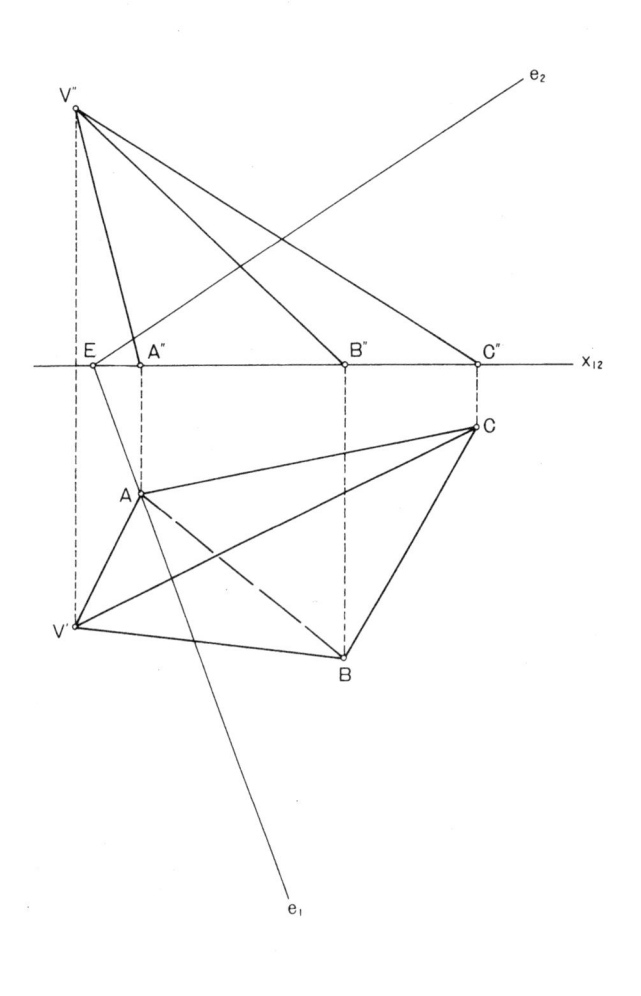

図4-14 斜三角柱 ABC の稜 c 上の点 P と跡 e_1 により決定される平面 ε により，この斜三角柱を切断せよ。

図4-15 斜円柱面上の点 P と跡 e_1 により決定される平面 ε により，この斜円柱を切断せよ。ただし，底 k_0 の共役直径 A_0B_0，C_0D_0（$A_0B_0 // e_1$）。

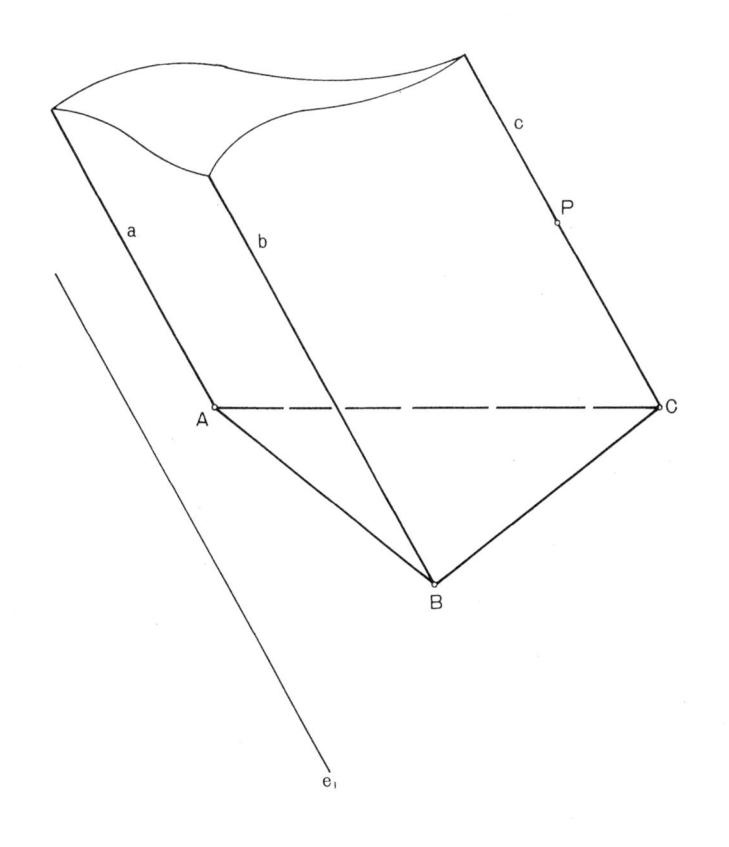

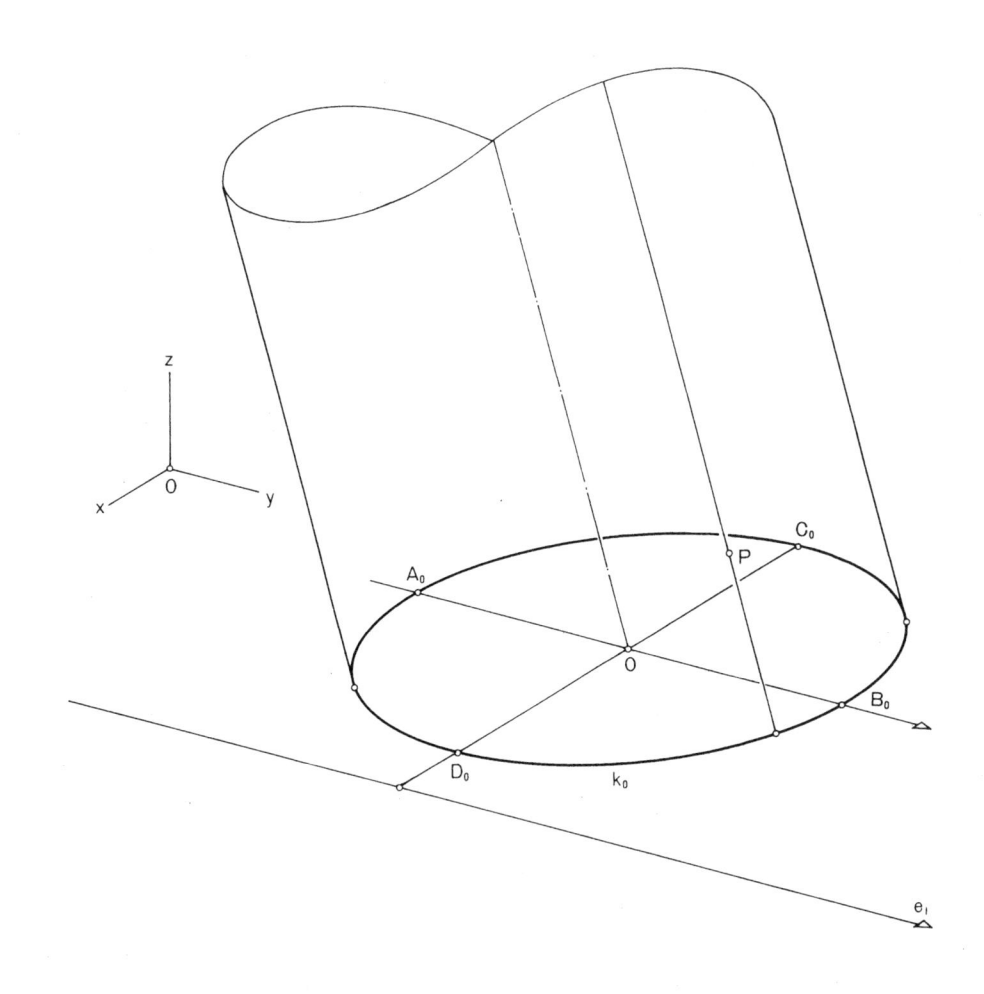

図4-16 斜三角柱 ABC-A$_0$B$_0$C$_0$ を平面 ε により切断せよ。

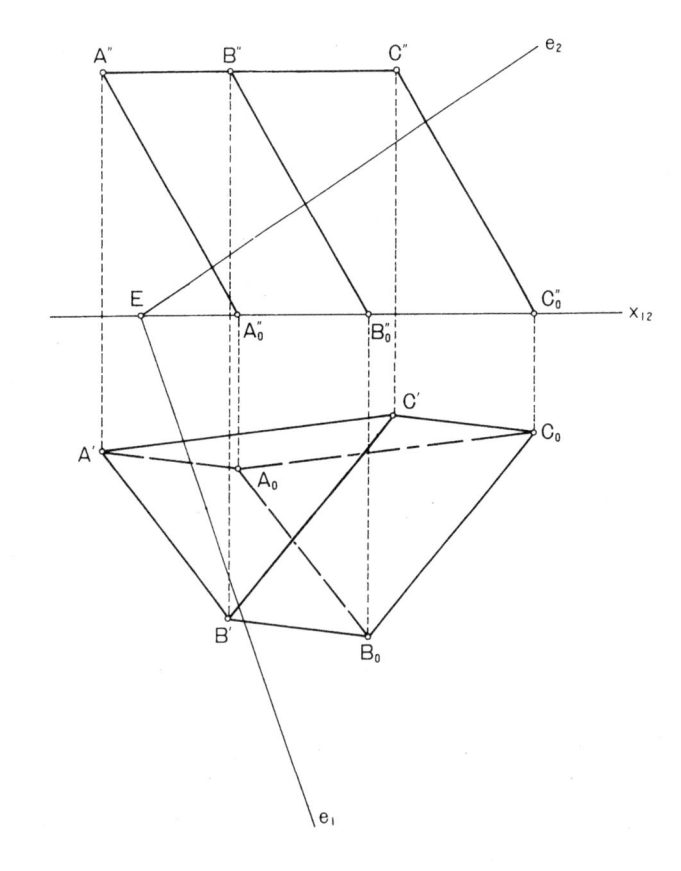

図4-17 立方体 ABCD-A$_0$B$_0$C$_0$D$_0$ を，立方体の面上の3点 P, Q, R を含む平面 ε によって切断せよ。

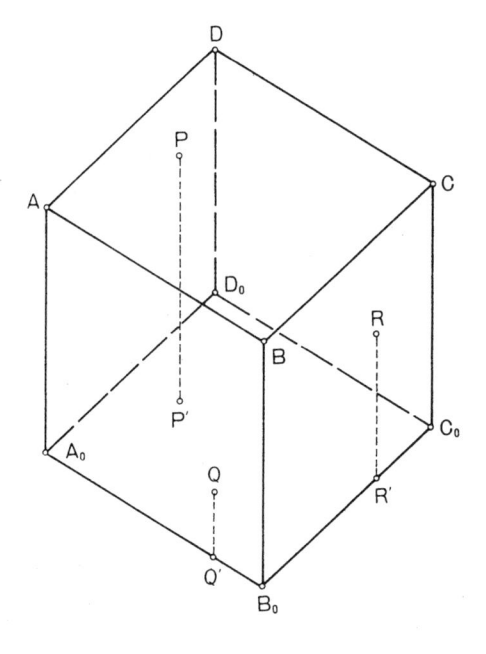

図4-18 立方体 ABCD-A₀B₀C₀D₀ を平面 ε により切断せよ。

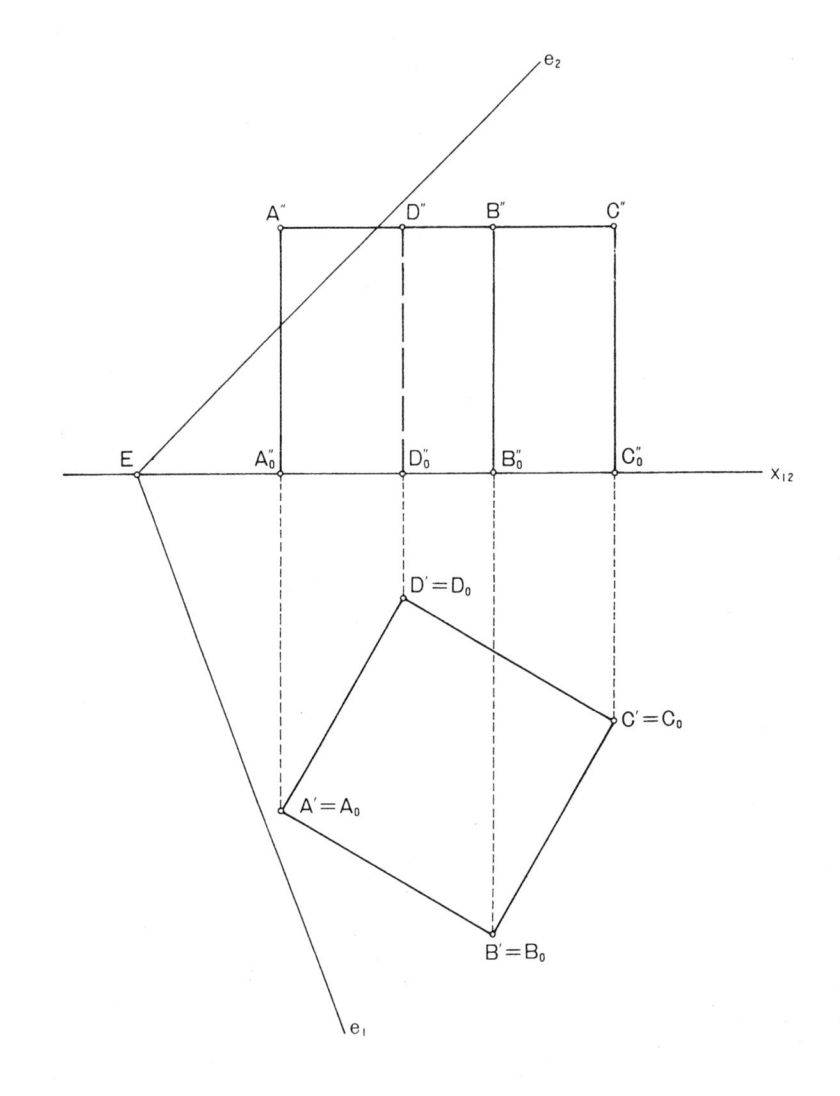

図4-19 3点 A，C，D（いずれも稜上の点）を通るように六角柱を切断したものとして，本図の切断面 ABCDEF は正しい作図かどうかを検討せよ。

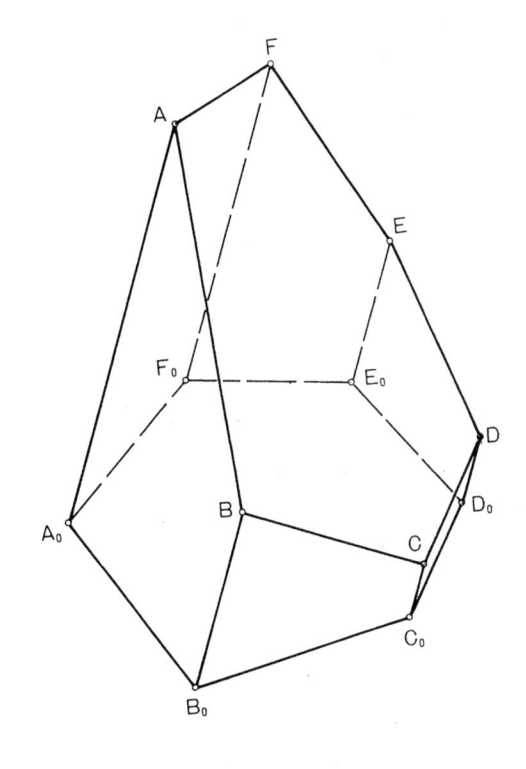

図5-1 水平面 Π_1 上の正3角形 ABC を底面とする正4面体を求めよ。また，その外接球，中接球，内接球を求めよ。

図5-2 水平面 Π_1 上の直線 AB を一稜とし，それに相対する稜 CD が水平面 Π_1 に平行な場合の正4面体を求めよ。

図5-3 水平面 Π_1 上の正方形 ABCD を一面とする立方体を求めよ。またその外接球，中接球，内接球を求めよ。次にその双対な正8面体を求めよ。

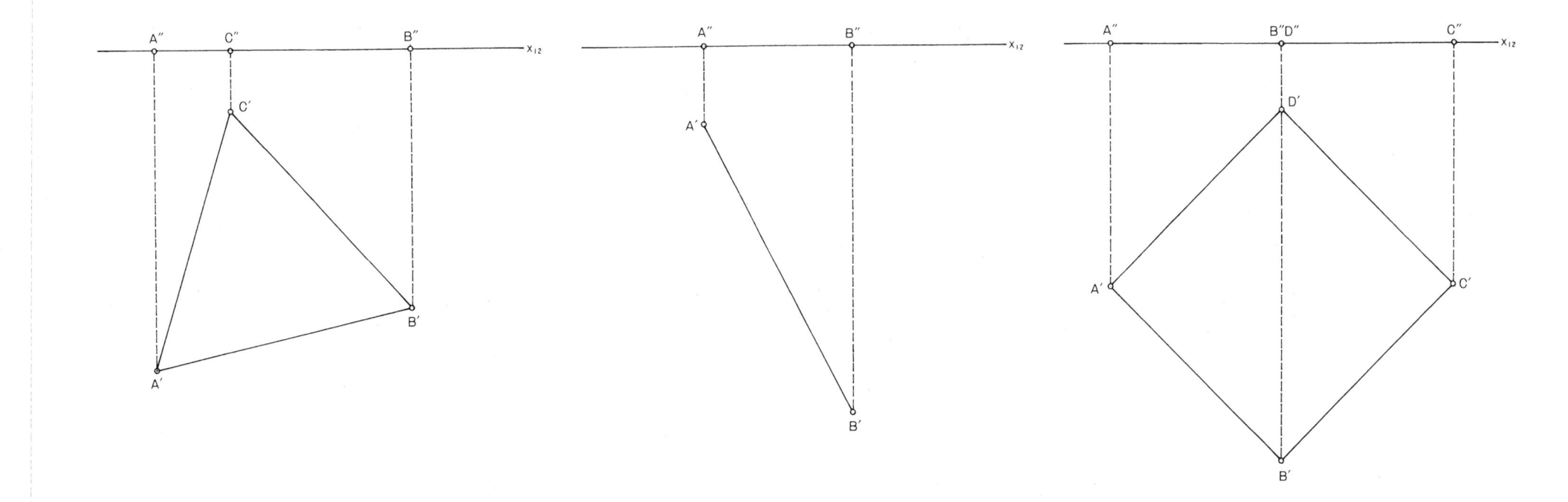

図5-4 点Aを一端とする対角線が水平面Π_1に直立し，かつ点Aを含む一面の水平跡線e_1，稜の長さℓの立方体を求めよ。

図5-5 平面ε上に一面を有する立方体を求めよ。ただし，点A及びCはその面の相対する頂点である。

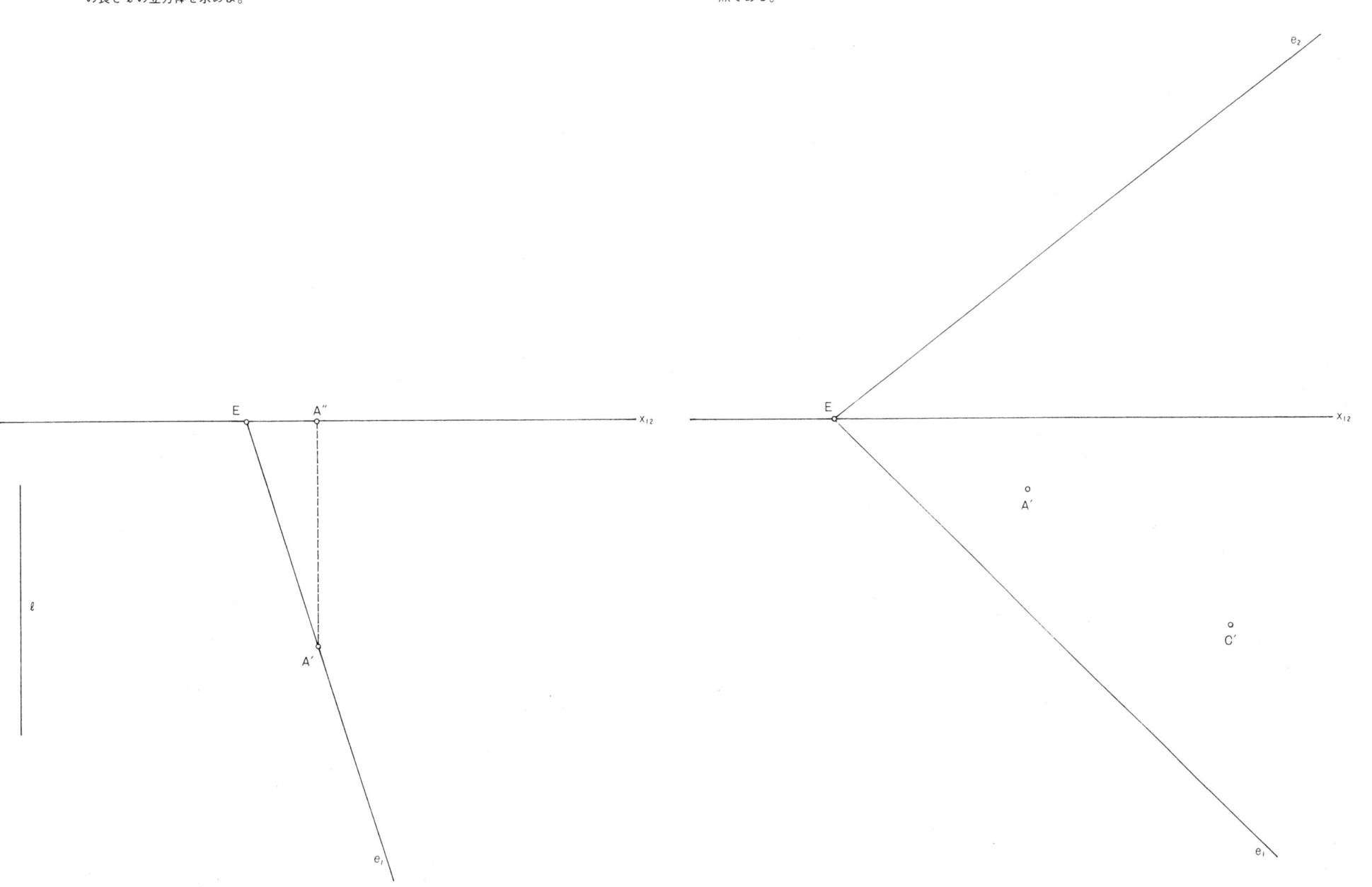

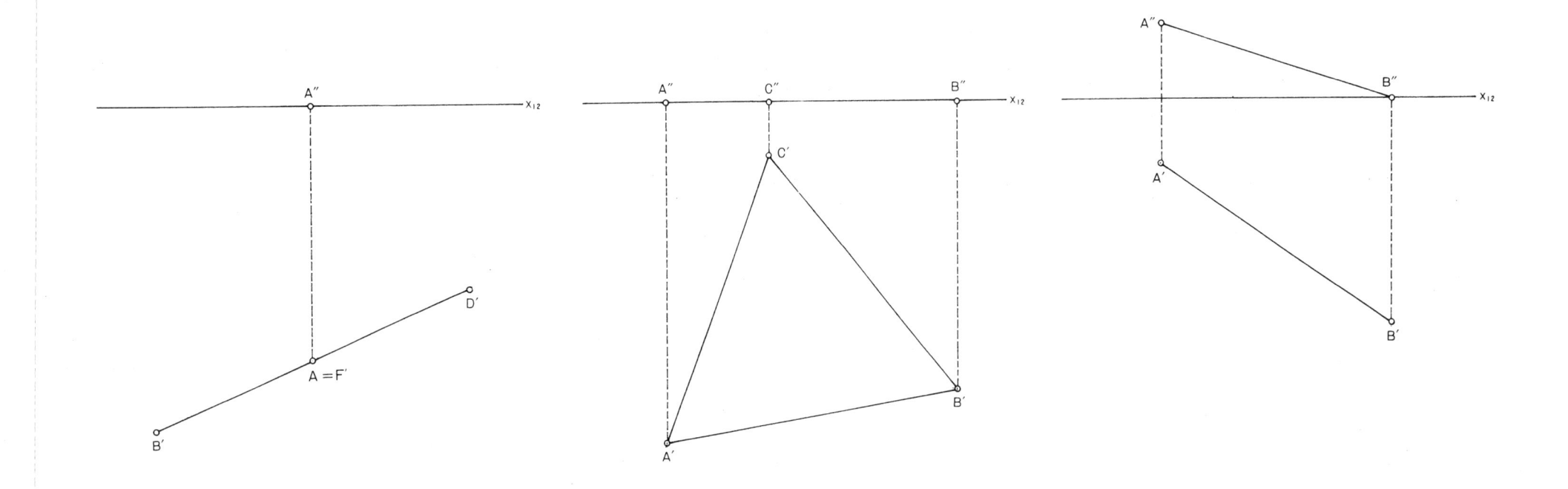

図5-6 たがいに直交する正8面体（ABC-DEF）の対角線 AF, BD があり，AF⊥Π₁ のとき（BD∥Π₁），この正8面体を求めよ。
ただし，点 A は Π₁ 上にある。

図5-7 水平面 Π₁ 上にある正3角形 ABC を一面とする正8面体を求めよ。また，その双対となる正6面体を求めよ。

図5-8 直線 AB を一稜とし，その隣の稜が水平面 Π₁ 上にある正8面体を求めよ。

図5-9 水平面 Π_1 上の正5角形 ABCDE を一面とする正12面体を求めよ。また、その外接球，中接球，内接球を求めよ。

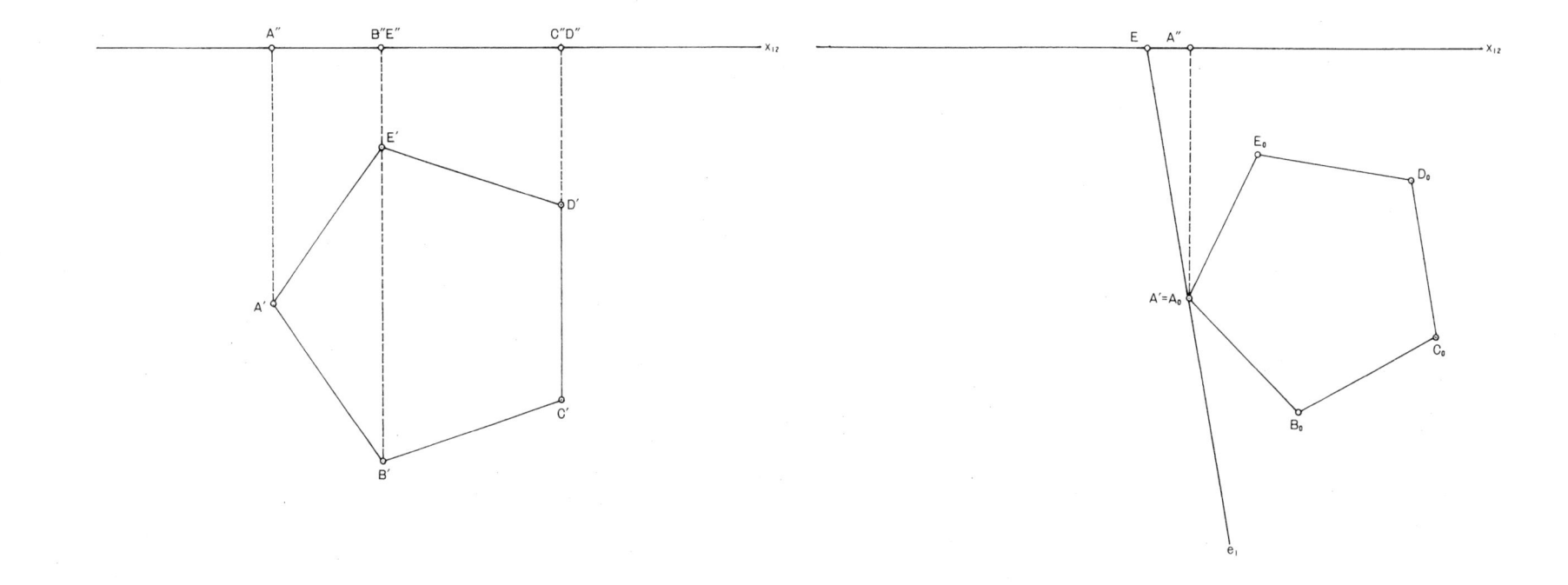

図5-10 点 A を一端とする主対角線が水平面 Π_1 に直立し，かつ一面の水平跡線 e_1，面の実形 $A_0B_0C_0D_0E_0$ の正12面体を求めよ。また，その双対の正20面体を求めよ。

図5-11 水平面Π_1上の正三角形 ABC を一面とする正20面体を求めよ。また，その外接球，中接球，内接球を求めよ。

図5-12 点 A を一端とする主対角物が水平面Π_1に直立し，かつ一面の水平跡線 e_1，面の実形 $A_0B_0C_0$ の正20面体を求めよ。また，その双対な正12面体を求めよ。

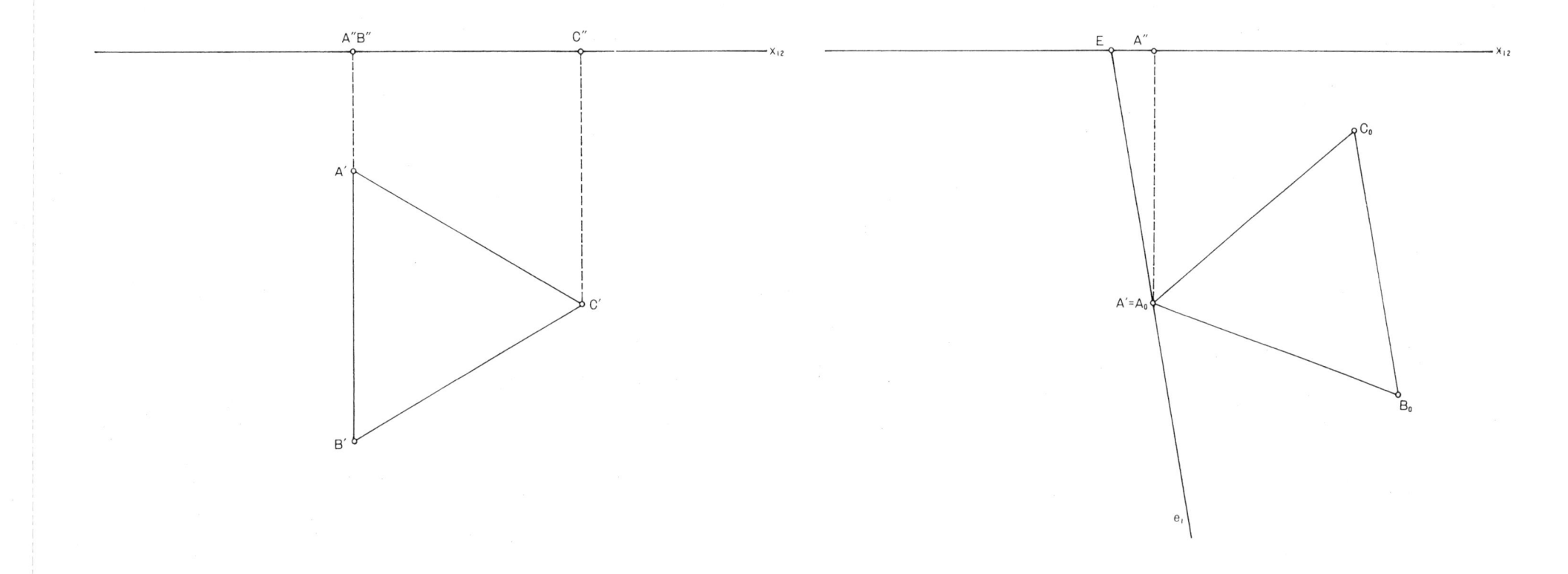